양자컴퓨터의 미래, 불확정성

**Uncertainty**

UNCERTAINTY :
Einstein, Heisenberg, Bohr, and the Struggle for the Soul of Science

Copyright © 2007 by David Lindley
All Rights Reserved. This translation published by arrangement with The Doubleday
Broadway Publishing Group, a division of Random House, Inc.

Korean translation copyright © 2009 by Marubol Publications
Korean translation rights arranged with The Doubleday Broadway Publishing Group,
a division of Random House, Inc. through EYA (Eric Yang Agency)

이 책의 한국어판 저작권은 EYA(에릭양에이전시)를 통해
The Doubleday Broadway Publishing Group, a division of Random House, Inc.사와
독점 계약한 도서출판 마루벌이 소유합니다.
저작권법에 의해 한국 내에서 보호를 받는 저작물이므로
무단 전재와 무단 복제를 금합니다.

"하느님은 혼돈이 아니라
질서의 신이다."

– 아이작 뉴턴 –

"카오스는 자연의 질서였고,
질서는 인간의 꿈이었다."

– 헨리 애덤스 –

● 이 책에서 사용된 물리학 용어는 한국물리학회에서 발행된 『물리학용어집』(증보판, 2008.12)을 표준으로 삼았습니다.

양자컴퓨터의 미래,
# 불확정성

양자물리학 혁명의 연대기

그리고 과학의 영혼을 찾아서

## UNCERTAINTY

데이비드 린들리 지음 | 박배식 옮김

시스테마

## 차례

| | | |
|---|---|---|
| | 머리말 | 008 |
| 1 | 흥분한 입자들 | 017 |
| 2 | 엔트로피는 최댓값을 향해 끝없이 증가한다 | 033 |
| 3 | 불가사의이자 경악의 대상 | 049 |
| 4 | 전자가 어떻게 결정을 내릴까? | 065 |
| 5 | 전대미문의 뻔뻔함 | 081 |
| 6 | 무식이 성공을 보증하지는 않는다 | 099 |
| 7 | 어떻게 행복할 수 있겠는가? | 119 |
| 8 | 차라리 구두 수선공이 되겠다 | 135 |
| 9 | 굉장한 일이 일어났다 | 151 |
| 10 | 고전 체계의 정신 | 169 |
| 11 | 나는 결정론을 포기하는 쪽이다 | 185 |
| 12 | 적절한 단어가 없다 | 201 |
| 13 | 보어의 주문과 같은 용어 | 219 |
| 14 | 게임은 승리로 끝났다 | 235 |
| 15 | 과학적 경험이 아니라 삶의 경험 | 253 |
| 16 | 모호하지 않은 해석의 가능성 | 269 |
| 17 | 논리학과 물리학 사이 중간 영역에 | 287 |
| 18 | 결국에는 혼란 상태 | 301 |
| | 지은이 후기 | 317 |
| | 감사의 말 | 320 |
| | 주석 | 322 |
| | 참고 문헌 | 346 |
| | 옮긴이 후기 | 350 |

## 머리말

과학이 혼란 상태에서 질서를 추출하려는 노력이라면, 1927년 초 과학은 예상치 않은 길로 갑자기 선회했다. 불과 25세의 나이에 이미 국제적 명성을 얻고 있던 젊은 물리학자 베르너 하이젠베르크Werner Heisenberg가 아주 단순하고도 미묘하며 기발한 과학적 사고를 내놓은 것이다. 하이젠베르크 자신은 자기가 정확히 무슨 일을 해냈는지 알고 있었다고 할 수 없다. 그는 적당한 느낌의 단어를 찾아내기 위해 부심했다. 대부분의 경우 그는 '부정확성inexactness'으로 번역되는 독일어 단어를 썼다. 두어 곳에서 약간 다른 의도로 '미확정성indeterminacy'이라는 단어를 넣어보기도 했다. 그러나 스승이자 때로는 과제 책임자이기도 했던 닐스 보어Niels Bohr의 거역할 수 없는 압력에 마지못해 '불확정성uncertainty'이라는 단어를 추가했고, 이것으로 새로운 용어 하나가 과학 무대에 등장하게 되었다. 그후 하이젠베르크의 발견은 '불확정성원리 uncertainty principle'로 자리 잡아 통용되었다./uncertainty는 불확실성으로도 번역되는데 과학계에서 거의 불확정성으로 자리 잡았다; 옮긴이/.

이것은 최선의 단어는 아니다. 불확정성은 1927년 과학계에 그리 새로운 단어는 아니었기 때문이다. 실험 결과에는 언제나 약간의 허점이 있게 마련이다. 이론적인 예측은 언제나 그 이면에 있는 가정만큼만 유효하다. 실험과 이론의 끝없는 밀고 당김 속에서 과학자들에게 다음에 무엇을 해야 할지 알려주는 것은 불확실성이다. 실험은 끝없이 상세하게 조사하고 이론은 계속 수정과 보정을 해나간다. 과학자들은 한 단계에서 이론과 실험의 불일치가 해결되고 나면 다음 단계로 넘어간다. 불확실성, 불일치, 모순은 연구가 활발하게 진행되는 과학 분야에서는 언제나 통상적으로 존재한다.

그러므로 하이젠베르크가 과학에 불확정성을 도입한 것은 아니었다. 그는 불확정성의 성격과 의미를 심대하게 변화시켰다. 이전까지 불확정성은 언제나 정복할 수 있는 적군으로 보였다. 코페르니쿠스와 갈릴레이, 케플러, 뉴턴과 더불어 시작된 현대과학은 검증 가능한 사실과 자료에 논리적 추론을 적용함으로써 진화해 왔다. 엄밀한 수학 언어로 기술되는 이론들은 분 적이고 한 치의 오차도 없이 정확해야 했다. 현대과학은 불가사의와 우연을 명백한 이유와 원인으로 대치해 주는 하나의 체계, 구조, 완벽한 설명을 제공했다. 과학적 우주에서는 어떤 일이 일어나도록 무엇인가가 작용하지 않는 한 아무 일도 일어나지 않는다. 저절로 일어나는 일이란 없으며 변덕스러운 일도 없다. 자연현상은 상상할 수 없을 정도로 복잡하지만 과학은 그 밑바탕에서 질서와 예측 가능성을 찾아내야 한다. 사실은 사실이고 법칙은 법칙이다. 예외란 있을 수 없다. 과학의 맷돌은 끊임없이 돌아, 이전의 이론을 새것으로 대체해 가며 한없이 정교하게 만들어나 간다. 완벽해질 때까지.

지난 100년에서 200년 사이에 그 꿈은 실현 가능해 보였다. 선배들의 업적 위에 자신들의 성과를 쌓아올리는 과학자들은 자신들의 세대에서 최선을 다하면 후세대에 가서 그 일이 완성된다고 믿었다. 이성의 힘에는 진보가 필연적으로 내포되었다. 과학은 더욱 장엄하고, 더욱 광활하게 지평을 넓혀가며, 동시에 더욱 세밀하고 더욱 정교해질 것이었다. 자연은 알 수 있는 것이었으며, 알 수 있는 것이라면 언젠가는 필연적으로 알려져야 했다.

물리학에서 싹튼 이런 고전적 관점은 19세기의 다른 모든 과학 분야에서 지배적 모형이 되었다. 지질학자, 생물학자, 심지어는 초기 심리학자들조차도 자연 세계를 전체적으로는 복잡하게 얽혀 보이지만 기본적으로는 정확한 기계라고 생각했다. 모든 과학 분야는 물리학이 제시하는 이상을 따르고자 했다. 방법은 해당 분야를 관찰하고 그 현상을 정확하게, 즉 숫자를 이용해 기술하는 식으로 정의하는 것이다. 그다음 그 숫자들을 의심할 수 없는 하나의 체계로 묶어줄 수학 법칙을 찾아낸다.

그것은 당연히 쉬운 일이 아니었다. 과학자들이 혹시라도 기가 죽는다면 그것은 자신들이 분해하려는 기계가 너무 복잡해 보였기 때문이었다. 자연법칙은 너무나 방대해 과학자의 두뇌로는 다 탐색할 수 없을지 모른다. 과학자들이 자연법칙을 수학으로 기술했다 해도 그것을 해석할 수 있는 분석적 계산적 능력이 없음을 깨닫기도 한다. 완벽한 과학적 설명을 구하는 연구가 지지부진한 것은 자연 자체가 원래 다루기 힘든 때문이 아니라 그것을 다루는 인간의 머리에 한계가 있기 때문으로 여겨졌다.

하이젠베르크의 주장이 그토록 큰 동요를 일으킨 이유가 바로 여기에 있다. 하이젠베르크는 과학의 조직 체계, 너무나 확실해 보여 점검조차 하지 않았던 기초의 일부, 소위 하부구조에 내재된 뜻밖의 약점을 조준했다.

하이젠베르크는 자연법칙의 완전성에 이의를 제기한 게 아니었다. 기묘하고 난해해 보이는 자연에 대한 사실 그 자체가 쟁점이었다. 그의 불확정성원리는 과학의 근본 행위에 관한 것이었다. 우리는 세상에 대한 지식, 과학적 조사를 해볼 수 있는 그런 종류의 지식을 어떻게 획득하는가? 하이젠베르크가 택한 예를 들자면, 우리는 물체가 어디에 있고 얼마나 빨리 운동하는가를 어떻게 아는가? 하이젠베르크 이전의 과학자들은 이런 질문에 당황했을 것이다. 어떤 순간에든지 운동하는 물체는 속력과 위치를 갖는다. 이러한 물체를 측정하거나 관찰하는 방법은 여러 가지가 있으며, 관찰을 자세히 할수록 결과는 더욱더 정확해진다. 여기에 더 할 말이 뭐가 또 있겠는가?

하이젠베르크는 많은 할 말을 발견했다. 그의 이론은 혁명적이고 심오하기 이를 데 없지만 완전히 일상적이고 평범한 용어로 다음과 같이 표현되었다. 당신은 입자의 속력이나 위치를 측정할 수 있지만 둘다 측정할 수는 없다. 혹은, 위치를 더 정확하게 알게 될수록 속력은 덜정확하게 알게 될 수밖에 없다. 좀더 간접적이고 덜 명확하게 말하자면, 관찰 행위는 관찰되는 물체를 변화시킨다.

어쨌든 자연 세계에 대한 고전적 이해는 자연을 하나의 커다란 기계라고 생각하는 것이었다. 기계를 움직이는 부품들은 무한히 정확히 정의되고 그것들의 상호관계는 완전하게 이해될 수 있다. 모든 물체에는 자기의 자리가 있고, 이 우주에는 모든 것을 위한 자리가 있다. 이것은 너무나 기본적이며 당연한 사실로 보인다. 우주를 이해하고 싶다면 먼저 우주의 모든 구성 요소가 무엇인지, 그것들이 어떻게 작용하는지 하나하나 알아갈 수 있다고 믿어야 한다. 그런데 하이젠베르크는 당신이 알고 싶은 것을 언제나 찾아낼 수는 없으며, 자연을 설명하는 당신의 능력은 한정되어 있다고 말하는 것으로 들린다. 자연을 원하는 대로 기술할 수 없다면 어떻게 그에 대한 법칙을 추론해내기를 희망할 수 있겠는가?

하이젠베르크의 발견에 함축된 의미는 무엇인지 모호했다. 불확정성원리는 그에 앞서 2년 전, 지금 양자역학으로 알려진 역시 놀라운 이론을 구상하던 끝에 떠오른 것이었다. 그때 하이젠베르크는 섬광처럼 번쩍하는 순간에 얻어진 통찰력을 가지고 그 이론들을 구상했다. 물리학계가 그의 이론을 이해하기 위해 골치를 앓는 동안, 순수한 열정이 넘치는 젊은 학도 하이젠베르크는 자신도 완전히 파악할 수 없는 난해한 새로운 이론으로 물리학의 기초를 새로 쓰면서 계속 전진해 가고 싶어 했다. 그러나 차분하고 때로는 답답할 정도로 심사숙고하는 성질의 보어는 이 새로운 과학을 기존 과학에 융합시킬 필요성이 있다고 보았다. 즉 어렵지만 꼭 해야 할 일은, 지난 시대 땀 흘려 성취한 과학을 완전히 갖다버리지 않으면서 새로운 양자물리학을 이해하는 것이었다. 보어와 하이젠베르크는 아직은 논란의 여지에 찬 태동하는 새로운 과학을 어떻게 하면 가장 잘 그려낼 수 있을까를 두고 힘겨운 논쟁을 거듭해 나갔다.

이 논쟁에 또 하나의 목소리가 합류했다. 하이젠베르크가 자신의 원리를 발표할 무렵, 알베르트 아인슈타인Albert Einstein은 거의 50에 가까운 나이였다. 아인슈타인은 존경받는 점잖은 과학의 대가로서 더 이상 논쟁 같은 데 끼어들지 않았다. 중요한 연구 성과는 젊은 과학자들이 내고 있었고 아인슈타인은 이들의 발표에 대해 권위 있는 평론가 역할을 했다. 아인슈타인 역시 자신의 시대에는 혁명가였다. 상대성이론을 발표하던 역사적인 1905년, 아인슈타인은 절대 공간과 시간에 대한 고전적 뉴턴 사상을 완전히 뒤엎었다. 한 관찰자에게 동시에 일어나는 것처럼 보이는 사건들이 다른 관찰자에게는 순차적으로 일어나는 것으로 보일 수도 있다. 또 다른 제3의 관찰자에게는 두 사건의 순서가 역전되어 보일 수도 있다. 하이젠베르크는 자신의 원리를 뒷받침하기 위해, 관찰자마다 각기 세상을 다르게 볼 수 있다는 아인슈타인의 혁명적 원리를 느슨하게 인용했다.

그런데 이것을, 아인슈타인은 자신의 위대한 업적을 심하게 곡해한 것으로 받아들였다. 물론 상대성은 다른 관점을 허용했다. 그러나 아인슈타인의 요점은 겉으로 모순된 것처럼 보이는 관찰들이, 상대성이론을 통해 모든 관찰자들이 납득할 만한 방식으로 일치될 수 있다는 점이었다. 아인슈타인이 보기에 하이젠베르크의 세계에서는 오히려 확고한 사실 true fact 자체가 타협될 수 없는 제각각의 관점으로 산산조각이 났다. 아인슈타인은 과학이 믿을 수 있는 것이 되려면 그런 일은 용납될 수 없다고 잘라 말했다. 여기서 또 한 번 격렬한 지성의 논쟁이 벌어졌는데, 이번에는 하이젠베르크와 보어가 연합해서 노대가에 맞섰다.

이렇게 발전된 삼각 논쟁에서 불확정성원리에 대한 실용적이고 일상적인 정의가 나타났다. 이런 정의는 과학자들이 그것의 철학적 형이상학적 의미에 대해 너무 심각하게 고뇌하지만 않는다면 편리하고, 적어도 적당히 이해할 만했다. 아인슈타인은 마지못해 하이젠베르크와 보어가 그려낸 체계가 기술적으로는 옳다고 인정했다. 그러나 결코 그것을 결정적인 발견으로 인정하지는 않았다. 아인슈타인에게 새로운 물리학은 그가 죽는 날까지 찜찜한 타협으로 남았다. 새로운 물리학은 그가 신뢰하는 고전 원리에 기반을 둔 이론으로 언젠가는 꼭 대치될 대상이었다. 하이젠베르크의 불확정성은 자연계를 이해하는 인간의 능력 부족의 표시이지, 자연 자체가 기묘하고 접근할 수 없는 무엇임을 뜻하는 것은 아니라고 아인슈타인은 굳게 믿었다.

보어와 하이젠베르크가 구축한 새로운 종류의 물리학에 대한 아인슈타인의 뿌리 깊은 혐오감은 사실상 과학의 중심을 잡기 위한 노력이 꽃피게 했다. 논쟁이 끝난 지금 시점에서 이런 말은 멜로드라마 대사처럼 들리기도 한다. 그러나 새로운 물리학이 태동하던 1920년대만 해도 물리학의 기초는 더할 나위 없는 엄밀성 속에서 이루어져 왔다고 믿어졌다. 그런데 여기에 금이 가기 시작한 것이다. 마침내 보어의 관장하에 상부구조는 대체로 그대로 두고 기초가 재건축되었다. 아인슈타인이라면 기초가 보강되었다고 말했겠다. 이 대단한 과학의 재활 과정이 본서의 핵심 줄거리다. 이 논쟁의 주도자들 가운데에 중도적인 목소리는 없었다. 그러나 어느 한편이 다른 한편을 확실히 압도하지도 못했다. 편도 바뀌고, 견해도 바뀌었다. 지금까지도, 보어와 그 지지자들이 쟁취했다고 주장하는 명목상의 승리 위에는 아인슈타인의 회의적인 영혼이 떠돌고 있다.

이주된 이야기에는 이야기에 들어가며, 또 이야기에서 나오며 할 이야기들이 따로 있다.

불확정성원리는 과학에서뿐만 아니라 일반적으로 흠 없는 지식은 확립하기 어려움을 뜻하는 구호가 되었다. 기자들이 자신들의 시각이 보도하는 사건 자체에 영향을 미친다고 털어놓을 때나, 인류학자들이 자신들의 존재가 그들이 조사하는 문화의 형태 자체를 간섭한다고 한탄할 때, 하이젠베르크의 원리는 바로 가까이에 있다. 관찰자가 관찰 대상을 변화시킨다. 문학이론가들이 독자들의 취향과 편견에 따라 본문이 다양한 의미를 갖게 된다고 주장할 때 역시 하이젠베르크가 뒤에 숨어 있다. 관찰 행위가 어떤 것이 관찰되고 어떤 것이 관찰되지 않는지를 결정한다.

이런 사실이 물리학의 근본과 조금이라도 무슨 관련이 있을까? 거의 관련이 없다! 그렇다면 물리학이 아닌 다른 분야에서 하이젠베르크의 원리가 그토록 열광적으로 쓰이는 이유는 무엇인가? 불확정성원리와 다른 전문 개념들 사이에서 흥미로운 합병이 일어나는 이유는 기자, 인류학자, 문학평론가들이 자기들 주장에 대한 정당화를 모호하게 과학에서 찾으려 하기 때문이 아니라, 불확정성원리가 과학 지식 자체를 일반인도 일상생활에서 대충 알고 이용하는 지식처럼 접근하기 쉽게 해주기 때문이다.

  이야기의 본론으로 들어가기 전에 우리는 우선 하이젠베르크의 불확정성이 어디에서 나왔는지를 이해해야만 한다. 다른 혁명들과 마찬가지로 과학혁명도 아무것도 없는 데서 생겨나지는 않는다. 과학혁명은 뿌리와 선행 환경을 갖는다. 불확정성은 양자역학의 정수를 상징한다. 양자역학은 1927년경에는 이미 19세기 고전물리학의 낡은 확신들을 많이 뒤엎은 상태였다. 그러나 양자역학 자체는 고전물리학이 다룰 수 없었던 문제들을 위한 것이었다. 과학에서 확실성은 언제나 난처한 주제였다. 양자론과 하이젠베르크의 불확정성은 의심의 여지 없이 20세기 물리학의 산물이지만, 그 기미는 이미 거의 100여 년 전부터 어렴풋이 나타나고 있었다. 따라서 우리의 이야기는 19세기의 여명기에서 시작된다.

# 1

흥분한 입자들

．

스코틀랜드 목사의 아들로 태어난 로버트 브라운Robert Brown은 전형적인 자수성가형 학자로, 진지하고, 부지런하며, 극단적 견해를 경계했다. 1773년에 태어나 에든버러에서 의학을 공부했으며, 파이프셔 연대Fifeshire regiment에서 외과 의사 보조로 몇 년간 근무했다. 거기서 그는 여가시간을 값지게 활용했다. 아침 일찍 일어나 독일어를 독학했는데 (일기장에 따르면 식사 전에는 명사와 격변화를, 식사 후에는 보조동사의 접속사를 공부했다고 한다) 덕분에 브라운은 하고 싶던 식물학에 관한 독일어 서적을 상당히 많이 읽고 공부할 수 있었다. 1798년 런던 방문 길에 브라운은 왕립학회 회장인 위대한 생물학자 조지프 뱅크스 경Sir Joseph Banks을 만나 깊은 감명을 받았다. 뱅크스의 추천으로 3년 뒤 오스트레일리아로 긴 항해를 떠나게 되었는데, 1805년 돌아올 때는 4,000점에 이르는 이국의 식물 표본을 깔끔하게 정리해 싣고 왔다. 다음 여러 해 동안 이 표본들을 꼼꼼하게 설명하고, 분류하고, 정리하면서 뱅크스의 사서 겸 조수로 일했다. 브라운의 진기한 오스트레일리아 수집품은 뱅크스의 뛰어난 수집품과 함께 영국박물관 식물 부문의 핵심 소장품이 되었다. 브라운은 그 박물관의 초대 전문 큐레이터로 일했다. 뱅크스의 런던 자택을 방문한 한 방문객은 그를 "걸어다니는 세상 모든 책 목록"[1]이라고 말했다.

찰스 다윈Charles Darwin은 결혼하기 전에 여러 주일을 박식한 브라운과 함께 보냈다. 다윈은 자서전에서 브라운을, 방대한 지식을 갖추었으나 지나치게 과시적이며 어떤 면에서는 관대하지만 때로는 빼딱하고 의심스러운, 모순적인 사람으로 묘사했다. "브라운은 세밀하고 완벽할 정도의 정확한 관찰에서는 대단해 보였다. 그러나 그는 생물학에 관한 어떤 거시적인 과학 견해도 내놓지 못했다"라고 다윈은 기록했다. "그는 자신의 지식을 일말의 주저함도 없이 나에게 한껏 풀어놓으면서도, 어떤 때에는 이상하게도 시기심을 드러냈다." 다윈은 덧붙여 말하기를, 브라운은 자신의 방대한 소장품을 빌려주기를 꺼려하기로 악명이 높았는데, 자기만 가지고 있는 것, 또 자신에게 별 쓸모가 없는 표본조차도 절대 빌려주지 않았다고 했다.[2]

오늘날 이 까칠하고 소심한 사내가 무작위성과 예측 불가능한 변덕스러운 운동을 대표하는 브라운운동Brownian motion의 관찰자로 칭송 받는 것은 아이러니가 아닐 수 없다. 브라운운동에 함축된 의미가 후에 심오하게 발전될 수 있었던 것은 그야말로 브라운의 치밀한 관찰 덕분이었다.

 1827년 6월, 브라운은 클라키어 풀켈라*Clarkia pulchella*라는 야생화 꽃가루를 연구하기 시작했다.[3] 정원사들에게 인기가 좋은 이 야생화는 아이다호주에서 1806년 탐험가 메리웨더 루이스Meriwether Lewis와 동료 윌리엄 클라크William Clark가 발견했는데, 클라크의 이름을 따라 클라키어로 명명되었다. 브라운은 자신의 방식대로 꽃가루 알갱이의 모양과 크기를 세밀하게 조사해 나가려 했다. 그 과정에서 꽃가루의 기능, 식물의 각 부분들과 꽃가루의 상호작용이 번식에 어떻게 기여하는지 밝힐 수 있기를 바랐다.

 브라운은 향상된 기능의 최첨단 현미경을 구입했다. 새 현미경의 복합렌즈는 현미경에서 나타나는 물체 경계 부분의 무지개색 간섭무늬/색수차: 옮긴이/를 크게 개선했다. 브라운의 시야에 유령처럼 꽃가루 입자가 뚜렷한 가장자리 윤곽과 함께 선명히 나타났다. 그렇더라도 상이 완전한 것은 아니었다. 꽃가루 입자가 가만히 정지해 있지 않았기 때문이다. 입자는 이리저리 끊임없이 좌우로 움직이며 흔들리고 어른거리고, 현미경 시야에서 마술처럼 우아하게 떠돌아다녔다.

 잠시도 가만있지 않는 꽃가루 입자 때문에 브라운의 연구는 진척이 별로 없었는데 그리 놀랄 일은 아니었다. 이보다 앞서 150년 전 네덜란드 델프트시의 포목상 안톤 반 레벤후크Antony van Leeuwenhoek가 그의 초보적인 현미경으로 연못의 물방울, 양치질하지 않은 노인의 이에서 긁어낸 찌꺼기, 후춧가루를 푼 현탁액을 들여다보고 미소 동물animalcule 같은 무수한 형상들을 발견하고 깜짝 놀랐다. 그의 발견은 과학계를 즐겁게 했다. 흥분을 억누르고 레벤후크는 다음과 같이 서술했다. "물속의 미소 동물들의 움직임은 매우 빠르고, 매우 다양하고, 위아래로 빙글빙글 돌기도 하고, 보기에 경이로웠다."[4] 그의 발견은 더 많은 과학 발견에 박차를 가했을 뿐만 아니라, 부유한 사람들이 현미경을 구입하여 거실이나 응접실에 두고 손님이 오면 이 자연의 새로운 경이를 관찰하게 하는 유행을 만들었다.

어떤 미소 동물들은 헤엄칠 수 있도록 가늘고 긴 꼬리를 가지고 있었다. 어떤 것들은 작은 뱀장어처럼 꿈틀거리며 움직였다. 그것들의 움직임은 초보적이었지만 어떤 목적을 가진 것으로 보기에 무리가 없었다. 하지만 꽃가루 알갱이는 단순한 모양에, 운동기관도 없지 않은가. 그래도 그것들은 명백히 유기체이기도 하다. 브라운은 식물 생식기관의 웅성 부분인 꽃가루 알갱이가 활기차게, 그러나 불가사의한 방식으로 움직이게 하는 모종의 살아 있는 혼을 가졌다고 볼 수도 있다고 생각했다.

그러나 브라운은 이런 종류의 막연한 가설을 불신했다. 그의 무기는 추측이 아니라 관측이었다. 다른 식물의 꽃가루도 실험해 보았는데 그것들도 역시 이리저리 춤추었다. 잎과 줄기를 잘게 부순 조각도 검사해 보니 역시 현미경 시야에서 흔들리며 움직였다.

"생명력으로 보이는 예상치 못했던 사실"에 완전히 사로잡혀 브라운은 이 현상을 더 조사해 보지 않을 수 없었다. 그는 100년도 더 된 마른 식물 표본 부스러기를 확보했다. 화석화된 나무 조각에서 가루 샘플도 긁어냈다. 이 가루들은 한때는 살아 있었으나 지금은 죽은 지 오래되어 어떤 생명의 불꽃도 꺼진 상태였다. 그런데 현미경으로 들여다 보니 그것들 역시 흔들리는 것이었다. 그는 무기물로 관심을 돌려 다양한 돌가루나 잘게 부순 일반 유리 가루를 관찰했다. 그것들 역시 이리저리 춤을 추고 돌아다녔다. 최종 결론을 내릴 생각으로, 그는 출처로 보아 논란의 여지 없이 확실히 죽은 것으로 간주되는 스핑크스에서 가루를 긁어냈다. 그것은 그가 영국박물관의 큐레이터였기에 가능했다.

현미경 렌즈 아래 물방울 속에 놓이니 스핑크스에서 긁어낸 고대의 먼지도 여느 것들처럼 춤을 추었다.

브라운은 자신이 현미경으로 흔들리는 물체를 처음 관찰한 사람이 아님을 인정했다. 리버풀에 사는 누군가가 몇 년 전에 이미 유기물과 무기물에서 떨어진 입자를 현미경 아래 놓고 "생기에 찬 흥분한 입자들"을 관찰했다는 것을 알았다. 그러나 브라운은 천재적인 실험들을 다양하게 꼼꼼히 수행하여 이 모든 조그만 입자들의 지칠 줄 모르는 움직임은 레벤후크와 다른 사람들이 관찰한 '미소 동물의 운동'이 아니며, 진동이나 현탁액의 교류에 의한 것도 아니며, 열의 작용이나 전자기적 영향에 의한 운동도 아님을 증명했다.

이는 말도 안 되는 당혹스러운 관찰이었다. 죽은 먼지 입자들은 명백히 자체의 의지로는 움직일 수 없다. 그것들을 밀치는 외부의 영향도 없었다. 그런데도 불구하고 입자들은 유유자적 움직였다. 브라운은 이 현상에 대한 해석은 시도하지 않았다. 그는 꼼꼼히 관찰하는 생물학자였지 자연철학자는 아니었던 것이다. 다윈은 "실수를 두려워하는 브라운의 지나친 소심함으로 많은 것들이 그와 함께 사장되었다"라고 말했다.

 이 불가사의한 딜레마에 직면하여 과학계는 승산이 있는 연구에 집중하고 수십 년 동안 브라운운동은 그냥 무시해 버렸다. 브라운운동 현상은 과학적으로 이해할 수 있는 범주를 훨씬 뛰어넘어 있었기 때문에 그것의 심오한 의미는 간파되지 못한 채 조용히 잊혀졌다. 사실 그것의 의미를 연구할 방법도 없었다. 현미경을 사용해 본 사람이라면 누구나 브라운운동, 즉 적어도 어떤 성가신 현상이 있는 것을 알았지만 브라운이 한 말을 주의 깊게 새겨 읽은 사람은 없었다. 대부분의 식물학자들과 동물학자들은 생명력이 없는 입자 역시 왕성하게 흔들린다는 브라운의 보고를 편리한 대로 무시해 버리고 그것은 역동적 생명력의 발현이라고 주장했다. 그렇지 않으면 자신들의 표본이 열이나 진동, 또는 전기의 교란을 받아서 그렇다고 결론 내렸다. 그러한 다양한 영향을 배제했던 브라운의 실험 결과는 역시 까맣게 잊고 있었다.

 1858년 브라운이 죽고 난 후에야 몇몇 과학자들이 브라운운동 현상을 설명할 방법을 알아내기 시작했다. 과학계에서 흔한 일이지만, 현상을 설명할 수 있는 이론이 어렴풋하게라도 나오기 전까지 관찰 결과는 이해되지 않는다. 이 경우 그 이론은 새로운 것이 아니고 아주 오래된 것으로 과학계가 마침내 그것을 통해 브라운운동의 의미를 이해할 수 있게 된 것이다.

기원전 400년경 명성을 날리던 그리스의 사상가 데모크리토스 Democritus는 모든 물질은 원자(분할할 수 없음을 뜻하는 그리스어 아토모스atomos에서 옴)라는 작은 기본 입자로 구성된다고 믿었다. 지금 볼 때 이 개념이 분명 정확했더라도, 당시에는 사실 과학적 가설이라기보다는 철학적 발상이었다. 원자가 무엇이며, 어떻게 생겼고, 어떻게 움직이고, 어떻게 상호작용하는가, 이런 것은 단지 추측만 할 뿐이었다. 현대에 와서 다시 원자에 대한 관심이 되살아난 것은 화학자들 사이에서였다. 1803년 영국의 존 돌턴 John Dalton 은 화학반응 비율의 규칙성을 제안했다. 예를 들어 수소와 산소는 일정한 비율로 결합하여 물이 된다. 화합물은 화합물을 이루는 각 원자들이 간단한 수의 비율에 따라 결합하여 나타난 결과다.

원자 개념이 하룻밤 사이에 신뢰를 얻은 것은 아니다. 1860년대 후반 독일의 카를스루에 Karlsruhe 에서 원자 가설에 대한 토론을 위해 국제 학술회의가 열렸다. 이때까지 여론은 원자를 선호하는 쪽으로 기울어 있었으나 반대도 상당했다. 저명한 화학자들은 화학결합의 법칙을 절대적 기본 규칙으로 받아들이는 것으로 만족했으며, 볼 수도 없는 입자연구에 지나치게 몰두할 필요를 느끼지 않았다.

독일의 화학자 아우구스트 케쿨레 August Kekulé 는 어느 날 난롯가에서 편안히 앉아 졸다가 뱀이 자신의 꼬리를 물고 있는 꿈을 꾼 후 벤젠 분자의 고리 구조를 고안한 것으로 유명한데, 그는 좀 다르게 생각하고 있었다. 그는 돌턴을 비롯한 사람들이 제안하는 화학 원자의 존재를 받아들였고, 몇몇 물리학자들이 나름의 논리에 따라 최근에 원자에 대한 논의를 시작한 것도 알고 있었다. 그렇다면 화학자들의 원자와 물리학자들의 원자는 같은 것일까? 케쿨레는 그렇지 않거나, 적어도 어떤 판단을 하기에는 아직 이르다고 생각했다.

화학자들에게 원자는 거의 촉감으로 느낄 수 있는 어떤 것이었다. 원자는 원자로 이루어진 물질의 특성도 어느 정도 가지고 있고, 각자의 성질에 따라 다른 원자들과 결합하거나 분리될 수도 있었다. 화학자들은 대부분 원자는 가만히 있는 덩어리로, 상자 속 오렌지처럼 공간을 채울 수 있는 것으로 생각했다.

물리학자들은 전혀 다르게 생각했다. 물리학자들이 생각한 원자는 빈 공간에서 고속으로 날아다니고 때로는 서로 충돌하여 튕겨 나가는 작고 단단한 공 모양이었다. 이 원자들의 역할은 특별했다. 19세기 중엽부터 수학적 성향이 강한 상당수 물리학자들은 원자의 광적인 운동이 그때까지 밝혀지지 않고 신비에 차 있던 열 현상을 설명해 줄 수 있다고 생각하기에 이르렀다. 일정한 부피의 기체 원자들이 에너지를 얻으면 보다 빨리 날아다녀 서로 격렬히 충돌하고 용기의 벽에도 더욱 세게 충돌할 것이다. 이것이 기체가 가열되면 팽창하고 압력이 증가하는 이유다. 소위 말하는 이 열운동론 Kinetic theory of heat 에서 열은 단지 원자의 운동에너지에 지나지 않는다. 열운동론의 좀 더 깊은 의미는, 열과 기체에 관한 거시 물리학은 철저히 뉴턴의 운동 법칙을 따라 운동하고 충돌하는 원자의 미시적 거동을 따라야 한다는 것이었다.

그렇게 하여 원자를 단단하고 불활성이며 무작정 부딪혀대는 꼬마 당구공으로 그리는 관습이 생겨났다. 이런 해석이 화학과 어떤 관련이 있는가는 전혀 별개의 문제였다. 물리학자들은 한 기체의 원자들이 다른 기체의 원자들보다 가볍거나 무겁다는 것까지는 생각했으나, 그 기체들이 왜 서로 다른 화학 성질을 갖는가는 그들의 관심사가 아니었다.

한마디로 초기 원자에 대한 개념은 합의를 이루지 못했다. 화학자들과 물리학자들은 서로 의견을 교환할 일이 거의 없었고, 현미경 과학자들과 생물학자들과는 더 말할 것도 없었다. 운동론 Kinetic theory 은 선택된 소수를 제외한 모든 사람을 배척해 버리는 복잡한 수학에서 나왔으며, 전형적인 수학자들은 브라운운동에 대해 알고 있더라도 거의 틀림없이 그것을 생물학자나 관심 갖는 사소한 현상으로 치부했을 것이다.

그럼에도 불구하고 연결 고리가 밝혀질 시기가 다가오고 있었다. 첫 번째 가능성은 일생을 독일의 대학에서 수학과 기하학을 가르친 루트비히 크리스티안 비너 Ludwig Christian Wiener에 의해 열렸다. 1863년 비너는 브라운이 오래전에 발견한 모든 것을 확인해 주는 실험을 수행한 후, 사변적이기는 하지만 흥미로운 논문으로 그것을 출판할 수 있다고 느꼈다. 브라운운동을 하는 먼지 입자들이 들어 있는 액체가 실제로 광적으로 운동하는 액체 원자들의 소용돌이라면, 이 원자들은 떠 있는 입자들을 모든 방향에서 때려댈 것이다. 보이지 않는 액체 원자들의 지속적 무작위 요동은 눈에 보이는 보다 큰 크기의 먼지 입자들이 예측할 수 없이 움직이게 할 것이다.

이 주제의 뒤얽힌 역사대로, 비너의 과감한 제안은 이번에도 별반 사람들의 관심을 끌지 못했다.

브라운운동의 과학적 설명을 위한 부단한 작업은 일단의 프랑스와 벨기에 예수회 성직자들의 손으로 넘어갔다. 19세기에는 많은 성직자들이 생물학, 지질학, 동물학 등 여러 분야에서 과학 자료를 수집하고 관찰하는 데에 적극적이며 실용적 관심을 가졌다. 과학자와 성직자의 교류는 철저한 무신론자인 과학자 리드게이트 박사<sup>Dr. Lydgate</sup>가 미들마치에 거주하던 덜 신학적인 성직자 페어브라더<sup>Farebrother</sup>를 방문한 데서 시작되었다. 그는 성직자들이 소장한 수집 표본과 서적, 잡지를 보고 그들의 열성적인 자연사 수집 활동에 탄복했다. 같은 자연철학자를 만나 행복에 겨웠던 리드게이트는 페어브라더에게 자신의 소장품도 보여주고 싶다고 제안했다. 특히 브라운의 새 논문「식물 꽃가루에 관한 현미경 관찰<sup>Microscopic Observations on the Pollen of Plants</sup>」을 페어브라더가 아직 갖고 있지 않다면 보여주겠다고 했다.[5]

그 당시 예수회의 수사들과 다른 많은 성직자들은 철학, 논리학, 수학에 이르기까지 놀라울 정도로 폭넓고 철저한 교육을 받았다. 그들은 오늘날에는 학제 간 연구 분야라고 부르지만 당시에는 과학이라고 불렸던, 폭넓은 활동의 한 부분에 불과했던 문제들을 비범하게 다룰 수 있는 훈련이 되어 있었다. 이에 반해 수리물리학자들은, 물리학이 이제 막 새로운 영역으로 분리되는 과정에 있었던 19세기 후반에, 적절한 수학 실력이 있더라도 일반인은 감히 들어갈 엄두를 낼 수 없는 그들만의 배타적 영역에 거주해 있었다.

이러한 수리물리학과 기타 다른 과학 분야 간의 거리 때문에, 1870년대 말경 많은 과학자들은 브라운운동을 정성적으로는 옳게 설명했지만 설득력 있는 정량적인 용어로 가설을 기술하지는 못했다. 올바른 답을 찾았으면서도 그 공을 인정받으려 했던 사람을 이상하게도 찾기 힘들었다.[6] 예를 들어 1877년 런던에서 발행된 《월간 현미경 Monthly Microscopical Journal》에는 조지프 델속스 신부 Father Joseph Delsaulx, S.J. 가 브라운운동은 액체를 구성하는 원자와 분자들에 의해 작은 입자들이 계속 얻어맞기 때문에 일어난다는 설명을 하며 그것을 익명의 동료의 공으로 돌리는 문헌이 있다. (이때쯤 화학자들은 근본 입자인 원자와 원자들의 결합으로 이루어진 분자를 구분하고 있었다.)

3년 뒤, J. 티리온 신부 Father J. Thirion, S.J. 는 《과학의 의문점 리뷰 Revue des Questions Scientifiques》에 기고한 글에서 수년 전 발표되지 않은 실험 노트들에서 "독자들에게 잘 알려진 대학자 카보넬리 신부 Father Carbonelle 가 다른 동료인 레나드 신부 Father Renard 에게 흥미롭게 움직이는 잠자리 libelles 를 처음으로 보여주었다"라고 적힌 것을 본 적이 있다고 했다. 신부는 이 잠자리들이 석영 샘플 속에 갇힌 작은 액체 방울 안의 미세한 검은 반점이라고 친절히 설명했다. 그것들은 실제로 액체 내부에 갇혀 있는 기포이며, 오늘날은 익숙하게 알려진 방식으로 흔들린다. 델속스 신부 역시 잠자리를 언급하고, 수정이 매우 오래된 것이므로 브라운운동도 수백만 년 동안 유유히 지속되어 온 것이라고 덧붙였다. 그는 분명히 그것에 어떤 외적인 원인도 있을 수 없다고 말했다. 레나드 신부가 카보넬리 신부에게 보여준 것이 분자들이 끊임없이 부딪쳐 되튀는 결과라고 델속스 신부는 확신했다.

성직자들은 탐구의 방향을 제대로 잡고 있었으나 수학적 전문성이 부족해 더 이상 나아갈 수가 없었다. 델속스 신부는 관찰된 브라운운동의 진폭이 입자가 얼마나 멀리, 얼마나 빨리 움직이는지와 상관없이 그가 '대수법칙law of large numbers'이라고 부른 것과 어떤 관련이 있다고 애매한 주장을 했다. 액체를 구성하는 분자 하나가 브라운 입자에 움직임이 관찰될 정도의 충격을 줄 수 없다는 것은 그 당시 누구나 알고 있었다. 그러나 분자들은 아주 많고 사방에서 계속 입자를 때려댈 수 있고, 그 충격 정도는 균일하지 않다. 브라운운동을 하는 입자에 각기 다른 방향에서 다른 크기의 충격이 가해지면 입자는 가볍게 흔들릴 것이다. 또한 충돌하는 분자가 많으면 많을수록 무작위적인 충격들이 서로 쉽게 상쇄되어 움직임은 더 작아질 것이다. 델속스 신부가 일종의 통계학적 의미를 담으려 했던 '대수법칙'은 원칙적으로 브라운운동의 크기를 액체를 구성하는 분자들의 크기, 수, 속력과 연관지을 수 있게 한다. 여기까지가 그가 말할 수 있는 전부이고, 더 이상 진척이 없었다.

10년 뒤 프랑스의 과학자 루이 조르주 구이Louis-Georges Gouy가 브라운운동에 관한 일련의 세심한 실험을 수행하고, 그것을 "지속적인 불안정한 상태의 특성une trépidation constante et caractéristique"[7]이라고 근사하게 표현했다. 그는 또 브라운의 결정적인 연구가 있은 후 60년이 지났지만 아직까지도 대체로 "브라운운동은 어떤 외부의 요동에 의해 일어나는 우연한 사건"으로 간주되고 있다고 논평했다. 구이는 그러나 (브라운과 비너, 그리고 많은 예수회 성직자들이 이미 말한 것을 반복하여) 브라운운동은 분명 그런 경우가 아니라고 단언했다. 그의 실험은 모든 종류의 입자가 어떤 액체 속에서든지 같은 운동을 한다는 것을 증명했다. 흔들리지 않는 입자는 없었다. 그는 지금까지 수많은 사람들이 그랬던 것처럼 분자의 활동이 원인이라고 결론지었다.

그리고 여기서 조금 더 나아갔다. 그는 우선 브라운운동은 몇몇 사람이 제안한 것처럼 영구운동은 아님을 확실히 했다. 그 무렵 새롭게 정립된 열역학법칙은 영구운동을 명백히 금지했다. 그는 분자들이 돌아다니다가 서로 충돌할 때 에너지 교환이 일어나 어떤 것은 느려지고 어떤 것은 빨라져, 변하지 않고 일정한 에너지 총량을 나누어 갖는다고 설명했다. 이 부분에는 문제가 없었다. 그리고 구이는 최근의 측정에 의하면 분자의 대체적인 속력은 브라운운동을 하는 입자의 속력보다 1억 배나 빠르다고 말했다. 여기에도 문제가 없었다. '대수법칙'이 설명해 준다. 그러나 델속스 신부와 마찬가지로 구이는 입자의 크기, 입자를 구성하는 분자 수, 또는 입자를 움직이는 액체 분자의 충돌 횟수와 관련해서는 어떤 구체적인 계산도 내놓을 수 없었다.

브라운운동은 명백히 통계적인 현상이었다. 작은 입자들의 예측할 수 없는 무작위적 움직임은 보이지 않는 분자들의 평균운동 또는 집합운동을 간접적으로 나타낸다. 브라운운동을 하는 하나의 입자가 왜 변덕스럽게 움직이는지 상세하게 설명하는 것은 불가능하지만, 입자의 운동에 관한 다양한 매개변수들은 보이지 않는 분자의 운동에 관한 적당한 통계적 방법으로부터 얻어질 수 있어야 한다.

그러나 이 두 운동값 사이의 연계성을 인지한 초기 연구자들 중에 그것을 수학적으로 정식화할 기술을 가진 사람은 없었다. 그들은 확실한 계산을 제시할 수 없었기 때문에 그것에 담긴 개념적인 수수께끼도 알아보지 못한 것으로 보인다. 분자의 운동이 기본적으로 완벽히 예측 가능한, 원인과 결과의 뉴턴 법칙을 따른다면, 어떻게 우연의 작용처럼 보이는 브라운운동 현상이 일어날 수 있을까? 이 수수께끼는 좀더 본격적인 운동론자들이 곧 격론을 벌여나가게 될 바로 그것이었다.

# 2

엔트로피는 최댓값을 향해
끝없이 증가한다

　1889년 구이는 브라운운동을 설명하면서 "이 현상은 물리학자들의 관심을 거의 끌지 못하는 것처럼 보인다"[1]라고 당혹감을 드러냈다. 브라운운동의 중요성을 파악하지 못한 사람들 중에는 19세기에 최고의 명성을 날린 스코틀랜드 출신의 이론물리학자 제임스 클러크 맥스웰James Clerk Maxwell도 있다고 구이는 말했다. 맥스웰은 "보다 강력한 현미경을 사용하면, 브라운 입자들이 완전히 정지 상태로 있는 것을 볼 수 있을 것이다"라고 믿었음에 틀림없다. 보다 나은 광학 기술이 이 골칫거리를 한 방에 날려 보낼 것이라는 뜻이다.

　그 시대에 흔히 있는 일이었지만 애석하게도 구이는 맥스웰을 비난하듯이 말한 까닭을 밝히지 않았고, 지금까지도 그의 말이 정당했는지 확실치 않다. 확실한 것은, 맥스웰이 발표한 논문 중에 브라운운동으로부터 기체와 액체의 분자적 구성에 대한 실마리를 찾았다고 보고한 것은 없다는 것이다. 물리학 문제를 해결하는 데 통계 기법을 제일 먼저 사용했고, 훗날에는 열운동론을 정교한 수학의 정상까지 끌어올린 맥스웰이 브라운운동에는 관심을 두지 않았다니, 신기한 일이다.

17세기 중엽에 이미 블레즈 파스칼Blaise Pascal, 피에르 드 페르마 Pierre de Fermat 같은 수학자들은 다양한 카드 게임과 주사위 게임을 위해서 간단한 수학적 확률 법칙을 구해냈다. 그러나 그러한 이론이 도박장밖으로 나가 이용되기까지는 오랜 세월이 걸렸다. 1831년 벨기에의 수학자 아돌프 케틀러Adolphe Quetelet가 프랑스에서 발생한 범죄를 조사하여 범인의 나이, 성, 교육의 정도, 범죄 장소의 기후, 범죄가 일어난 시기에 따른 범죄율을 도표화했다. 좋든 나쁘든 이것은 통계적 방법을 인구학과 사회과학에 광범위하게 적용시키는 기폭제가 되었다.

약 30년 후 맥스웰은 케틀러가 쓴 글을 읽고, 토성의 띠가 먼지로 이루어졌음을 증명하는 독창적인 방법을 고안했다. 토성의 중력으로 토성 주위에 모여 띠를 두르고 있는 입자들을 머릿속에 그리면서, 맥스웰은 입자들이 가져야 할 크기와 궤도 속력의 범위를 규정하는 통계식을 수립했다. 이 모형에 표준 역학적 해석을 적용하여, 그 띠들이 안정하게 형태가 유지되려면 입자들의 크기가 일정 범위 내에 들어야 한다는 것도 증명했다.

얼마 후 맥스웰은 기체의 부피를 구성하는 원자들이 어떤 속력으로 충돌할 때, 그 운동 역시 유사한 방식으로 기술할 수 있음을 깨달았다. 물리학자들이 통계적이고 확률적인 문제도 진지하게 파고들어야 함을 알게 된 것은 열의 성질을 이해하면서부터다. 그러나 이 과감한 시도에는 출발부터 자기모순적이고 걱정스러운 데가 있었다.

열이 단순한 원자들의 분주한 집단적 운동이라면, 열물리학은 궁극적으로 이들 원자들에 적용되는 뉴턴의 운동 법칙에서 나와야만 한다. 원자의 충돌을 당구대 위의 캐럼carom/치는 공이 잇따라 두 개의 목표 공을 맞추는 것: 옮긴이/을 세듯이 셀 수 있다면, 열의 거동도 비슷하게 예측 가능해야 한다. 우주에 있는 모든 입자는 엄격한 합리적 법칙을 따라야만 한다. 과학의 전지전능함을 믿는 이러한 견해는 18세기 뉴턴주의자들의 지도자 중 한 사람인 마르키스 드 라플라스Marquis de Laplace의 유명한 말에 잘 나타난다.

우리는 우주의 현재 상태를 과거의 결과이자 미래의 원인으로 생각할 수 있다. 어느 주어진 순간에 자연을 움직이게 하는 힘을 알고 자연을 구성하는 존재의 상호위치를 모두 아는 지성이, 자료를 투입하여 해석해 낼 수 있을 정도로 충분한 지능을 가졌다면, 우주의 가장 큰 물체와 가장 가벼운 원자의 운동을 하나의 공식으로 압축할 수 있을 것이다. 그런 지성에게 불확실한 것은 하나도 없으며, 미래는 과거와 마찬가지로 그의 눈앞에 펼쳐질 것이다.[2]

"불확실한 것은 하나도 없다." 이것이 요점이었다. 또 다른 프랑스인의 말을 풀어보면 다음과 같이 말할 수 있다. 모든 것을 이해한다면 모든 것을 예측할 수 있다. 이러한 거창한 논지로부터 세계는 기계다, 우주는 시계다, 과학은 궁극적으로 결정론적이고 변하지 않는다와 같은 상투적 비유들이 나오게 된다.

다른 한편 물리학자들이 재빨리 깨달은 것은, 기체의 부피를 구성하는 모든 원자나 분자의 개별 운동을 실제로 계산하는 것은 불가능한 게 아니라 불합리하다는 사실이다. (19세기 후반에 과학자들은 분자들이 얼마나 작은지, 따라서 수가 얼마나 많은지 꽤 파악하고 있었다. 플라스크에 채운 물에는 조에 조를 곱한 수의 물 분자가 들어 있다.) 많은 수의 원자와 분자 집단에 관한 이론을 이용해 뭔가 조금이라도 실용적인 것을 얻으려면, 물리학자들은 입자들의 운동에 대한 통계적 설명에 만족하고 완벽한 지식의 추구라는 유토피아적 목표는 제쳐두어야 했다. 이러한 타협적인 자세는 엔트로피entropy에 관한 악명 높은 열역학 제2법칙, 그리고 질서와 무질서 사이의 줄다리기에서 가장 불편해진다.

열은 뜨거운 물체에서 차가운 물체로 흐른다. 그 역과정은 일어나지 않는다. 1865년 독일의 물리학자 루돌프 클라우지우스Rudolf Clausius는 엔트로피라는 용어를 창안하면서 "엔트로피는 최댓값을 향해 끝없이 증가한다"라고 선언했다. 엔트로피의 최댓값은 열이 퍼져나가 가능한 한 최대로 균일하게 되었을 때 얻을 수 있다. 여름철 음료수에 얼음 조각 몇 개를 집어넣어 보라. 열이 액체에서 차가운 얼음으로 흘러 얼음이 녹고 음료수는 차가워진다. 이 과정에서 엔트로피는 증가한다. 거꾸로 얼음 조각 주위의 음료수가 데워지고 얼음 조각들이 점점 커진다면, 엔트로피는 감소하는 것인데 이런 일은 열역학 제2법칙에 위배된다.

클라우지우스 등의 과학자들은 열의 본질이 무엇인지 이해되기 전에 제2법칙을 구성했다. 그들은 물리학 법칙들이 다 그렇듯, 제2법칙도 정확하고 절대적인 것으로 여겼다. 열은 언제나 뜨거운 것에서 차가운 것으로 흐른다. 엔트로피는 오직 증가만 할 수 있다.

열이 원자의 운동에 지나지 않는다는 깨달음은 처음에는 제2법칙을 강화해 주는 것처럼 보였다. 빨리 움직이는 뜨거운 원자 집단이 천천히 움직이는 차가운 원자 집단과 섞이면, 서로 무작위로 부딪쳐 빠른 원자는 느려지고 느린 원자는 빨라지면서, 모든 원자들이 평균적으로 동일한 속도를 갖게 될 때까지 계속 움직일 것이다. 그렇게 해서 모든 곳의 온도는 균일해지고 엔트로피는 최대가 된다.

1877년 깐깐하고 성미 급한 오스트리아의 물리학자 루트비히 볼츠만Ludwig Boltzmann이 바로 이 사실을 말하는 어려운 수학적 정리를 증명해 냈다. 그는 원자 집단의 운동을 통계적으로 측정함으로써 엔트로피를 정의하는 방법을 찾아내어, 원자 사이의 충돌이 엔트로피가 최댓값이 되도록 끌어올림을 보였다. 우리가 엔트로피를 질서나 무질서와 관련이 있는 것으로 생각하는 것은 볼츠만한테서 나온 생각이다. 기체가 통 안에 있다고 가정해 보자. 이 통을 반으로 나누어 한쪽에는 빨리운동하는 기체 입자들을 두고, 다른 한쪽에는 느린 기체 입자들을 둔다고 해보자. 이렇게 정렬된 상태, 또는 질서 있는 상태는 아주 일어나기 힘들고 따라서 낮은 값의 엔트로피를 가질 것이다. 이제 모든 원자들이 뒤섞여 충돌하고 에너지가 균등해지도록 하면, 원자들은 최대의 엔트로피를 가지고 가능한 최대로 무작위적인 상태가 된다. 원자들이 어느 위치에 있는지에 대한 우리의 무지는 전체에 걸쳐 균질하다.

그러나 볼츠만의 정리는 어딘가 이상해 보였다. 엔트로피의 증가는 한쪽 방향으로만 진행하고 반대 방향으로는 결코 진행하지 않는다. 그런데 원자들의 운동을 지배하는 뉴턴의 법칙은 시간에 대해 철저하게 공평하다. 한 무리의 원자운동은 시간을 거슬러 일어나더라도 여전히 뉴턴의 법칙을 따른다. 역학에는 과거와 미래 사이의 구분이 없다. 그런데 불가사의하게도 역학에서 애써 유도한 볼츠만의 정리에서는 과거와 미래의 구분이 나타나는 것이다.

볼츠만이 자신의 정리를 증명한 지 얼마 되지 않아, 프랑스의 수학자 앙리 푸앵카레Henri Poincaré는 볼츠만의 정리와 상충하는 것으로 보이는 정리를 증명했다. 한 무리의 기체 원자에 적용할 때, 푸앵카레의 정리는 기체를 구성하는 원자들이 시간이 충분하기만 하면 언젠가 높거나 낮거나 그 사이 값의 엔트로피 상태에 상응하는 가능한 모든 배열을 하게 된다고 말한다. 그럴 경우 엔트로피는 증가만 하는 게 아니라 감소도 할 수 있고 또 그래야만 할 것이다.

이와 같은 혼란은 일부 물리학자들에게 극단적인 견해를 갖게 했다. 즉, 원자의 존재는 이론적으로 모순에 이르므로 실제일 수 없다는 것이다. 일부에서는 이 결론이 타당하다고 받아들여졌다. 특히 실증주의 과학철학이 일어난 독일어권에서는, 지지자들이 원자의 존재는 무엇보다 타당성이 없다고 주장했다. 그들은 과학은 실험을 통해 곧바로 관찰하고 측정할 수 있는, 볼 수 있고 만질 수 있는 것을 다루어야 한다고 생각했다. 원자들은 기껏해야 상상의 산물이고, 따라서 그것에 기초한 사고는 순전히 가상적이라는 것이다. 실증주의자들이 끝까지 고집한 바에 의하면, 원자는 실제 과학이 성립될 수 있는 믿을 수 있는 실체가못 되었다.

볼츠만과 푸앵카레의 정리 사이에 일어난 모순을 해결하려는 피나는 노력은 실증주의자들을 더욱 기쁘게 할 뿐이었다. 모순의 핵심은 볼츠만의 정리가 사실과 맞지 않는다는 데 있었다. 그것은 그가 풀어야 하는 엄청난 수학의 복잡함을 줄이기 위해 볼츠만이 불가피하게 설정한 가정 때문이었다. 원자들의 질서 정연한 배열이 무질서해질 가능성이 그 반대의 경우보다 일반적으로 훨씬 크지만 그렇다고 해서 그 반대과정이 완전히 배제되는 것은 아니다.

이 정도의 사고에 이른 물리학자들은 열운동론이 그동안 생각지못했던 미묘한 사실을 알려줌을 깨달았다. 엔트로피는 항상 증가만 해야 하고, 열은 언제나 따뜻한 것에서 찬 것으로 흘러야만 하는 것은 아니다. 원자들이 부딪히는 방식에 따라 작은 양의 열이 찬 곳에서 따뜻한 곳으로 이동할 가능성도 배제할 수 없다. 따라서 순간적으로 엔트로피는 감소할 수도 있다. 이제 확률이 개입할 수밖에 없다. 대부분의 일은 예상한 방식으로 일어난다. 원자들 사이의 충돌은 언제나 무질서를 증가시키고, 따라서 엔트로피를 증가시킨다. 그 반대 과정은 불가능한 게 아니라 가능성이 아주 적을 뿐이다.

모호하게 빠져나가는 듯한 이런 결론은 실증주의자들을 더 분노시켰다. 실증주의자들은 물리학의 법칙이 의미를 가지려면 결정적이어야 한다고 말했다. 열은 주로 따뜻한 것에서 차가운 것으로 흐르지만, 차가운 것에서 따뜻한 것으로 흐를 가능성도 아주 작지만 반드시 있다고 말하는 것은 과학적 사고를 비웃음거리로 만드는 일이라고 했다. 원자라는 이름의 허구를 믿지 못할 이유가 하나 더 보태진 것이다.

원자의 개념을 지지하는 물리학자들은 실증주의자들이 받아들일 수 있는 방식으로 입자를 설명해야 할 다급한 상황이 되었다. 1896년 볼츠만은 비평가들에게 보내는 답장에서 원자를 옹호하는 쉬운 설명이 떠올랐다. "기체 속의 작은 입자들은 운동을 하는 것으로 관찰되는데, 이것은 기체가 입자 표면에 가하는 압력이 조금 클 때도 있고 작을 때도 있어서 일어나는 현상이다."[3] 다시 말해 기체는 원자들로 이루어졌는데, 이 원자들이 예측할 수 없는 방식으로 춤을 추고 돌아다니기 때문에 기체 속의 작은 입자는 앞뒤로 예측할 수 없게 움직이게 된다. 이는 티리온 신부와 넬속스 신부의 뒤를 이어 구이가 설명한 내용과 정확히 일치한다. 그러나 볼츠만은 그들의 업적에 대해 전혀 모르고 있었음에 틀림없다. 볼츠만은 브라운운동이, 물질이 원자로 이루어졌다는 사실뿐만 아니라 원자의 운동에 내재한 무작위성에 대한 직접적 증거라는 생각을 해낸, 그러면서 고도의 수학 능력을 갖춘 첫 번째 물리학자였다.

그러나 볼츠만이 대수롭지 않게 던진 이 말은 누구의 이목도 끌지 못했고, 그후 과학사가들에 의해서도 언급된 적이 없다. 그의 무심한 듯한 태도를 볼 때 볼츠만 자신도 그 설명을 특별히 새롭거나 중요하다고 여기지 않았던 것 같다. 티리온, 델속스, 구이와 마찬가지로 볼츠만도 분자운동이 브라운운동을 나타나게 한다는 사실을 중요하지 않게 생각했다. '대수법칙'을 어렴풋이 끌어들이던 이전 과학자들과 달리, 볼츠만은 원자운동에 기초하여 브라운운동의 크기를 계산하게 해주는 통계 이론에 통달한 사람이었다.

그러나 그는 그런 노력을 기울이지 않았다. 이전에 맥스웰은 브라운운동이 물리학자들에게 속삭여주는 이야기를 듣지 못했고, 이제 볼츠만은 메시지는 받았는데 너무나 당연하다고 생각했는지 그것을 파고들지 않았다.

또 한 번의 10년이 지나갈 무렵 브라운운동 이야기는 역사적 결말에 이른다. 우리의 이야기는 이 시점에서 아인슈타인의 날카로운 지성과 첫 대면을 하게 된다. 1905년 아인슈타인은 두뇌 명석한 날씬한 26세의 청년으로, 대학에 자리를 구하지 못해 베른$^{Bern}$의 특허청에서 일하고 있었다. 그는 몇 편의 논문을 발표했을 뿐 물리학계에 거의 알려지지 않은 인물이었다. 그러나, 때가 왔다.

난해하지만 솔직하고 길게 엮은 볼츠만의 논문을 흠모해 오던 아인슈타인은 물리학의 통계학적 문제들과 원자의 존재와 관련하여 일고 있는 논란에 흥미를 느끼게 되었다. 그 역시 액체 속에 들어 있는 적당히 작은 입자가 액체 분자들의 충돌로 움직일 것이라고 문득 깨달았다. 그것은 정확히 볼츠만이 말한 그대로였으나 다른 사람들처럼 아인슈타인도 선배 볼츠만의 짤막한 설명을 이해하지 못한 것 같다. 어쨌든 아인슈타인은 이 문제를 깊게 파고들었다. 그는 현미경으로 볼 수 있을 정도로 충분히 큰 입자의 운동이 원자 가설에 대한 직접적이고 정량적인 테스트가 되지 않을까 궁리했다. 그것은 바로 실증주의자들이 요구하는 것이었는데, 불가능하다고 알려져 있었다. 그래서 그는 수학적으로 답을 계산해 보기로 했다.

그것은 결코 단순한 작업이 아니었다. 구이는 브라운운동을 하는 입자의 운동에너지가, 평균적으로 그것이 부유하고 있는 액체를 구성하는 분자의 운동에너지와 똑같아야 함을 알고 있었다. 훨씬 작은 질량의 분자들은 매우 빠르게 헤집고 다니는 반면에 브라운운동을 하는 입자는 훨씬 느리게 비틀거린다. 액체 분자들의 평균속력과 액체 속 입자들의 평균속력 사이에는 분명히 연관성이 있어야 했다. 그러나 브라운운동의 변덕스러운 성질은 입자의 평균속력을 의미 있게 정의하는 일을 어렵게 했다. 19세기 말의 실험학자들에게는 지그재그로 움직이는 입자를 정확히 측정하거나 기록할 방법이 없었다.

아인슈타인의 천재성은 다른 방법을 택했다. 그는 부유하는 입자가 얼마나 빨리 움직이는지를 계산하는 것이 아니라, 일정 시간 안에 이리저리 움직이는 운동이 얼마나 멀리 유동하는지 계산하는 방법을 찾아냈다. 예를 들어, 어떤 입자의 출발 위치 주위에 작은 원을 그려, 입자가 원주에 도달하는 데 평균적으로 얼마나 걸리는지 알아볼 수 있다. 이 방법으로 아인슈타인은 실용성 있는 엄밀한 이론적 결과를 유도해 낼 수 있었다. 브라운이 액체에 부유하는 작은 입자의 운동을 과학적으로 설명하려 시도한 지 80년이 다 되어서야 아인슈타인이 그 운동의 진짜 이유를 설명할 수 있는 정량적인 방법을 제공한 것이다. 그의 재치 있는 분석은 아인슈타인에게 영광의 해인 1905년에 발표한 네 편의 역사적 논문 중 하나가 되었다. 다른 논문은 그 당시 물리학자들을 열광시킨 특수상대성이론에 관한 것들로, 빛의 본질에 대한 획기적인 개념을 제공했다.

마지막으로 어처구니없는 아이러니는 아인슈타인이 처음 계산을 시작할 때는 브라운운동이라는 것이 있는지도 몰랐다는 것이다. 논문을 작성하는 도중에야 비로소 여러 세대에 걸쳐 현미경 과학자들, 식물학자들을 비롯한 몇몇 분야의 사람들이 브라운운동을 알고 있었다는 사실을 발견했다. 논문의 서론에서 아인슈타인은 조심스레 "여기에서 논하는 운동은 '브라운 분자운동Brownian molecular motion'으로 불리는 것과 동일하다고 할 수 있다. 하지만 브라운 분자운동과의 관련을 확인할 수 있는 자료가 너무 부정확하여 확언할 수는 없다"[4]라고 말했다.

3년 뒤인 1908년 프랑스의 물리학자 장 페랭Jean Perrin은 브라운운동을 측정하는 일련의 조심스러운 실험을 수행한 후 그 결과를 아인슈타인의 이론과 비교했다. 모든 것이 일치했다. 페랭의 연구는 원자의 존재에 대한 결정적이고 충격적인 증거로 종종 인용된다. 이 결과는 대다수의 물리학자들에게 놀라움이 아니라 자신들이 오랫동안 믿어왔던 것에 대한 즐거운 확인이었다. 원자설을 완강히 부정하던 대부분의 실증주의자들도 한두 명을 빼고 굴복할 수밖에 없었다.

이때부터 원자는 부인할 수 없는 실체가 되었다. 동시에 통계적 사고는 물리 이론을 세우는 데 필수적인 것으로 확고히 자리 잡았다. 원자와 통계적 사고는 하나로 꽁꽁 묶였다. 여러 해 동안 운동론을 신봉해 온 사람들은 이런 발전에 흡족해했다. 원자에 대한 어떤 유용한 설명도 필연적으로 통계적 사고를 포함해야 한다. 엔트로피는 거의 언제나 증가한다는 열역학 제2법칙의 우연적 본성은 기초가 다져졌다.

그렇지만 결정론은 살아남았다, 아니, 그런 것처럼 보였다. 아인슈타인에게 통계적 사고란 개별 원자들의 운동은 이해할 수 없더라도 원자의 집단적 거동을 정량적으로 설명할 수 있게 해주는 것일 뿐이었다. 중요한 것은 그러한 운동이 어디까지나 엄격하고 오차 없는 규칙을 따른다는 사실이었다. 본질적으로 자연은 결정론적으로 남아 있었다. 다만 과학 관찰자가 완벽하게 예측할 수 있는 완전한 지식이라는 라플라스의 이상을 충족시킬 모든 정보를 모을 수 없음이 문제일 뿐이었다.

전반적인 상황을 이해한 것은 아니지만 물리학자들은 하나의 이론이 의미하는 바에 대해 생각을 좀 바꾸었다. 지금까지 이론이란 일련의 사실들을 설명해 주는 일단의 규칙들이었다. 이론과 실험 사이에는 직통의 동등한 쌍방향 교류가 존재했다. 그러나 이제 더 이상 그런 식이 아니었다. 이제 이론은 물리학자들이 실재한다고 확신하지만 실험적으로는 어떻게 할 수 없는 요소를 포함했다. 이론물리학자들에게 원자는 확실한 실체이며 정확한 위치와 속력을 갖는다. 그러나 실험물리학자들에게 원자는 추론적으로만 존재하며 통계적으로만 설명될 수 있다. 이론이 그리는 완전하고 정확한 물리 세계와 실험이 실제로 드러낼 수 있는 세계 사이에 간극이 생긴 것이다.

그렇다면 잃어버린 것은 결정론적인 물리 자체에 내재하는 이상이 아니라, 그 세계를 과학적으로 완벽하게 설명하려는 우리의 라플라스적 희망이었다. 우주는 자체의 내부 설계에 따라 차분하게 모든 현상을 펼쳐 보인다. 과학자들은 얼마든지 그 설계를 자세히 이해하려는 희망을 가질 수 있었다. 그런데 이제 더 이상 그 설계가 어떻게 실현되는가에 대한 완벽한 지식은 가질 수 없는 것 같았다. 전체적인 청사진은 알 수 있으나 벽돌 모양이나 색깔은 알 수 없다.

이 어려움을 목격한 역사학자 헨리 애덤스Henry Adams는 기발한 자서전 『헨리 애덤스의 교육The Education of Henry Adams』에 등장시킨 한 남자를, 과학과 기술에 사정없이 휘둘리는 세상에서 구식 고전적 지혜를 가지고 넘어지지 않으려 분투하는 정치, 문화, 종교학자로 그렸다. 그는 과학에 반대하는 게 아니라, 오히려 과학의 막강함과 영향력의 불길함과 무서움을 보고 있었다.

애덤스는 물리학에서 진행된 통계적 사고의 발전에 대해 알고 있었으며, 대부분의 과학자들이 그에 대해 별 생각을 하지 않는다는 것이 의아했다. 이전에 과학은 물론 완전성과 완벽성을 목표로 했다. 그러나 이제 애덤스가 고고하게 말했듯이 "흔히 통일성Unity이라 불리는 과학적 통합과정synthesis은 알고 보니 다양성Multiplicity이라 불리는 과학적 분석과정analysis이었다."5 애덤스는 좀 과장하여, 운동론은 카오스나 무질서로부터 철학적으로는 그저 한 발짝밖에 떨어져 있지 않다고 보았다. 이제부터 예측 능력이 단지 근사적일 수밖에 없다면 과학에서 그동안 통일성과 합리성을 추구한 것은 무슨 의미가 있었단 말인가?

애덤스는 과학적이고 철학적인 친구들에게 캐물었지만 "이에 대해 모두 도움을 거절했다"라고 말하며 한숨을 쉬었다. 아마도 그들은 애덤스가 무엇을 생각하는지 이해할 수 없었을 것이다. 애덤스는 수수께끼 같은 모호한 미사여구를 즐겨 사용했으니까. 과학자들에게는 통계 이론이 실제로 우주를 좀더 잘 파악하고 좀더 잘 예측할 수 있게 해주는 것일 뿐이었다. 당시 그들은 이전에 알았던 것보다 더 많은 것을 이해했고, 미래에는 현재보다 더 많은 것을 이해할 수 있을 것이었다. 잃은 것이 있다면 개념적이고 형이상학적이며 철학적인 것이지, 과학적인 것은 아니었다.

# 3

불가사의이자 경악의 대상

20세기에 접어든 후 10년 동안 과학계에는 원자에 대한 관심이 흘러넘쳤다. 모든 과학자들이 서로 뚜렷한 연관성이 없는 연구들을 각자 수행하고 있었다. 그중에는 서로 반응하고 결합하여 분자를 형성하는, 물질의 기본단위인 화학자들의 원자도 있었다. 열역학법칙에 따라 무작위로 충돌하며 돌아다니는 당구공 같은 물리학자들의 원자는 그리 큰 관심을 끌지 못했다. 이론적으로 볼 때 두 원자들 사이에 연관성은 없었다. 그리고 1896년 이미 과부하된 원자에 새로운 사실이 얹어졌다.

앙리 베크렐Henri Becquerel의 방사성 발견은 매우 운 좋은 우연한 발견의 예다. 1896년 1월 1일 빌헬름 뢴트겐Wilhelm Röntgen이라는 독일의 한 물리학자가 유럽 전역의 동료 과학자들에게 깜짝 놀랄 만한 실험 상세 보고서를 발송했다. 그의 발견을 증명하기 위해 한 장의 사진도 동봉했다. 끔찍한 손뼈 사진이었는데 살은 희미하게 흔적만 보이고 세 번째 손가락뼈를 헐겁게 두른 결혼반지의 영상은 선명했다. 이것이 세계 최초의 엑스선$^{X\text{-}ray}$ 사진이다. 이 사진은 과학자들 사이에 센세이션을 일으켰을 뿐 아니라, 신문들도 사고로 살에 박힌 못, 온갖 기형 뼈 사진들을 경쟁적으로 보도하게 만들었다.

뢴트겐의 발견은 그야말로 순전히 우연히 이루어졌다. 어느 날, 실험실 전기 방전관 가까이에 놓인 인광 화면이 이상하게 빛을 내는 것을 본 것이다. 호기심을 느낀 뢴트겐은 좀더 조사하여 손을 관과 화면 사이에 놓으면 영상이 나타난다는 것을 발견했다. 물리학자들은 그동안 엑스선이 무엇인지도 모른 채 여러 해 동안 만들어왔던 것이다. 이 소식이 전해지자 전 세계의 연구소들이 보이지 않지만 투과하는 광선을 탐구하기 시작했다. 곧 그것은 가시광선과 자외선보다 파장이 짧은 전자기복사의 일종임이 밝혀졌다.

1896년 초 파리에서 열린 프랑스과학학술원 회의에서 엑스선 사진을 본 베크렐에게 직관적으로 느껴지는 게 있었다. 그는 저명한 파리 물리학자 가문의 아들이자 손자였다. 베크렐 가족은 모두 에콜폴리테크니크를 졸업했고, 모두 프랑스학술원 회원이었으며, 대를 이어 자연사박물관의 물리 담당관을 역임했다. 베크렐 아들 역시 순서대로 같은 길을 밟을 것이었다. 대를 이은 여러 명의 베크렐들은 각자 전기, 화학, 태양광 같은 것들을 탐구했는데 가족의 전통으로 공통 관심사가 하나 있었다. 그들은 모두 특정 광물을 강한 태양광에 쪼인 후 어두운 곳에 두면 스스로 희미하게 빛을 내는 형광 현상을 연구했다. 베크렐의 아버지는 우라늄을 함유한 광물 형광에 전문가였다.

엑스선에 관한 이야기를 들었을 때 베크렐은 이 신기한 방사 기체 emanation가 그가 잘 알고 있는 형광과 어떤 관련이 있지 않을까 하는 생각이 떠올랐다. 첫 번째 실험은 그의 의구심을 확인해 주는 것처럼 보였다. 그는 (아버지가 특별히 좋아한) 칼륨우라닐황산염을 포함한 다양한 형광물질을 두꺼운 검은 종이로 싼 사진 건판 위에 놓고, 형광을 활성화시키기 위해 밝은 태양광이 드는 곳에 놓았다. 몇 시간 뒤 건판을 현상해 보니 우라늄 함유 광물 아래에 있던 건판이 불투명한 검은 종이를 투과한 방사 기체에 의해 안개 낀 것처럼 뿌옇게 감광되어 있었다. 그는 암석이 태양광에 의해 활성화되어 엑스선을 낸 것이라 결론을 내렸다.

그런데 이때, 결과적으로는 운 좋게도, 파리의 날씨가 온통 흐려 며칠 동안 햇빛을 볼 수 없었다. 베크렐은 실험 샘플을 서랍 속에 처박아두었다. 어느 날, 아마도 종이로 싼 사진 건판의 변질 유무를 알아볼 셈으로 베크렐은 서랍에서 건판을 꺼내 현상해 보았다. 정말 놀랍게도 건판은 뿌옇게 감광되어 있었다. 서랍에 들어 있어 태양광에 노출되지 않았음에도 불구하고, 우라늄 광물에서 일종의 방사선이 나와 두꺼운 종이를 통과하여 민감한 화학물질과 반응을 일으킨 것이다. 방출된 것은 엑스선도 아니었고, 기존의 형광도 아니었고, 광물 자체가 가진 새롭고 이상한 것이었다. 베크렐은 자신의 모든 정보를 종합하여 그것을 '방사성 우라늄 les rayons uraniques'이라고 불렀다.

베크렐은 자신의 비상한 발견을 과학학술원에 보고했지만 반응은 미온적이었다. 엑스선은 계속 인기를 끌었지만 베크렐의 희미한 영상은 부서진 뼈 사진들과는 경쟁이 되지 않았다. 그는 머쓱해져서 실험실로 돌아갔다. 베크렐은 운 좋은 발견인 엑스선에 대해 부정확한 가정을 하고 잘못된 실험을 수행했지만, 나쁜 날씨 탓에 보다 흥미로운 현상을 관찰하게 되었다. 그렇게 하여 베크렐은 완전히 새로운 과학 현상에 발을 들여놓았다. 그러나 우연의 힘은 여기까지였고 연구는 한계에 다다르게 된다. 그는 무엇을 어떻게 더 해야 할지 몰랐으며, 아무도 관심을 보이지도 않았다.

다음 해가 갈 즈음에야 방사성 우라늄은 족적을 남길 수 있는 새로운 탐구 분야를 찾고 있던 한 젊은 연구자의 관심을 끌었다. 이 신출내기 과학자가 바로 바르샤바에서 교사 부부의 딸로 태어나 마리아 스크로도프스카란 이름을 가졌던 마리 퀴리 Marie Curie였다. 그 당시 폴란드는 러시아의 지배를 받고 있었기 때문에 마리아와 그녀의 언니 브로니아는 자유를 찾아 파리로 떠날 계획을 세웠다. 파리에서 브로니아는 의학을, 프랑스어로 마리로 불리게 된 마리아는 물리학과 수학을 공부하고 싶었다. 파리는 유럽의 다른 도시들보다 공부하려는 여학생들에 좀더 관대했으므로 과감하게 선택한 것이다. 일반적으로 그 당시 여성은 덜 어려워 보이는 의학과 생물학에 보다 적합하다고 여겨졌다. 그러나 고집 세고 개성이 강한 마리는 자신의 진로를 물리학과 수학으로 결정했다. 그녀는 그녀만큼이나 고집 센 여덟 살

연상의 물리학자 피에르 퀴리$^{\text{Pierre Curie}}$를 만나 결혼했다. 두 사람은 결연히 자신들 일생의 연구에 착수했다.

우라늄이 핵심 성분이라는 베크렐의 확신에 상관없이, 마리 퀴리는 자기 나름대로 흔하든 희귀하든 모든 종류의 광물을 체계적으로 하나하나 조사했다. 금과 구리는 투과선을 내지 않았다. 베크렐이 내린 결론처럼 모든 우라늄 광물은 활성이 있었는데, 우라늄이 없는 에쉬나이트$^{\text{aeschynite}}$ 광물도 활성이 있었다. 주요 우라늄 광물인 피치블렌드$^{\text{pitchblende}}$/역청 우라늄광; 옮긴이/는 아주 활성이 컸는데, 마리가 알고 있는 우라늄 양으로 계산한 결과보다 훨씬 강력했다. 따라서 마리는 우라늄 말고도 방사성을 내뿜는 다른 물질이 있다고 순간적으로 결론을 내렸다.

퀴리 부부는 피치블렌드에서 다른 종류의 방사성 물질을 추출해 내는 극히 까다롭고 힘든 일에 착수했다. 화학 분리법으로 비스무트를 추출하고 나니 남아 있는 물질이 활성을 보였다. 비스무트는 활성이 없다는 것을 둘은 알고 있었다. 따라서 피치블렌드에 비스무트와 화학적으로 유사하면서 활성을 지닌 새로운 원소가 활성을 내는 것이 분명했다. 1898년 4월 이 결과를 발표하며, 퀴리 부부는 이 새로운 원소를 마리의 고국 폴란드를 기념하여 폴로늄으로 부를 것을 제안했다. 그해 하반기에 그들은 바륨 추출물에서 두 번째 요소를 발견했다. 이 원소를 라듐이라고 부르고, 같은 논문에서 베크렐이 처음으로 발견한 현상에 방사능$^{\text{radioactivity}}$이라는 새로운 이름을 붙였다.

퀴리 부부는 이어서 과학 역사에서 가장 힘들고 고통스러우며 위험천만한 노력으로 기록될 실험들을 수행했다. 체코슬로바키아 요아킴스탈의 피치블렌드 광산(독일의 주화 제조소에서 여기서 나온 금속들로 주화를 만들었는데, 이중 한 가지 금속 탈러Thaler가 나중에 달러dollar로 변형되었다)에서 퀴리 부부는 우라늄을 추출하고 남은 찌꺼기 10톤을 확보했다. 그들은 비가 새는 유리 지붕이 덮인 커다란 창고 건물을 사용했는데, 추운 날에도 독성 연기가 빠져나가도록 창문을 열어놓아야 했다. 『맥베스』의 한 장면처럼 퀴리는 큰 가마솥에 광물과 용매를 집어넣고 저어가며 끓였다. 수십 톤의 찌꺼기를 걸러서 불과 몇 그램 안 되는 정제물을 얻고, 이것을 더욱 정제하여 라듐으로 농축했다. 2년 후 마리 퀴리는 새로운 원소를 분리하는 일이 꾸준히 진척되고 있다고 과학학술원에 보고했다. 라듐의 농축이 진행됨에 따라, 그녀의 눈곱만한 샘플이 빛을 발하기 시작했다. 이 강렬한 방사성 물질을 눈 가까이로 가져가면 눈을 감아도 안구에서 번개와 별똥별이 번쩍였다.

4년여의 고된 노동 끝에 1902년 7월이 되어서야 마리 퀴리는 10톤의 찌꺼기에서 10그램의 라듐을 정제해 냈다고 발표할 수 있었다. 드미트리 멘델레예프Dmitri Mendeleyev가 만든 환상의 조직 체계인 원소의 주기율표가 발표된 지 30년이 넘은 시점이었다. 여기에 추가된 라듐은 정말 신비스럽고 막강한 힘을 가진 것으로 보이는 마법의 원소였다.

마리 퀴리의 피나는 노력 덕분에 라듐은 관심을 끌기 시작했다. 1900년 파리 대박람회를 관람한 헨리 애덤스는 전시된 기기와 과학 내용에 경악하고 완전히 얼이 빠졌다. 그는 가시광선은 물론, 눈으로 볼 수 없는 적외선을 포함하여 태양에서 방출되는 총 에너지량을 측정한 미국의 천문학자 새뮤얼 랭글리Samuel Langley의 회사 안을 두루 돌아보고 이렇게 너스레를 떨었다. "태양 광선의 스펙트럼을 두 배로 확장시킨 랭글리의 광선들은 무해하고 유용하다. 그런데 라듐은 하느님을 부정했다. 혹은, 랭글리에게 하느님에 해당하는 것이 과학의 진실을 부정했다. 그 힘은 완전히 새로운 것이다."[1] 과학자들은 물론 방사능이 새로운 신이라는 식의 이야기들을 웃어넘겼지만, 의심할 바 없이 방사능은 그 당시의 물리학이 닿을 수 없는 곳에 있었다.

1903년 퀴리 부부는 베크렐과 공동으로 노벨상을 수상했다. 그들은 새로운 현상을 체계화하고 명명하는 사람들일 뿐이었다. 방사능 방출의 실체는 무엇이며, 어떤 과정을 통해 일어나는 것일까? 이런 의문점들을 제기하기에 마리 퀴리의 재능은 적절하지 않았다. 그러나 그녀가 언급한 예지적 소견들을 보면 그녀 앞에 놓인 수수께끼의 성질을 알고 있었다. 그녀는 수많은 재료에서 방사능을 면밀히 조사함으로써 피할 수 없는 결론에 이르렀다. 방사능 방출의 강도는 오로지 재료에 들어 있는 방사성 원소의 양에 달렸다. 원소의 구조, 표본의 온도, 빛의 유무, 전기장이나 자기장의 유무와는 아무 상관이 없었다. 그녀는 1898년 12월 "방사능은 원자의 성질이다"[2]라고 기술했다. 방사능의 세기는 표본에 얼마나 많은 우라늄이나 폴로늄 또는 라듐 원자가 함유되었는가에 전적으로 달렸다는 의미다.

2년 뒤 대박람회와 함께 열린 국제물리학술회의를 위해 준비한 상세 리뷰 논문에서 퀴리 부부는 "방사선의 자발성은 불가사의이자 경악의 대상이다"[3]라는 더욱 의미심장한 말을 남겼다.

자발성spontaneity. 19세기 전통 교육을 받은 과학자들에게 자발성은 낯설고 이해하기 곤란한 요소이며 완전히 어설픈 개념이었다. 실험실 탁자 위에 놓인 움직임도 없는 돌조각인 우라늄 광물 덩어리가 눈에 보이지 않는 광선을 방출한다면, 원인과 결과가 어떻게 작동하는 것일까? 과학적 사고에 의하면 어떤 일이 일어나는 것은 앞서 일어난 사건이 원인이 되었기 때문 아닌가. 1900년까지 방사능은 원인이 없이 일어나는 일이고, 따라서 과학적으로 연구할 것이 아니었다.

더 이상한 것은 방사능이 에너지를 방출한다는 것이었다. 1903년 피에르 퀴리와 동료들은 방사능으로 적은 양의 물을 가열하여 끓일 수 있는지를 알아보기 위해 충분한 양의 라듐을 추출했다. 영국과학진흥협회의 연례 모임에서 이 시범을 본 한 관찰자는 이것이 영구운동의 어떤 형태일지도 모른다고 생각하기도 했다. 자발적으로 일어나는 방사능 에너지는 정말로 이유 없이 자연적으로 나왔을까?

마리 퀴리는 50년 전에 밝혀진 에너지보존법칙을 과학자들이 절대적으로 받아들이는 것이 아니라는 사실에 생각이 미쳤다. 아마도 원자는 무에서 에너지를 만들어내서 간직하고 있는지도 모른다. 이 생각은 받아들이기가 쉽지 않았으나, 퀴리 부부와 다른 많은 사람들에게 방사성의 골치 아픈 자발성에 대한 온갖 부적절한 해석 중에서 그래도 가장 덜 이상했다.

이 혼란을 거의 혼자 해결하고 그 과정에서 오늘날의 원자모형을 세우게 되는 인물이 뉴질랜드 농장에서 어린 시절을 보내고 혜성과 같이 무대에 나타났다. 바로 똑똑하고, 창의성이 풍부하며, 혈기 왕성한 어니스트 러더퍼드 Ernest Rutherford였다. 러더퍼드는 식민지 주민에게 주는 영재 장학금을 받아, 1897년 당시 캐번디시 연구소의 책임자이며 제이제이로 통하던 J. J. 톰슨 J. J. Thomson 밑에서 공부하기 위해 케임브리지에 왔다. 그가 도착한 시기는 마침 굉장한 일이 일어난 때였다. 바로 몇 달 전에 톰슨이 음극선으로 알려진 진공관 방사 기체가 실은 광선이 아니라 전기를 띤 입자의 흐름이라는 것을 증명해낸 것이다. 톰슨의 기념비적인 실험으로 전자 electron라는 단어가 생겨났다. 전자는 원자보다 작은 것으로 밝혀졌다. 동시에 퀴리 부부의 방사능도 마침내 주목을 끌게 되었다. 러더퍼드는 당시 무선 신호 전송 기술 분야에서 굴리엘모 마르코니 Guglielmo Marconi와 맞먹는 명성을 날리고 있었으나 이와 같은 기본 발견들이 주변에서 쏟아져 나오자 방향을 돌려 진지한 물리학에 매진하게 되었다.

러더퍼드와 스승인 톰슨은 출신지는 물론이고 성격도 정반대였다. 톰슨은 철저한 보수파로 사무적이며 구식이었으나, 활달한 식민지 청년 러더퍼드는 운동광이었으며 낮은 사회적 지위와 차별 같은 것에 별 신경 안 쓰고 즐겁게 케임브리지 생활을 해나갔다. 러더퍼드는 자신감에 차고 남을 크게 의식하지는 않았으나 자신의 오만성을 은근히 즐길 정도로 약기도 했다. 그의 재능은 의심의 여지가 없었다. 톰슨은 자신의 걸출한 제자를 위한 추천서에 "러더퍼드보다 독창적인 연구를 할 수 있는 능력과 열정이 뛰어난 학생을 본 적이 없다"[4]라고 썼다.

　부지런히 연구한 덕분에 러더퍼드는 1898년 적어도 두 가지의 서로 다른 방사성이 있음을 보였다. 한 가지는 두꺼운 판을 투과하지 못하나, 다른 것은 훨씬 강력한 투과력이 있었다. 이것들을 그는 알파 방사성과 베타 방사성이라고 불렀다. 알파의 실체는 아직 분명하지 않았으나 베타입자는 빨리 움직이는 전자에 불과함이 곧 밝혀졌다.

　그렇다면 원자는 전자를 포함하는가? 그럴 수도 있다. 그러나 전자는 가볍고 전기를 띤 반면 원자는 무겁고 중성이므로 뭔가 설명이 더 필요했다. 톰슨은 '플럼 푸딩 plum pudding' 원자 /빵에 건포도가 띄엄띄엄 들어 있듯이 둥근 공 모양의 원자에 전자가 박혀 있다는 톰슨의 원자모형; 옮긴이/로 알려지게 된 이론을 구상해 나갔다. 플럼 푸딩 모형에서는 몇 개의 전자들이 양전기를 띤 둥근 모양의 매질인 에테르 ether 속을 일정 방식으로 돌아다닌다. 에테르는 일정 덩어리를 갖게 하고 전자의 음전하를 중화시킨다. 이 모형은 모호하지만 톰슨은 수년 뒤 몇몇 실험 결과들을 해석하는 데 이 모형을 활용했고, 수소 원자는 단 한 개의 전자를 가졌다고 결론 내렸다.

　러더퍼드는 이론화하는 것에 신중했다. 원자가 무엇인지도 모르는 상태에서 원자 안에 있는 것이 무엇인지 깊이 생각하기에는 이르다고 보았다. 케임브리지에서 캐나다의 맥길 대학교로 자리를 옮겨 몇 년을 보낸 러더퍼드는 그곳에서 알파와 베타 방사성 그리고 그것들을 방출하는 원소들에 대해 더 깊이 연구할 팀을 짰다. 그곳에서 러더퍼드는 실험실을 활기차게 오가며 칭찬하고 질문을 던지고 격려하고, 가끔씩 동료와 학생들을 몹시 꾸짖기도 했다.

깨달음은 쉽게 오지 않았다. 퀴리 부부는 이미 많은 수의 방사성 원소를 찾아냈다. 러더퍼드와 다른 과학자들도 많이 찾았다. 새로운 원소 이름들이 계속 등장했다. 라듐 A, 라듐 B, 그렇게 해서 라듐 E까지, 토륨 A, 토륨 B, 토륨 X, 토륨을 방사하는 방사 기체, 그리고 악티늄 A, B와 악티늄 방사 기체…. 모두 서로 약간씩 다르면서 약간씩 관련이 있었다.

추정된 원소들을 하나하나 살피고, 하나가 사라지고 다른 하나가 생겨나는 현상을 조사하면서 러더퍼드와 그의 학생들은 꾸준히 혼란을 차근차근 풀어나갔다. 마침내 속 시원한 결론이 내려졌다. 옥스퍼드에서 훈련받고 맥길 연구팀에 합류한 화학자 프레더릭 소디Frederick Soddy와 함께 1902년에 발표한 논문에서였다. 러더퍼드와 소디가 제안한 것5은 방사성 전환 이론, 혹은 좀더 과감하게 말해서 방사성 변환 이론transformation theory of radioactivity이었다. 변환된 것은 원소의 보이지 않는 구성 요소인 원자 그 자체라고 그들은 주장했다. 그들은 라듐과 토륨, 악티늄과 그것들의 방사 기체를 방사성 붕괴 연쇄로 이해할 수 있는 하나의 체계를 구상해 냈다. 한 원소가 다른 원소로 변환하고 또 다른 원소로 변환하는 과정이 계속되면서 각 변환 단계에서 특정한 방사성이 방출되는 것이다.

완전히 연금술이네! 많은 비판이 쏟아졌다. 원소를 확인하는 신성한 작업은 화학자들의 땀과 눈물을 통해 최근에야 확립된 근본 원칙이었다. 그런데 이제 와서 러더퍼드와 소디가 원소는 영원불멸한 것이 아니라 끊임없이 변환하는 것이라고 말하고 있었다. 누구보다도 마리 퀴리는 이 주장을 받아들일 수 없었다. 그녀는 원소들은 본질적으로 바뀔 수 없으며, 따라서 원자들이 상호변환된다는 어떤 이론도 원자에 대한 제대로 된 이론이 아니라고 생각했다.

그러나 몇 개의 간단한 규칙만으로 방사성 물질 소동을 설명해 주는 변환 이론의 힘은 그것이 본질적으로 옳다고 곧 과학계를 확신시켰다. 그런데 이 규칙들 중 하나는 원소의 변환보다도 더 파괴적인 개념을 감추고 있었다. 러더퍼드와 소디는 각 방사성 원소는 나중에 반감기half-life로 알려지게 된 특정 붕괴율을 갖는다고 말했다. 예를 들어 당시

토륨 X로 알려진 원소 1그램은 11분이 지나면 0.5그램으로 줄어들었다. 또 11분이 지나면 0.25그램, 다음에는 0.125그램이 남는 식으로 계속되어, 0에 가까워지지만 결코 0이 되지는 않는다.

이것은 지수함수적 감소로 그야말로 단순한 수학적 규칙이었다. 그러나 원자들이 모여 이루어진 샘플에 대해 생각하면 복잡해지기 시작한다. 매 11분마다 원자들의 절반이 붕괴되고 나머지 절반에서는 아무 일도 일어나지 않는다. 그렇다면 어느 원자가 붕괴하고 어느 원자가 붕괴하지 않는지 누가 말할 수 있는가?

마리 퀴리가 관찰한 바와 같이, 방사성을 이해하기 어려운 것은 그 자발성 때문이었다. 이제 러더퍼드와 소디가 이 예측 불가능성을 정량화했다. 붕괴는 확률의 기본 원칙을 따른다. 따라서 모든 순간에 각

원자는 특정 붕괴 확률을 갖는다. 그러나 한 원자가 거기 가만히 있다가 전혀 예상할 수 없는 한순간 갑자기 붕괴한다면, 인과 원리로 볼 때 대체 그게 무슨 뜻일까? 무엇이 붕괴를 일으켰을까? 즉 도대체 무엇 때문에 붕괴가 일어나고 왜 하필 그 순간 붕괴될까?

20세기 초반 무작위성randomness은 한 세대 이전과 마찬가지로 그리 색다르거나 중요한 개념이 아니었다. 그즈음 물리학자들은 기체 상태의 원자들을 통계 이론으로 다루는 데 익숙해 있었고, 예측이 쉽지 않은 엔트로피의 거동에 확률을 도입하는 것을 마지못해 받아들이고 있었다. 방사성 붕괴 역시 확률의 법칙을 따른다면, 아마도 기본 논리는 그리 다르지 않을 것이었다.

그런 식의 제안이 무르익었다. 한 물리학자가 원자가 원자보다 작은 아원자입자들로 이루어져 있을지도 모른다[6]는 생각을 해냈다. 원자들이 일정 부피의 기체 안에서 좌충우돌 마구 돌아다니듯이, 원자 내부에도 그런 구성 성분이 있어 끊임없이 휘젓고 다니는 것일 수도 있다. 무작위적인 운동을 하다 보면 가끔씩 한 움큼의 아원자입자들이 가까이 뭉쳐 원자 전체를 불안정하게 만들기도 할 것이다. 이것은 하나의 이론이 되기에는 부족했지만, 열역학 제2법칙과 같은 이유로 받아들여졌다. 원자 내부에서 아원자입자들의 운동은 철저하게 결정론의 규칙을 따르지만, 외부에서 관찰하는 물리학자들은 아원자입자들이 각기 무엇을 하고 있는지 알 길이 없다. 따라서 무작위성은 우리의 무지에서 나온 개념이다. 원자 내부를 들여다볼 수 있어 아원자입자 하나하나를 구별할 수만 있다면, 원칙적으로 각각의 운동을 추적하여 언제 그 원자가 붕괴할지 예측할 수 있을 것이었다.

    그런 희망은 멀고도 멀어 보였지만 적어도 위안은 되었다. 대부분의 물리학자들은 스스로 유익한 설명을 할 입장이 아니었기 때문에 그런 의문에 대한 대답은 뒤로 미루었다. 방사성 원자를 지배하는 이상한 확률 법칙을 이해하기 위해서는, 먼저 원자가 어떻게 만들어지고 어떻게 작용하는지를 이해해야만 했다.

# 4

전자가 어떻게 결정을 내릴까?

　1911년 9월 어느 날 막 스물여섯 번째 생일을 맞은 한 덴마크 청년이 톰슨에게 전자에 관한 물리학을 배우겠다며 케임브리지에 도착했다. 청년 닐스 보어는 덴마크 코펜하겐 대학교 생리학 교수의 아들이었다. 그의 집안은 삼대에 걸쳐 교사, 대학교수, 교회 목사로 활동한 명망 있는 가문이었다. 보어는 금속의 전기 전도성에 관한 연구로 박사 학위를 받았다. 그는 기체의 원자들이 관을 따라 아래위로 날아다니듯이 전류를 형성하는 전자는 도체 내부에서 자유롭게 부산히 돌아다닌다고 생각했다. 이런 모형은 썩 잘 들어맞지 않았다. 보어는 전자를 19세기 식으로 전기를 띤 당구공으로 취급하는 관점에 뭔가 근본적으로 잘못이 있다고 의심하기 시작했다.

생각에 잠겨 있을 때 보어는 꼭 애도하는 사람처럼 보였다. 짙은 눈썹이 눈 위를 덮고 커다란 입은 입꼬리가 처진 채 굳게 닫혀 있었다. 생각에 골똘하다 보니 맥이 빠진 사람처럼 팔도 축 처져, 그의 모습은 바보처럼 보였다고 한 물리학자는 말했다.[1] 말년에는 느리고 사려 깊으며 모호한 화법으로 명성을 날리며 청중을 사로잡기도 하고 분통 터지게도 했다.

그런 보어가 케임브리지로 가자마자 전기 전도성에 관한 대가의 책에 대해 야무진 비판을 날려 톰슨을 기분 나쁘게 했다는 사실은 믿기지 않는다.

보어는 영국식 관습에 적응하는 데 어려움이 있었다.[2] 한번은 톰슨에게 논문을 읽어봐 달라고 주었는데 며칠 뒤 톰슨이 손도 대지 않은 것을 발견하고는 이를 단도직입적으로 따지기로 작정했다. 그런 일은 있을 수 없었다. 마침내 톰슨이 반응을 보였는데 보어 같은 젊은이가 전자에 대해 알아야 얼마나 알겠느냐는 식이었다. 보어는 자기가 외국 학생인 탓이라고 결론지었다. 보어는 트리니티 대학 톰슨 그룹의 정식 만찬에도 참석했는데 몇 주 동안 어느 누구도 보어에게 말을 걸지 않았다. 톰슨은 보어가 주제넘게 물리학 토론을 하고 싶어 하는 데 대해, 멀리서 보어가 오는 것을 보면 다른 길로 피하는 식으로 반응했다고 한다. 훗날 보어는 케임브리지에 잠시 머문 생활을 "매우 흥미로우나Very interesting (…) 완전히 무가치한" 것으로 표현했다. 보어는 모호한 가정이나 그럴 듯한 과학적 공상에 대해 대화를 정중히 끝낼 방편으로 "매우 흥미로우나"라고 말했고, 이 말은 보어의 트레이드마크가 되었다.

　보어는 아버지가 돌아가시고 얼마 후 아버지의 친지 교수를 만나러 맨체스터를 방문했다. 거기서 한 저녁 식사에서 러더퍼드를 만났다. 러더퍼드는 맨체스터에서 직장을 제의받아 몇 년 전에 캐나다에서 영국으로 돌아와 있었는데, 마침 보어가 만나려던 친지를 알고 있어서 그 저녁 식사에 온 것이다. 몇 주 후 러더퍼드가 케임브리지를 방문해서 보어는 그와 다시 이야기를 나누게 되었다. 영국 물리학 분야에서 중요한 일을 하고 있는 사람은 케임브리지의 톰슨이 아니라 맨체스터의 러더퍼드임이 분명했다. 게다가 러더퍼드는 영국인이 아니었고 친절하고 용기를 북돋아주는 사람이었다. 1912년 3월 보어는 방사성 실험을 배운다는 명분을 내세워 성공적으로 맨체스터로 옮길 수 있었다. 이것으로 그는 케임브리지에 대해 완전히 무가치하지 않다면 적어도 정이 떨어졌음을 증명했다.

　러더퍼드는 원자를 정밀히 탐구해 나가고 있었다. 몇 년 전에는 젊은 동료 한스 가이거 Hans Geiger(가이거계수기/방사성의 세기를 측정하는 계측기: 옮긴이/로 명성을 얻었음)와 공동으로 알파 방사의 정체를 마침내 정확히 규명해 냈다. 그것은 전자보다 훨씬 무거운 입자들로 전자의 두 배 되는 전하량을 가지고 있다. 러더퍼드와 가이거는 알파입자를 포획하여 전기적으로 중화시키면 헬륨 원자와 똑같아진다는 것을 알아냈다. 알파입자 붕괴에 의해 큰 원자가 가벼운 헬륨 원자를 닮은 덩어리를 뱉어내고 더 작은 원자로 변하는 것이 확실했다.

　물론 그 당시는 원자가 무엇인지 아는 사람이 없었지만 러더퍼드는 알파입자가 무엇으로 만들어졌는지 알기 위해 알파입자를 다른 물체에 쏘아보면 선명한 궤적을 그릴 것이라는 생각이 떠올랐다. 그와 가이거는 새로 온 학생인 어니스트 마스던 Ernest Marsden과 함께 방사성물질에서 나오는 알파입자를 금으로 만든 얇은 박막에 쏘는 실험을 했다. 가이거와 마스던은 어두운 암실에 몇 시간이고 앉아서 알파입자들이 형광 스크린에 부딪혀 발하는 미세한 빛을 눈을 깜빡이며 관찰했다.

그들은 어떤 결과를 기대할 수 있는지도 몰랐다. 대체로 알파입자들은 강도가 약한 금 박막을 직선으로 곧장 뚫고 지나갔다. 가끔씩 박막을 통과하면서 방향이 살짝 틀어져 어느 정도의 각도로 벌어지는 것들도 있었다. 실험자들을 정말 놀라게 한 일은, 아주 드물게 박막을 통과하지 못하고 튕겨 나오는 알파입자가 있다는 사실이었다. 훗날 러더퍼드는 이 일을 "내 인생에서 가장 믿을 수 없는 사건으로서 (…) 대포알을 휴지 조각에 쏘았더니 포탄이 휴지에서 튕겨 나와 당신을 명중시키는 것만큼 믿을 수 없는 일이었다"[3]라고 회상했다.

여기서 휴지 조각은 금 원자들이 늘어서 있는 박막을 뜻한다. 금 원자 안에는 전자가 들어 있겠지만 대포알이 탁구공에 튕겨 돌아갈 수 없듯이 알파입자가 전자에 튕겨 나올 수는 없었다. 그렇다면 알파입자들은 무엇에 부딪쳐 튕겨 나온 것일까?

분명 러더퍼드는 이에 대해 썩 그럴싸한 설명을 이미 갖고 있었을 텐데 그 결론을 자신 있게 발표하는 데에는 2년이란 세월이 걸렸다. 큰 각도로 틀어져 날아간 알파입자들은 자신보다 훨씬 무거운 무엇인가를 만나 튕겨 나온 게 틀림없다. 1911년 러더퍼드는 그 무엇인가는 원자의 작고 단단한 핵nucleus이라고 선언했다(핵이라는 용어는 1년 뒤에 처음 사용했다).

과학에서 위대한 많은 순간이 그렇듯이, 핵물리학의 태동을 의미하는 이 발표도 즉각적인 반응을 얻지 못했다. 1911년 국제 학술회의에서 톰슨이 자신의 구식 원자 푸딩 모형에 대한 연구 결과를 시큰둥한 관중들에게 설명해 나갈 때, 러더퍼드는 한마디도 하지 않고 앉아 있었다. 러더퍼드는 이론물리학자가 아니었으나 핵의 존재에 대한 자신의 제안에는 부족한 게 많다고 생각했다. 특히 원자에서 전자를 보완해 주는 물질에 대해서는 할 말이 없었다. 그것들은 핵과 관련하여 어디에 있고 무슨 역할을 하는 것일까?

보어가 맨체스터에 갔을 때, 러더퍼드의 조수로 진화론을 창시한 다윈의 손자 찰스 갤턴 다윈Charles Galton Darwin이 있었다. 다윈은 알파입자들이 고체 물질을 통과하면서 어떻게 속력이 느려지는지 골똘히 궁리했다. 핵에 충돌하여 크게 되튀는 알파입자들은 드물었다. 대부분 에너지가 줄어들고 뿔뿔이 흩어져 멈추어섰다. 다윈은 알파입자들이 원자 안의 전자들과 작은 충돌을 반복하면서 점차 에너지를 잃는다고 설명했다. 이런 과정을 연구함으로써 다윈은 원자 안에서 전자들이 어떻게 스스로 정렬하는가를 이해하고자 했다.

다윈은 원자 전체 크기의 부피 안에 전자구름이 느슨하게 퍼져 있는 것을 대략 상상했다. 러더퍼드는 핵이 중앙에 자리 잡고 앉아 모종의 방법으로 전체를 하나로 묶어준다고 생각했다. 그러나 다윈이 다양한 물질에서 알파입자들이 느려지는 비율에 자신의 모형을 맞추려고 시도해 보니, 물질들의 원자 크기가 직접 구한 원자 크기와 크게 달랐다.

보어 역시 학위논문에서 금속에서 떠도는 전자들에 의한 전기의 흐름을 이와 비슷하게 단순한 그림으로 상상했다. 그 모형 역시 생각만큼 의도했던 내용을 제대로 설명하지 못했다. 보어는 이 두 이론의 공통 결함은 다윈이나 자신이 전제한 것과 달리 전자들이 자유롭게 움직일수 없다는 데 있지 않을까 의심이 생기기 시작했다.

아무튼, 보어는 깨달았다. 원자의 핵은 모종의 구속력을 통해 전자를 곁에 붙잡아 두는 게 틀림없었다. 그래서 보어는 각 전자가 자유롭게 움직이는 것이 아니라 한정된 장소에 붙잡혀 스프링에 매달린 공처럼 앞뒤로 진동한다고 상상했다. 이것은 상상에 지나지 않았지만 생각하는 데 큰 도움이 되었다.

이제 중요한 그러나 매우 기묘한 단계에 이르렀다. 보어는 전자들이 아무 크기의 에너지를 갖고 진동하는 게 아니라고 생각했다. 대신에 전자들은 기본 '양자quantum'의 배수가 되는 에너지만 가질 수 있다. 알파입자들은 고체 물질을 통과할 때, 충돌하는 전자에 단지 양자 크기만큼의 에너지를 줄 수 있다. 보어는 이제 알파입자들이 어떻게 느려지는가를 훨씬 더 잘 설명할 수 있었다. 아직 수수께끼 같지만 만족하여 이론의 윤곽을 논문으로 써서 출판사에 보낸 후 보어는 대학 친구의 여동생인 마르그레테 뇌르룬트Margrethe Nørlund와 결혼하기 위해 코펜하겐으로 돌아갔다.

보어가 어떻게 이런 흥미로운 제안을 했을까는 오늘날까지도 의문이다. 물론 에너지 양자 개념은 새로운 것이 아니었다. 그것은 1900년 막스 플랑크 Max Planck가 전혀 다른 맥락에서 제안한 것이었다. 여러 해 동안 플랑크는 골치 아픈 문제로 씨름하고 있었다. 고온의 물체가 특유의 빛을 발한다는 사실은 잘 알려져 있었다. 온도가 올라감에 따라 숯불의 붉은색에서 태양의 노란색으로, 용해된 철에서 발하는 무시무시한 청백색으로 변화한다. 실험물리학자들은 방출된 방사선의 스펙트럼을 측정하여 파장이나 진동수의 변화에 따라 방출되는 에너지 양을 그래프로 그렸다. 그러나 이론물리학자들은 실험물리학자들이 측정한 스펙트럼 형태를 설명하려는 시도에서 장애에 부딪혔다.

거의 절망적인 상태에서 플랑크는 방사선의 에너지를 작은 단위로 쪼개보기로 했다. 계산을 간단히 하기 위한 하나의 수학적 술수였다. 스펙트럼을 원하는 형식으로 해석할 수 있다면, 자신의 해법을 유지하면서 자신이 고안한 에너지 덩어리를 무한히 작게 축소시킬 표준 수학 기법을 활용할 수 있을 것이라고 생각했다. 플랑크의 계획은 반 정도는 잘 풀려나갔다. 플랑크는 정확한 스펙트럼을 유도할 수 있었으나, 단 에너지의 단위를 특정 크기로 잡을 경우에만 그랬다. 그는 끝까지 애통하게도, 그의 표현에 의하면, 이 양자를 쫓아버릴 수가 없었다.

플랑크는 좀 보수적인 사람이었다. 표준 물리학에서는 전자기파의 에너지가 이런 방식으로 제한되어야 할 이유가 없었다. 그는 전자기 에너지가 어떤 내재된 방식으로 반드시 작은 단위로만 존재할 수 있다는 것을 믿을 수 없었다. 반면에 그는 물체가 에너지를 방출하는 방식에서 무엇인가가 방사선을 일정한 크기의 양자로 튀어 나가게 한다고 생각했다. 다른 물리학자들도 대부분 이 논리에 동의했다. 플랑크는 다음 여러 해 동안 왜 에너지가 이처럼 작게 쪼개진 방식으로 나타나는지 만족스런 이유를 찾기 위해 무진 애를 썼다. 그러나 성공도 못했고 결코 포기도 못했다.

10여 년이 지나도록 플랑크의 견해는 신비스럽고 논란의 여지가 많은 채 남아 있었다. 보어의 회고에 따르면, 에너지 양자 개념은 허공에 떠 있었다.[4] 이러한 생각을 원자 내부의 전자에 적용하려는 시도도 지나치게 무리인 것 같지는 않았다. 보어는 자신의 주장에 어떤 현실적인 근거가 있는 것은 아니라고 가볍게 인정했다. 그럼에도 불구하고 그의 이론은 잘 맞았다.

불과 몇 달 뒤에 혁신적이고 엄청난 수확이 얻어질 조짐이 시작되었다. 코펜하겐으로 돌아온 보어에게 대학 강사 자리가 주어졌다. 주요 업무는 의과대 학생들에게 물리학을 강의하는 것이었다. 어느 날 한 동료가 보어에게, 보어의 이상한 원자 속 전자 그림이 수소의 스펙트럼에서 발머계열이라 불리는 현상을 설명하는 데 도움이 될 수 있는지 물어왔다. 보어는 민망해하며 그게 무엇인지 모른다고 고백하고는 바로 도서관으로 가서 공부를 시작했다.

보어는 물론 분광학이 무엇인지 알고 있었다. 1세기 전 독일의 천문학자 요제프 폰 프라운호퍼Joseph von Fraunhofer가 태양의 빛스펙트럼을 면밀히 조사하여 빨간색에서 녹색을 거쳐 보라색에 이르는 무지개 색깔이 수많은 희미한 검은 선을 포함하고 있음을 발견했다. 프라운호퍼는 나중에 밝은 별의 빛스펙트럼에서도 유사한 선을 찾아냈는데, 태양의 스펙트럼선과 일치하는 것도 있고 다른 것도 있었다. 그후 수십 년에 걸쳐 각 화학 원소가 특정한 고유 파장의 빛을 흡수하고 방출한다는 사실이 확인되었다. 나트륨의 강렬한 노란색, 네온의 편안한 빨간색, 수은등의 으스스한 연푸른색 같은 것이었다.

특히 화학자들에게 분광학은 훌륭한 분석 도구가 되었다. 화학자들은 가열된 표본으로부터 방출되는 빛을 보고 물질에 어떤 원소가 함유되어 있는지 알아낼 수 있었다. 그러나 물리학자들은 어째서 원자가 이러한 고유 진동수에서 빛을 흡수하고 방출하는지는 아직 전혀 이해하지 못하고 있었다. 그렇게 많이 연구된 원자에 또 하나의 과제가 더해졌다.

스펙트럼의 발머계열은 스위스의 과학 교사였던 요한 발머Johann Balmer가 과학에 기여한 유일한 업적이다. 1885년 발머는 수소 기체가 발하는 스펙트럼선의 잘 알려진 계열의 진동수를 놀라울 정도로 정확히 계산하는 간단한 대수 공식을 고안했다. 그러나 이 공식은 어떤 물리적인 논리도 없는 순수한 숫자의 관계식에 지나지 않았다. 그리고 27년이 흐른 후 보어가 발머계열의 스펙트럼을 알게 된 것이다. 그때까지도 발머의 공식이 어디에서 왔는지 설명한 사람은 아무도 없었다.

그러나 보어는 몇 시간 안에 정확히 설명할 수 있었다. 물리학적 사고와 왕성한 추리력을 동원하여 보어는 발머의 공식에 딱 들어맞는 원자모형을 스케치했다. 러더퍼드가 한두 해 전에 핵물리학을 태동시켰다면, 보어는 그때 원자물리학을 세상에 내보낸 것이다.

전자들이 일반적인 방식으로 진동한다는 생각 대신에, 보어는 행성들이 태양 주위 궤도를 돌듯이 전자들이 핵 주위의 궤도를 돈다는 특별한 발상을 해냈다. 중력이 태양계를 하나로 묶듯이, 음전하를 갖는 전자와 양전하를 갖는 핵 사이의 인력이 원자의 질서를 유지한다. 여기에 보어는 중요한 양자 조건을 달았다. 궤도를 도는 전자들은 자기 마음대로 아무 값의 에너지를 가질 수 없고 반드시 제한된 몇 개의 에너지 값만을 갖는다.

이처방이 옳다면, 수소 원자의 단 한 개의 전자는 궤도들 중 어느 한 궤도를 차지할 것이다. 궤도의 지름이 크면 클수록 빠르게 회전하는 전자는 더욱 큰 에너지 값을 갖는다. 보어는 자신의 모형이 기적과 같이 분광학을 설명함을 확인했다. 원자가 에너지를 흡수하면 전자는 낮은 에너지 궤도에서 높은 에너지 궤도로 건너뛴다. 전자가 낮은 궤도로 되돌아올 때 원자는 똑같은 크기의 에너지를 방출한다. 이 흡수와 방출은 정해진 양만큼만 일어나며, 제한된 수의 전자궤도에 의해 결정된다. 적당한 조정을 통해 보어는 이 궤도들이 정확히 발머계열을 보이도록 결정할 수 있었다. 이것은 발머계열의 이론적 기초를 해결한 성과로 평가되고 끝날 일이 아니었다. 보다 더 큰 의의는 마침내 분광학이라는 과학이 왜 있는지 그 이유를 밝힌 데 있다. 그것은 전자들이 한 궤도에서 다른 궤도로 뛰어넘어 가는 전이$^{transition}$와 관련이 있다.

보어는 자신의 간단한 모형에 설득력 있는 물리학적 기초를 제시할 수 없음을 잘 알았기 때문에 흥분을 진정시켰다. 전자들이 할당된 궤도에 머무는 것은 오로지 보어가 그래야 된다고 규칙을 정했기 때문이었다. 보어는 발표한 논문에서 이러한 제약에 "역학의 기반을 제공할 수 없다"[5]라고 담담하게 말했다. 모형은 매우 잘 들어맞았지만 그 모형이 어디에서 나왔는지 보어도 감히 추측할 수 없었다.

많은 선배 과학자들에게 보어의 원자모형은 물리학도 아니었다. 폭넓은 영역에서 업적을 쌓은 70세의 수리물리학자 레일리 경$^{Lord\ Rayleigh}$은 그의 아들에게 "그래, 나도 그 논문을 봤지. 그러나 내게 아무 쓸모가 없어. 발견이 그런 식으로 이루어져서는 안 된다는 말은 아니야. 그럴 수도 있지. 그러나 내 방식은 아니야"[6]라고 말했다. 레일리는 사려 깊고 신중한 그 시대의 현자였다. 보어 원자모형에 대한 레일리의 평가는 결코 자신의 전성기가 지나갔음을 슬퍼하며 보이는 식의 비난성 반응은 아니었다.

초기의 날카로운 비평은 러더퍼드에게서 나왔다. 보어는 다듬지 않은 긴 초안을 러더퍼드에게 보낸 적이 있었다. 러더퍼드는 장황한 미국식 설명을 자신의 간결한 영국식 문체로 정리하고 싶어 했다. 그러나 보어는 가능한 모든 것을 완벽하고 조심스럽고 정확하게, 러더퍼드가 보기에 지나치게 꼬치꼬치 기술해야 한다고 고집하여 러더퍼드를 놀라게 했다. 러더퍼드는 다음과 같이 써 보냈다. "한 가지 큰 문제가 있어 보이네. 어느 진동수에서 진동할지, 언제 한 정상$^{\text{stationary}}$ 상태에서 다른 정상 상태로 갈지, 전자가 어떻게 결정을 내리겠는가? 자네는 전자가 사전에 어디로 가야 하는지 안다고 가정해야 할 것으로 보이네."[7]

자발성. 이 어색한 개념이 다시 튀어나왔다. 보어의 원자모형에서 높은 에너지 궤도에 있는 전자는 낮은 에너지 궤도 중 어떤 곳으로 떨 것인가 선택할 수 있고, 따라서 어떤 스펙트럼선이 나타날지 결정할 수 있는 것처럼 보였다. 러더퍼드도 잘 알고 있었듯이, 방사성 붕괴에서도 불안정한 원자는 언제나 같은 방식으로 쪼개지지만 언제 쪼개질지는 예측할 수 없었다. 그러나 보어의 전자는 도약하는 시간뿐만 아니라 목적지까지도 선택하는 것처럼 보였다. 러더퍼드는 이 점이 마음에 들지 않았다.

회의적으로 생각한 사람은 러더퍼드뿐이 아니었다. 아인슈타인도 처음에는 새로운 원자모형에 의심의 눈초리를 보냈다. 그러나 1916년 아인슈타인은 거짓말처럼 단순하지만 엄청난 의미를 가진 획기적인 연구 결과를 발표했는데, 이 연구는 아인슈타인으로 하여금 보어의 업적에 대해 더 깊이 생각해 보게 했다. 아인슈타인은 전자기복사에 보어식 원자 하나를 노출시키면 그 둘이 어떻게 서로 에너지를 주고받을지 생각해 보았다. 특히 원자는 에너지를 취할 때마다 에너지를 방출하고, 방사선 스펙트럼은 온도가 고정되었기 때문에 일정한 형태를 유지하는데, 어떻게 이 계$^{\text{system}}$가 열적 평형에 도달할 수 있는지 의문을 가졌다.

이 간단한 생각의 틀에서 아인슈타인은 놀라운 결론을 이끌어냈다. 우선 평형 상태의 방사선 스펙트럼은 1900년 플랑크가 양자가설에서 계산한 형식과 정확히 같아야 한다. 다음으로 원자는 두 궤도 사이의 에너지 차이와 정확히 일치하는 단위 크기의 에너지만 흡수하거나 방출할 수 있다. 이것은 방출하는 에너지를 두 개의 작은 에너지로 나누어 동시에 두 개의 양자를 방출할 수 없다는 의미다.

이 결론들은 플랑크와 보어가 제대로 옳게 생각했음을 확인시켜주었을 뿐 아니라, 그들의 제안 사이에 모종의 깊은 관련이 있음을 암시했다. 그러나 세 번째 결과는 아인슈타인의 심기를 불편하게 했다. 원자와 방사선 사이의 에너지 균형이 제대로 되려면, 아인슈타인은 원자의 에너지 방출이 단순한 확률 법칙을 따라야 함을 알았다. 아인슈타인의 계산에 의하면 원자가 에너지 양자를 방출할 확률은 정해진 시간 동안 일정했다. 아인슈타인은 이런 현상을 이전에도 본 적이 있었다. 그는 "통계 법칙은 방사성 붕괴에 대한 러더퍼드 법칙에 지나지 않는다"[8]라고 말했다.

이들 두 과정, 다시 말해 핵의 방사성 붕괴와 전자가 한 궤도에서 다른 궤도로 뛰어넘어 가는 것은 둘 다 자발적 방식으로 일어난다. 어느 경우에도 변화가 일어나는 특정 시간이 있는 것은 아니다. 특별한 이유 없이 그냥 일어난다. 이것은 물리 현상들이 확인할 수 있는 어떤 이유도 없이 진행된다는 의미로 보인다.

몇 년 후, 아직 이 수수께끼에 대한 적절한 설명이 없던 당시에 아인슈타인은 한 친구에게 "인과성에 관한 사안이 나를 매우 혼란스럽게 하네"[9]라는 내용의 편지를 썼다. 그러나 이런 걱정은 아인슈타인 혼자만 하고 있었다. 대다수의 물리학자들은 보어 원자모형을 갖고 놀기에 바빠 이러한 형이상학적 의미에 불안해할 시간이 없었다. 그들이 상황을 제대로 인식하려면 시간이 좀 걸렸다.

5

전대미문의 뻔뻔함

1914년 7월 보어는 자신의 원자를 널리 알리기로 했다. 괴팅겐과 뮌헨에 가서 자신의 이론을 설명하기 위해 당시 떠오르는 수학자였던 동생 하랄드Harald를 데리고 독일 여행길에 올랐다. 독일 중심부에 위치한 괴팅겐 대학교는 순수수학과 수리물리학 두 분야에서 다 만만찮은 중심지였다. 역사를 통해 가장 위대한 수학자 중 한 사람이자 저명한 물리학자였던 카를 프리드리히 가우스Carl Friedrich Gauss가 1855년 작고할 때까지 여러 해 동안 가르친 대학이기도 하다. 그러나 20세기 초반에 이르러서 괴팅겐 대학교는 훌륭한 학교들이 종종 그렇듯이 전통에 매몰돼 경직되어 있었다(뉴턴 이후 한두 세대 동안의 케임브리지를 생각해 보라). 보어의 원자모형이 막 선보였을 때 마침

동생 하랄드가 괴팅겐에 남아 있었는데 그곳의 교수들 대부분이 형의 제안을 그럴듯한 정도가아니라 '대담'하고 '환상적'인 것으로 받아들인다는 소식을 전해왔다. 하랄드는 형 닐스 보어에게 한 까탈스런 원로 수학자가 "어떤 숫자를 선택하든 다 수소의 스펙트럼선과 일치하게 할 수 있다"[1]라고 말했다는 내용의 편지를 보내왔다.

보어가 직접 교수들을 만나 설명하면서 상황은 점점 나아졌다. 아직 독일어가 유창하지 않았던 보어는 부드럽고 조심스럽게 그러나 열정적으로 이야기했다. 알프레드 란데Alfred Landé라는 소장 물리학자에 따르면, 괴팅겐 교수들 사이의 일반적 견해는 보어의 주장이 "완전히 난센스로, 자기가 잘 모르는 것에 대한 얄팍한 변명에 지나지 않는다"[2]라는 것이었다. 당시 30대 초반의 교수였던 막스 보른 Max Born은 처음 보어의 원자모형에 관한 논문을 읽었을 때는 도무지 이해할 수 없었으나 보어가 직접 설명하면서 진지하게 질의응답하는 것을 보고 란데에게 "이 덴마크 물리학자가 너무 타고난 천재처럼 보여서 그의 이론에 무엇인가가 있다고 생각하지 않을 수 없다"라고 말했다. 몇 년이 지나지 않아보른과 란데는 모두 현대의 원자 이론에 기여하게 된다.

뮌헨 대학에서는 좀더 수월했다. 당시 이론물리학과 과장은 46세의 아르놀트 조머펠드Arnold Sommerfeld였다. 괴팅겐에서 오래 살았지만 조머펠트는 혁신과 독창성에 대한 젊은 열정을 아직 간직하고 있었다. 그는 아인슈타인의 특수상대성이론을 처음으로 옹호한 사람 중 하나로, 당시 그와 같은 세대의 다른 물리학자들은 공간과 시간이 변화한다는 개념을 받아들이는 데에 큰 어려움을 겪고 있었다. 보어가 원자모형을 발표했을 때 조머펠트는 즉시 보어에게 편지를 보내왔다. 조머펠트는 비록 아직 보어의 모형에 대한 회의적인 생각을 떨쳐버릴 수 없지만, 그 모형이 정량적인 결과를 낼 수 있다는 것은 "의심의 여지가 없는 대단한 성과"[3]라고 말했다. 뮌헨에서 조머펠트는 보어를 따뜻하게 맞아주었고 자신의 학생들이 이 새로운 물리학에 관심을 갖도록 격려했다.

운명의 달인 1914년 8월이 왔다. 닐스 보어와 하랄드 보어 형제는 알프스 티로린산에서 잠시 하이킹을 하기 위해 독일을 떠났다. 신문에서 전쟁 공포에 찬 긴급 기사를 보고, 여름 휴가지에서 집으로 돌아가는 행렬이 줄지어 있음을 알았다. 보어 형제는 기차를 탔다. 독일이 러시아와 전쟁을 선포한 지 한 시간 30분이 지난 시각이었다. 베를린에 다가가면서 아우성치는 군중을 만났다. 보어는 "독일인은 관례적으로 군사적인 일에 열광한다"[4]라고 싸늘하게 말했다. 북쪽 해안을 향하는 조마조마한 기차 여행 끝에 둘은 안전하게 덴마크행 배를 탈 수 있었다.

보어가 막 독일 물리학계에 데뷔했을 때는 전쟁으로 수년간 거의 모든 접촉이 단절되었다. 그동안 그는 코펜하겐에서 보다 나은 여건을 찾기 위해 노력했다. 그는 실험실도 없고, 의과 대학생들에게 물리학을 강의하는 과중한 부담을 지고 있어 연구 시간도 거의 없었다. 더욱 어려운 것은 자신의 생각을 이야기하고 의견을 나눌 동료가 한 사람도 없다는 사실이었다. 그는 대학에 이론물리학 연구소를 세우려 열심히 노력했지만, 전쟁을 목전에 둔 덴마크 정부는 그런 데 우선순위를 둘 수가 없었다. 맨체스터로 돌아오라는 러더퍼드의 고마운 제의가 있었으나 러더퍼드는 전쟁 관련 연구를 하고 있었다(그는 잠수함이 물속에서 발생시키는 소음을 감지할 수 있는 방법을 고안했다). 보어는 스스로의 힘으로 꾸려가야 했다.

일생 동안 보어가 이상적으로 생각한 일의 방식은 동료들과 지속적으로 열린 토론, 격식 없는 세미나를 하는 것이었다. 그는 큰 소리로 생각을 말하고, 구상을 줄줄 쏟아내고, 비평하고, 비판하며, 앞서 나가고, 옆으로 새나가기도 하고 멈추기도 하고 깊은 생각에 잠기기도 했다. 맨체스터에서의 2년은 사적으로는 그에게 젊은 아내와의 행복한 시간이었으나 과학적으로는 외로운 시간이었다(보어의 아내는 산업도시가 케임브리지보다는 매력이 없지만 사람들은 인정이 많았다고 말했다).

전쟁 통에도 과학은 발전했다. 독일에 고립되어 있던 조머펠트는 보어의 원자모형을 진지하게 받아들였다. 논문과 학술지들이 솔솔 전선을 넘어 교환되었다. 사상은 여전히 국경을 넘을 수 있었다. 간접적이나마 보어는 사람들에게 영감을 줄 수 있었다.

원래의 보어 원자모형은 사실 단 한 가지만 설명했다. 수소 원자의 발머계열 스펙트럼선에 대한 설명이다. 그러나 발머계열 외에 다른 선들이 있고, 다른 원자들도 있으며, 발머계열 선들도 보어가 처음 생각했던 것만큼 단순하지 않았다. 1892년 미국의 물리학자 앨버트 마이컬슨Albert Michelson이 초고성능 분광기로 개별 스펙트럼선들을 면밀히 조사하여, 종종 두 개의 조금 다른 진동수로 들뜬 excited 두 선이 아주 가까이 겹쳐 보이는 이중선이 나타남을 밝혔다.

이와 같은 스펙트럼선의 갈라짐은 전자궤도가 원형일 뿐만 아니라 타원일 수도 있기 때문이라고 보어는 생각했다. 전자들이 너무 빨리 움직여 아인슈타인의 상대성 효과가 중요해져 원이 찌그러지는 것이다. 뉴턴역학에서는 무한히 많은 궤도 가족이 있을 수 있으며, 모두 에너지는 같은데 타원율 ellipticity이 다 다르다. 각 가족에는 타원율이 0인 정원이 하나씩 있다. 그러나 상대성이 이 모든 궤도들의 에너지를 타원율에 따라 조금씩 다르게 만든다.

따라서 보어는 만약 원자들이 각 원형 궤도와 짝을 이루는 하나의 타원궤도를 갖는다면, 원자는 전자가 뛰어들거나 뛰어나올 수 있는 두 개의 약간 다른 전이 에너지를 가질 것이라고 상상했다. 그것이 스펙트럼선이 두 개로 갈라지도록 하는 원인일 것이다. 그러나 맨체스터에서 홀로 있던 보어는 여기서 막다른 길에 다다랐다. 왜 모든 궤도는 단 한 개의 타원궤도를 갖는 것일까? 타원율을 결정하는 것은 무엇인가? 새로운 규칙이 필요했는데 보어는 그것을 찾을 수가 없었다.

보어는 위대한 이론물리학자의 반열에 든 사람치고는 고난도 수학을 구사하는 능력이 부족했다. 그의 논문들은 방정식으로 치장되어 있지 않다. 대신에 그는 광범위한 개념과 가정을 설정하고 가능한 가장 단순한 정량적 결과를 도출하려 했다. 보어의 경력 전반에는 그의 놀라운 물리적 통찰력을 정량적으로 엮어내는 능력을 갖춘 재능 있는 조수들이 늘 곁에 있었다. 이런 연구 방식은 보어에게 다소 신비스런 입지를 구축해 주었다. 그는 비록 문제의 답을 정확히 어떻게 구할 수 있는지는 알 수 없었으나 답이 어디에 있는지는 보았던 것 같다. 몇 년 뒤 하이젠베르크는 보어와의 대화를 통해 "보어는 복잡한 원자모형을 고전역학으로 해결한 게 아니다. 그것들은 경험을 바탕으로 한 하나의 그림으로 보어에게 직관적으로 떠올랐다는 것을 확인할 수 있었다"[5]라고 말했다.

타원궤도에 대한 자신의 생각을 완벽하게 설명할 수 없던 보어는 자신의 제안을 대략 윤곽만 세워 발표했다. 이 논문이 뮌헨으로도 들어가 고도로 훈련된 풍부한 사고력을 지닌 조머펠트의 눈에 띄었다. 조머펠트는 최고 수준의 독일 전통 교육을 받아 수학 기법에 통달했으며, 수학을 역학, 전자기학 이론 및 다른 분야로 응용하는 데 능한 등, 보어의 이론을 다음 단계로 발전시킬 적임자였다.

보어의 생각을 원자궤도에 대한 복잡한 역학적 해석과 결합시켜 조머펠트는 전자궤도의 타원율이 특정 값들로 제한되어야 하는 이유를 명쾌하게 설명해 냈다. 궤도 자체의 크기처럼, 타원율은 '양자화 quantization'되어 있었다.

다른 스펙트럼의 수수께끼도 비슷한 방법으로 풀려나갔다. 원자들이 전기장과 자기장 안에 놓이면, 원자의 스펙트럼선이 이중, 삼중, 또는 이들을 조합한 더 복잡한 선들로 쪼개진다. 이런 현상은 발견자의 이름을 따 슈타르크효과 Stark effect, 제이만효과 Zeeman effect로 불리고 있다. 이런 결과가 나오는 이유는, 조머펠트와 다른 연구자들의 설명에 의하면, 전자궤도들이 외부에서 작용하는 장의 방향에 대해 특정 각도에 놓이므로 각도에 따라 조금씩 다른 에너지를 갖게 되기 때문이다. 이때 기존 모형의 각도는 어느 것도 허용되지 않았다. 방향성orientation 또한 허용되는 배치들의 집합으로 양자화되었다.

좀더 복잡해진 이런 체계에서, 소위 양자수 세 개가 특정 전자궤도를 구체적으로 나타내는 데 필요해졌다. 첫 번째는 궤도의 크기, 두 번째는 타원율, 세 번째는 방향성을 나타낸다. 다양한 궤도 사이에서의 전자 뜀jump에 의해 온갖 스펙트럼의 미묘함이 생겨난다.

보어는 자신의 원자모형이 그렇게 빠르게 그렇게 멀리 확장되는 것을 보고 감격했다. "나는 여태까지 당신의 멋진 연구 성과보다 더 즐겁게 읽어본 것이 없습니다"[6]라고 조머펠트에게 편지를 보냈다. 조머펠트의 기여가 매우 중요했기 때문에, 많은 물리학자들은 '보어-조머펠트 원자모형'이라는 말을 쓰기 시작했다.

이 기간은 '고전 양자론'이 큰 성공을 거두던 시기였다. 고전 양자론은 물론 기묘한 타협안이었다. 궤도의 역학은 전적으로 고전물리학을 따랐다. 전자는 (아인슈타인적인 수정이 약간 가해지기는 했지만) 뉴턴의 법칙, 즉 전자와 핵 사이에 작용하는 인력의 역제곱 법칙을 따랐다. 거기다 양자역학적 제한이 도입되었다. 무한대로 많은 가능한 궤도 중에서 실제로는 오직 특정한 모양과 크기, 배치만이 허용되었다. 이러한 양자역학의 규칙은 논리적으로 어떤 일관성은 있었으나, 실상은 임의로 결정된 것이었으므로 자의적이었다.

옛것과 새것을 서툴게 섞은 이 잡종 이론은 이치에 맞지 않았다. 양자역학의 규칙이 어디에서 오는가? 러더퍼드가 질문했듯이, 언제 어디로 전이할지 전자가 어떻게 결정하는가? 이와 같은 전이는 실제로 우리가 아직 모르는 방식으로 일어나는가, 아니면 아인슈타인이 우려한 것처럼 정말 자발적으로 일어나 결국 예측 불가능한가?

선례가 없는 이런 낯선 물음에 어느 누구도 어렴풋한 대답조차 내놓지 못했다. 그러나 당분간은 문제가 되지 않았다. 보어-조머펠트 원자모형은 지금까지 파악할 수 없었던 온갖 분광학적 미스터리를 훌륭하게 설명해 냈기 때문이다. 불가사의할 정도로, 과분할 정도로 잘 해냈다.

보어-조머펠트의 원자모형의 태동은 양자론의 성숙을 고지했을 뿐만 아니라, 이론물리학의 중심지를 영국에서 유럽 대륙, 특히 독일로 이동시켰다. 뉴질랜드 출신이자 캐나다와 영국에서 연구한 경력이 있는 러더퍼드가 확인한 원자핵은 대영제국의 빛나는 성과였다. 초기의 보어 원자모형도 보어가 러더퍼드, 다윈과 접촉하여 나온 것이므로 영국에서 시작되었다고 주장할 수도 있다. 그러나 제1차 세계대전 중 보어가 맨체스터에 머물기는 했지만, 그의 사고는 독일에 뿌리를 두고 있었으며 원자의 고전 양자론이 성과를 거둔 곳도 독일이다.

보어는 일생 동안 러더퍼드에게 헌신적이었다. 보어의 아버지가 세상을 떠난 후 얼마 안 되었을 때 처음 만나, 그를 "두 번째 아버지나 다름없는 분"[7]이라고 말했다. 여러 해 동안 보어는 원자에 대한 자신의 연구 진행 상황을 러더퍼드에게 보고했는데, 1918년 초에는 "나는 지금 내 이론의 미래에 대해 매우 낙관적입니다"[8]라고 말했다. 러더퍼드는 언제나 보어를 격려했으나 본래 그는 실용적인 사람으로, 실험학자였다. 그는 케임브리지 동료들에게 양자론자들은 "기호를 갖고 놀지만 우리는 캐번디시 연구소에서 자연의 실제 확고한 사실을 밝혀낸다"[9]라고 말했다. 러더퍼드는 거들먹거리며, 자신의 연구를 술집 아가씨에게 설명할 수 없는 물리학자는 물리학자 자격도 없다고 말하곤 했다. 보어는 자신의 물리학을 동료 물리학자들에게조차 충분히 이해시킬 수 없었다. 그러나 자신의 생각을 러더퍼드에게 전할 수 있는 한 자신은 안심해도 된다고 생각했다.

1916년 보어는 (맨체스터와 캘리포니아 버클리로부터의 초빙 제의를 뿌리치고) 자신의 연구소 설립 계획에 대한 정부의 승인을 받고 사랑하는 고향 코펜하겐으로 돌아갔다. 그곳에서 보어는 양자론을 확립할 연구소를 설립해 나갔다. 그러나 그것은 시간이 걸리는 일이었다. 그가 연구는 물론 관료 체제와 씨름하는 동안 뮌헨의 조머펠트와 그의 학생들은 보어를 앞질러 가고 있었다.

한편 영국에서는 이론 연구가 중단된 상태였다. 수리물리학의 영국 전통이 대영제국처럼 과부하로 탈진한 것인지도 모른다. 이전 시대의 거인들은 사라지고 없었다. 전자기학, 광학, 음향학, 유체역학 등에서 19세기 영국이 거둔 놀라운 성과를 따라잡기는 어려웠다. 일부 남아 있던 강건한 실용성과 성실성으로 대표되는 빅토리아 시대의 정신, 건강한 신체에 건전한 정신 mens sana in corpore sano마저도 비틀거렸다. 고전적 풍조에 따르면, 이론은 일반 상식에서 너무 벗어나서는 곤란했다. 새로운 미술, 새로운 음악처럼 양자론의 새로운 사상은 위험할 정도로 전위적이었으며, 지금까지 매우 잘 작동하고 있고 평이한 기존 이론과 잘 연결되지 않는 것처럼 보였다. 실험물리학, 특히 핵물리학은 1919년 톰슨으로부터 캐번디시 연구소의 지휘권을 넘겨받은 러더퍼드의 강력한 지도 아래 영국에서 크게 꽃피었다. 그러나 심오한 이론, 현대적인 이론은 침체되었다.

한편 독일은 결코 빈 서판blank slate/인간은 아무것도 쓰여 있지 않은 상태로 태어난다는 개념; 옮긴이/이 아니었다. 이론과 실험에서 독일 물리학자들은 확고한 명성을 쌓아왔다. 독일어 사용권에서는 이론의 의미에 대한 치열한 논쟁도 계속되어 왔다. 대다수 영국 과학자들은 그 논쟁이 재미있는 척했다. 병적으로 철학적인 독일인들은 그 논쟁에 탐닉했으나 솔직 단순한 앵글로색슨들은 그렇지 않았다. 원자의 실체를 확고하게 믿는 볼츠만은, 실증주의 이데올로기의 최고 응원단장이자 동료 물리학자이며 철학자인 에른스트 마흐Ernst Mach와 충돌했다. 마흐가 볼 때 이론은 물리 세계의 기본 구조에 대해 아무런 의미가 없었다. 이론은 구체적인 현상들을 이어주는 일련의 수학 관계에 지나지 않았다. 따라서 원자는 잘해봐야 편리한 상상이며, 최악으로 말하자면 증명할 수 없는 가정이었다.

원자론자들이 싸움에서 이겼다. 볼츠만의 노력에 동정적인 사람들이 생겼고, 자신들의 영역에만 속하는 것으로 생각했던 원리와 정리를 물리학이 명민하게 활용하는 것을 호기롭게 바라보던 순수수학자들 사이에 연대가 이루어진 것이다. 20세기 초반의 독일 이론물리학자들은 수학적으로 대담해졌는데, 영국의 이론물리학자들은 대체로 그렇지 않았다.

그런데 이 모든 전쟁을 종식시킨 전쟁인 제1차 세계대전이 일어났다. 처음에는 모든 일이 독일인들에게 매우 흡족하게 돌아갔다. 독일의 문화와 문명이 노쇠한 앵글로색슨 방식을 덮어버릴 듯 보였다. 그러나 1918년, 국민들이 무엇이 잘못되었는지 알 겨를도 없이 독일 군부는 무너져 항복했고, 독일의 문화가 우위에 서리라는 기대는 물거품이 되었다.

1914년 10월 아직 독일의 전망이 밝았을 때, 플랑크는 '세계의 문화 시민에게 보내는 호소문'에 서명한 93명의 저명한 독일 지식인 중 한 사람이었다. 이 비탄에 찬 성명서가 독일 전역의 신문에 실려 독일의 미덕, 독일 문명의 수많은 우월성, 약소국들의 문화 발전에 대한 독일인들의 따뜻한 배려 등을 널리 알렸다. 이 성명은 독일군이 벨기에 루뱅의 유서 깊은 도서관을 파괴한 바로 뒤 급히 발표되었다. 플랑크와 그의 동료 지식인들은 문화적이고 문명화된 독일인들이 그러한 만행을 저지른 것을 부인하고, 벨기에 도시와 마을을 파괴했다는 보도를 부인했으며, 독일은 전 유럽을 휩쓸고 있는 대량 살상의 무고한 희생양에 불과하다고 주장했다.

4년 뒤, 국가는 황폐화되고 사람들은 굶주리고, 타오르는 사회주의 혁명이 무정부 상태의 도시에서 반동주의적 항거를 부추기게 되었을 때 그 호소문은 수치스럽고 어처구니없는 것이 되었다. 플랑크는 훗날, 자신은 호소문에 서명할 때 내용을 제대로 읽어보지 않았으며, 이미 적혀 있는 저명인사들의 목록만 보고 서명했다고 주장했다. 실제로 전쟁 중에 그는 독일의 단결과 목적을 무심코 옹호하는 일이 없도록 조심했다. 그는 유럽 다른 지역 동료들의 편지에 답하여, 독일군이 언제나 호소문에 주장한 대로 높은 규준에 따라 행동하지 않음도 인정했다.

그렇지만 호소문 이면의 정신은 순화된 형태로 살아남았다. 물리적 독일은 파괴되었지만 정신적 독일은 지속되었다. 전쟁 끝의 국가는 경제적 정치적 심리적으로 폐허였다. 1916~1917년 사이 독일에서 '순무 겨울turnip winter/전쟁으로 먹을 것이라고는 순무밖에 없던 겨울을 칭함; 옮긴이/'이 계속되는 동안 사람들은 굶어 죽고 얼어 죽었으며, 전쟁이 끝난 후에도 식량은 여전히 부족했다. 정치제도는 와해되었다. 극단적인 군국주의부터 철저한 공산주의에 이르는 경쟁 당파들이 집단 폭력과 암살을 일삼았다. 세계는 동정을 보내지 않았다. 독일이 폐허를 자초한 것이었다. 베르사유 조약은 이미 황폐화된 나라에 어마어마한 배상금을 부과했다. 독일은 국제사회에서 따돌림을 받고, 태동하던 국제연합에서 제외되었다. 과학계에서도 독일인은 추방되고, 국제 학술회의 참가가 거부되고, 많은 학술지에서 발표를 거절당했다.

이 암흑 같은 혼돈의 와중에서 플랑크와 그외 사람들은 과학이 미래의 횃불이 될 수 있다고 믿었다. 1919년 말 당시 독일의 대표적인 진보주의 신문 《베를리너 타게블라트Berliner Tageblatt》에 기고한 글에서 플랑크는 "독일의 과학이 예전처럼 과학을 계속할 수만 있다면 독일이 문명국가의 반열에서 밀려난다는 것은 생각할 수 없는 일이다"[10]라는 자신감을 보였다. 플랑크는 다른 독일인과 마찬가지로 처음에는 온 마음으로 전쟁을 지지했으나 나중에는 이 전쟁이 광분한 군국주의가 내켜하지 않는 대중에게 강요한 불운한 재앙이었다고 생각을 바꾸었다. 이제 다 끝났으므로 독일의 자존심과 영예와 전통은 과학에서 명맥을 이을 수 있다고 플랑크는 생각했다. 외부 세계로부터 강요된 고립은 독일 과학자들로 하여금 자신들의 전문성을 지켜내고, 그로써 조국의 명예도 조금이나마 회복하겠다고 굳게 결심하게 만들었다.

바로 그 해, 1919년 독일의 위대한 이론물리학자인 아인슈타인이 국제적 명성을 얻으며 돌연 떠올랐다. 영국의 천문학자 아서 에딩Arthur Eddington이 태양의 중력에 의한 빛의 휨을 관찰하여 아인슈타인의 일반상대성이론이 확인되었다고 대서특필된 것이다. 그러나 아인슈타인을 독일인이라고 하기에는 미묘한 문제가 있었다. 남서부 독일에서 태어나 한동안 뮌헨에서 교육을 받은 어린 아인슈타인은 학교의 지적 경직성과 군사 성향에 반감을 품고 15세에 이탈리아 밀라노로 도피했다. 아인슈타인의 아버지가 전기 사업을 하기 위해 그곳에 가 있었다. 후에 아인슈타인은 스위스 취리히의 스위스 공과대학에 입학했으며 스위스 시민권을 얻고 독일 국적을 포기했다. 어쨌든 전쟁이 끝날 무렵에는 그의 명성으로 독일 과학의 중심지인 베를린에서 교수직을 얻어 한동안 연구 활동을 했다. 잠시 동안 독일인들은 아인슈타인을 자랑스럽게 생각했다.

과학은 물론 정치에서도 아인슈타인은 국적이나 광신적 애국주의 등에 휘둘리지 않고 자기 주관대로 행동했다. 그는 독일의 군국주의를 혐오했으나 전후 독일을 국제사회에서 과학적으로 고립시키는 것은 반대했다. 그런 일은 적대감과 나쁜 감정을 지속시킬 뿐이라고 생각했으며, 그의 말은 대체로 옳았다. 그 자신은 과도하게 애국적인 몇몇 과학자들을 좋아하지 않았으니 말이다. 슈타르크효과를 발견한 요하네스 슈타르크Johannes Stark가 그중 하나인데, 그는 상대성으로 대표되는 '유대인 과학'을, 후에는 양자론을 비난하는 일에 앞장섰다. 아인슈타인은 정치 성향, 전쟁에 대한 입장, 상호관계를 회복하려는 현재의 노력과 상관없이 독일인이라면 일체 참석을 거부하는 여러 국제회의들을 멀리했다.

아인슈타인은 유명세가 세계적으로 높아지면서 상대성이론뿐 아니라 그의 정치적 입장까지도 대중의 관심을 샀다. 그 결과 그의 과학 업적 중에서 다른 것은 상대성이론에 가려졌다. 양자론 발달에 아인슈타인이 결정적으로 기여한 점은 플랑크의 수수께끼 같은 작은 에너지 조각을 물리적으로 의미 있는 전자기복사의 단위로 나타낸 데 있었다. 그에게 기적의 해인 1905년, 아인슈타인이 발표한 네 편의 전설적인 논문 중에서 두 편이 특수상대성이론을 완성했다. (두 번째 짤막한 논문에 세상에서 가장 유명한 과학 공식 $E=mc^2$이 실려 있다.) 다른 하나는 우리가 알고 있는 브라운운동에 관한 논문이다. 네 번째 논문은 자신이 '광양자light quantum'라고 부른 것에 관한 논문이다. 아인슈타인은 에너지의 조그만 묶음에 대한 플랑크의 주장을 받아들일 것을 촉구했다. 에너지의 묶음을 실재하는 작은 실체로 다루고, 볼츠만과 그외 사람들이 발전시킨 표준 통계 방법과 전자기복사의 많은 성질들을 도입해야 한다고 주장했다. 그런 주장이 안 먹히면 다른 식의 설명을 했다. 빛이 작은 에너지 묶음으로 되어 있다는 사실을 이용해 수수께끼 같은 광전효과를 상세히 풀어냈다. 광전효과는 빛이 금속을 때리면 전자가 금속 밖으로 튀어나가 약한 전압이 발생되는 현상이다.

그러나 광양자에 대한 믿음은 엄청나게 성공적인 전자기장에 관한 맥스웰의 고전 파동이론에 위배되었다. 더구나 광양자를 진지하게 받아들이는 것은 물리학에 불연속성과 불예측성이라는 한 쌍의 문제를 들여왔다. 고전 파동은 언제나 부드럽고 연속적이며 끊이지 않고 진행되었다. 광양자는 정말 그런 것이 있다면, 아무 이유나 원인 없이 갑자기 나타났다 없어져 버려야 했다. 남은 생애 동안 아인슈타인을 괴롭힌 문제의 핵심이 이것이었다. 그는 누구보다도 먼저 광양자의 실체를 믿었으나, 광양자가 필연적으로 물리학에 자발성과 확률을 초래한다는 것에는 어느 누구보다도 완강하게 반발했다.

광양자의 존재를 주장하면서 아인슈타인은 여러 해 동안 외로운 길을 걸었다. 다른 물리학자들은 전자기복사, 방사성, 원자의 구조, 나아가 기본 물리학의 구조에 대해 전반적으로 골똘히 생각하고 있었다. 1910년 플랑크는 다음과 같은 서글픈 보고서를 냈다. "이론물리학자들은 이제 전대미문의 뻔뻔함을 가지고 연구를 한다. 현재로서는 어떤 물리법칙도 의심스럽지 않은 게 없으며, 물리학의 모든 진리는 논쟁의 대상이다. 이론물리학 분야에 혼돈의 시간이 다시 가까워오는 것처럼 보인다."[11]

1916년 시카고 대학교의 로버트 A. 밀리컨Robert A. Millikan이 광전효과를 세심하게 측정하여[12] "아인슈타인의 광전효과 식이 (…) 모든 관찰된 결과를 잘 예측하는 것으로 나타났다"라고 온 세상에 발표했다. 그러나 밀리컨은 집요하게도 "아인슈타인이 자신의 방정식에서 이끌어낸 준입자설 semicorpuscular theory 은 현재로서는 전혀 지지할 만한 것으로 보이지 않는다"라고 결론 내렸다. 증거에도 불구하고 많은 다른 물리학자들은 아인슈타인보다는 밀리컨의 주장에 동의했다.

이런 혼란에 더해 보어-조머펠트의 원자모형은 단 몇 년간만 흔들림 없는 성공을 즐겼다. 그것은 워낙 많은 일을 잘 해냈기 때문에 옆으로 제쳐놓을 것이 아니었다. 그러나 1920년대의 동이 트자, 이 모형이 간단한 수소 원자 이상으로 복잡한 구조의 원자들에는 불완전하게만 적용됨이 알려져 그에 대한 신뢰도 점점 희미해졌다. 일부 물리학자들은 이것은 일시적으로 지나가는 현상일 것이라고 생각했다. 전이, 뜀, 양자, 자발성 같은 잡다한 용어들은 곧 사라지고 물리학이 다시 한 번 예전의 익숙한 확실성을 다루게 될 것이라고 믿었다.

전쟁이 끝날 무렵 조머펠트는 몇 명의 재미있는 학생들을 받아들였다. 1918년 볼프강 파울리 Wolfgang Pauli 가 비엔나에서 왔다. 2년 뒤에는 지방 청년 하이젠베르크가 찾아왔다. 과거에 구애받지 않은 이 젊은이들은 곧 자신들의 존재를 알려나갔다.

# 6

무식이 성공을 보증하지는 않는다

플랑크가 독일의 몰락한 자존심을 회복하는 방편으로 과학 문화 조성에 매달렸다면, 파울리와 하이젠베르크 같은 젊은이들은 전후의 암울한 시기에 고단한 삶에서 탈출하기 위해 과학에 몰두했다. 둘 다 특권층의 자녀들로 아버지가 대학교수였다. 둘 다 도시 전체가 기아에서 벗어나자 곧 폭정에 빠져 혁명과 불황이 번갈아 계속되고 암살이 자행되는 시기에 뮌헨 대학교에 입학했다. 훗날의 회고록과 대담 내용을 보면, 이들은 이 힘든 환경에 그다지 신경 쓰지 않았다. 이 두 젊은이에게는 인생이 과학 자체를, 그 영광과 좌절을 의미했기 때문이다. 과학이 그들에게 삶의 목적과 자유를 주었다.

파울리의 가문은 후에 경력을 쌓는 데 특별한 도움이 되었다. 비엔나에서 의료화학 교수인 아버지는 마흐의 동료 교수이자 옛 실증주의의 후예였다. 1900년 그는 아들이 태어나자 마흐에게 아들의 대부가 되어달라고 청했다. 당시 파울리 집안은 가톨릭 집안이었다. 비엔나 사회 전역을 휩쓴 반유대주의를 피해 유대교에서 가톨릭으로 개종했다. 이 기간에 10퍼센트에 달하는 오스트리아 유대인들이 개종을 했다.

훗날 파울리의 회고의 의하면, 마흐는 "가톨릭 성직자치고는 강한 개성을 가진 사람이었다. 이렇게 해서 결과적으로 나는 로마 가톨릭적이 아니라 '반형이상학적antimetaphysical'인 세례를 받았다."[1] 마흐는 스스로를 반형이상학적이라고 말했는데, 단순하게 실험 결과를 설명하는 것을 넘어 자연의 심오한 비밀을 밝힐 수 있다고 주장하는 것은 모두 형이상학이라고 비난했다. 파울리는 반원자론anti-atomism을 옹호하는 그의 대부를 따를 수 없었다. 그러나 마흐의 반형이상학적 완고함이 파울리에게는 보편적인 회의심으로 진화하여, 구체적으로 확고하게 제시될 수 있는 것에서 너무 벗어나는 이론화는 경계하게 만들었다. 양자론의 초창기에 이러한 신중함은 문제가 되었다. 하이젠베르크는 훗날, 파울리가 너무 실험 데이터를 엄격히 따르고 동시에 수학의 엄밀성을 유지하려 했다고 말하면서, 불확실하고 계속 변해가는 세상에 그것은 지나친 기대였다고 덧붙였다.[2] 파울리가 발표할 수 있었던 논문보다 훨씬 적은 논문을 발표한 것도 그의 지나친 기준에 맞는 고안이 몇 개 안 되었기 때문이라고 하이젠베르크는 말했다. 그러나 파울리는 예리한 비평가이자 조언자로, 나중에 "물리학의 양심"[3]으로 불렸다.

비엔나 시절부터 물리학과 수학에 대한 파울리의 재능은 빛을 발하기 시작했다. 아버지 덕에 그는 물리학과 교수로부터 개인적으로 선행 교습을 받아, 고등학교 졸업할 무렵 이미 일반상대성이론의 새로운 주제를 가지고 상당 수준의 논문을 써냈다. 학업을 계속하려던 파울리에게 비엔나 대학교는 감명을 주지 못했다. 볼츠만은 1906년 자살을 기도했다. 일생 동안 시달려온 우울증, 건강에 대한 지나친 집착, 스스로 진단한 신경쇠약 합병증이, 마흐와 반원자론자들의 끊임없는 적대감으로 악화된 결과였다. 비엔나 대학교의 물리학과는 이전과 같지 않아 껍질만 남아 있었다. 파울리는 그 도시에 애정이 없었다. 비엔나의 정치는 혼돈 상태였고 사회는 지리멸렬했다. 뮌헨도 크게 다르지 않았지만, 적어도 그곳의 대학에는 조머펠트가 이끄는 모험 정신이 충만한 이론물리학과가 있었다. 1918년 아직 전쟁이 채 끝나지 않은 시기에 파울리는 뮌헨으로 가 학부생으로 등록했다. 심장이 약하다는 진단이 나와 전쟁의 마지막 해에 군복무를 면제받을 수 있었다.

파울리는 몰락 직전에 있는 나라에 왔다. 11월 8일 뮌헨에서는 사회주의 지도자 쿠르트 아이스너 Kurt Eisner가 국왕 루트비히 3세 King Ludwig III를 축출하고 바이에른에 소비에트 공화국을 선포했다. 다음 날 바이마르에서 열린 온건한 민주주의 집단의 집회는 새로운 민주주의 독일의 설립을 발표했다. 이틀 뒤에 휴전이 되고, 베를린에서 빌헬름 황제가 굴욕적으로 하야했다. 책임자가 아무도 없는 듯했다. 우파 진영은 군주제 복원을 원하고, 좌파 진영은 진정한 공산주의 독일을 원했다. 1919년 2월 아이스너는 보수주의자에게 암살되었다. 4월에는 바이에른인들의 두 번째 공화국이 선포되고 피의 테러가 한동안 계속되었다. 사회주의자와 공산주의자들이 옛 정권에 복수를 한 것이다. 그것도 잠깐, 2주 뒤에 군국주의자들이 돌아와 사회주의자들을 몰아내고 공산주의의 재앙을 뿌리 뽑기 위해 더욱 격렬하게 백색 테러를 자행했다.

당시 그 도시의 학생이던 하이젠베르크는 "뮌헨은 극도의 혼란 상태에 있었다.[4] 거리에서는 사람들이 서로 총질을 했으며, 누가 누구의 적인지 정확히 아는 사람도 없었다. 정치권력은 우리가 이름도 잘 모르는 개인들과 조직들 사이에서 표류했다"라고 회상했다. 1919년 8월, 어느 누구도 환영하지 않았던 민주주의의 타협안인 바이마르헌법이 선포되었다. 플랑크 같은 우파 성향의 온건주의자들은 옛 독일 시민으로서의 정체성을 그리워하고, 민주주의를 폭도의 지배를 점잖게 표현한 말 정도로 생각했다. 사회주의를 갈망하는 좌파는 민주주의를 끔찍하게 무기력한 제도라고 비난했다. 다음 해 치러진 선거에서 양쪽 극단주의자들이 선전했으며, 어느 쪽의 지지도 받지 못한 중간의 온건주의자들은 참패했다.

그러나 깨질 듯 위태로우나마 평화의 기운이 서서히 회복되었다. 바이마르 독일은 결코 안정되지 않았으나, 독일인들은 자신의 나라가 내일 당장 분열되지는 않을 것이라는 신뢰감을 서서히 회복했다. 뮌헨에서는 신진 과학자인 파울리와 하이젠베르크가 주변의 혼란에 의연하기 위해 애를 써왔는데, 이제 차츰 숨 쉬기가 나아지고 있었다.

백과사전에 상대성이론에 관한 설명을 써달라는 청을 받은 조머펠트는 그 일을 "기막히게 뛰어난 녀석"[5]으로 이미 상대성이론에 대해 글을 쓴 적이 있는 천재 신입생에게 맡겼다. 이렇게 하여 파울리는 대학생에 지나지 않으면서 거의 상대성에 대한 작은 책자에 다름없는 것을 저술했다. 그 글은 아인슈타인을 깜짝 놀라게 할 정도로 우아하고 명쾌하게 상대성의 수학과 물리학을 잘 정리하고 있었다.

그러나 파울리는 일반상대성이론은 자신이 공부하고 싶은 분야가 아니라는 결론을 내렸다. 지적으로는 놀라운 것이었지만, 실용적으로는 이용 가치가 없으며 이미 완성된 이론이었다. (천체물리학과 우주론에서 일반상대성이론이 상용어가 되기 수십 년 전, 그런 학문 분야가 아예 존재하지도 않던 1920년대의 일이었다.) 뮌헨에서 조머펠트의 지도 아래 있던 파울리로서는 양자론을 택하지 않을 수 없었다. 양자론은 묘한 실험 데이터들과 미해결된 문제들로 반만 완성되어 있었다. 그는 두 개의 원자핵이 하나의 전자를 공유하는 이온화된 수소 분자에 도전하기로 했다. 이 최고난도의 연구는 그가 해볼 만한 가치가 있어 보였다. 그는 이 이중 체계에서 하나의 전자가 어떻게 궤도를 도는지 설명하는 정교하고 독창적인 모형을 세웠다. 그러고 나서 양자 규칙이 어떻게 그 궤도에 적용되는지 이해하기 위해 노력했다. 그러나 별로 진전이 없었다.

그래도 그는 매달렸다. 그는 스펙트럼 자료를 하나하나 살펴보고

양자 규칙으로 해석할 수 있는 패턴을 찾는 식의 조머펠트 연구 방법에 경멸감을 나타내기 시작했다. 조머펠트는 수소와 헬륨을 넘어 주기율표의 다른 원소족까지 조사했는데, 그런 복잡한 경우에서도 규칙성을 찾으려 했다. 그는 연구 결과를 두꺼운 단행본인 『원자의 구조와 스펙트럼선Atomic Structure and Spectral Lines』이라는 책으로 정리했다. 이 책은 조머펠트의 성경책이라고 불리게 되었다. 그는 자신의 작업을 행성 궤도의 수학적 기하학적 질서에 대한 케플러의 탐구와, 수학적 조화에 대한 고대 그리스 피타고라스학파의 믿음에 비유했다. "우리가 스펙트럼 언어로부터 들으려는 것은 빼어나게 균형 잡힌 교향곡, 다양성에서 나오는 질서와 조화, 지구에서 듣는 순수한 원자 음악이다"[6]라고 화려한 산문을 통해 호기롭게 선언했다.

조머펠트는 수의 규칙성을 찾는 일이 보다 심오한 이론을 위한 초석이라고 이해했다. 뉴턴의 중력에 대한 역제곱 법칙이 태양계 운행에 이론적 토대를 제공해 주었을 때에야 비로소 행성의 운동을 면밀히 관찰하여 얻어진 케플러의 법칙이 의미를 갖게 된 것이 그 예다. 한없이 분석적인 파울리가 보기에 조머펠트의 전략은 이론적 보수주의와 근대 신비주의의 이상한 결합이었다. 파울리는 완벽한 원리로부터 합리적인 이론을 세우는 것이 더 좋다고 생각했다. 하지만 이온화된 수소 분자에서 그런 이론을 찾아내려는 그의 시도는 별 진전이 없었다. 누구에게도 나아갈 길이 보이지 않았다.

뮌헨에서 파울리는 밤늦게까지 술집이나 카페에 죽치고 앉아 있는 습관을 들여 평생 그렇게 했다. 그래서 아침 강의는 보통 빠졌다. 바른 행실에 대해 엄한 기준을 가지고 있던 조머펠트는 파울리에게 제시간에 일어나 정신이 맑을 때 공부하라고 채근했다. 파울리는 잠깐 따르는 척하다가도 곧 이전 생활로 돌아갔다. 땅딸막한 청년 파울리에게는 의자에 앉아 생각에 잠기면 의자 앞뒤를 흔들어대는 버릇도 있었다. 조머펠트는 이 명석한 괴짜 학생을 그가 생각하는 정상 행동을 하는 학생으로 바로잡을 수 없다는 결론을 내리고 파울리의 괴팍한 올빼미 생활방식을 그대로 놔두었다. 파울리는 조머펠트의 등 뒤에서는 그를 경기병 대령이라고 불렀지만[7] 그의 앞에서는 어느 누구에게도, 심지어 아인슈타인에게도 보이지 않은 존경과 경의를 일생 동안 보였다.

조머펠트는 프러시아 태생으로, 딱 그렇게 보였다. 작고 다부진 체격에 옷을 단정히 입고 멋지게 왁스를 바른 콧수염을 기르고, 군인 같은 분위기를 풍겼다. 그는 40대 중반인데도 예비역 육군 장교로 성실히 복무했다. 운동도 좋아했으며 스키어였다. 젊은 시절에는 당시 학생 사회에서 유행하던 술 마시기와 결투에 열광적으로 참가했었다.

조머펠트는 외모는 보수적이나 연구에서는 그렇지 않았다. 그는 고전물리학에 도통한 사람이지만 혁신적인 것에도 무관심하지 않았다. 보어 원자모형이 기초가 약하지만 경이적으로 잘 맞음을 알고 그것을 깊이 연구했다. 자신의 해박하고 세밀한 지식을 동원한 결과 간단한 보어 원자모형을 세련된 유용한 이론으로 발전시킬 수 있었다.

조머펠트의 성격은 외모만큼 프러시아 사람 같지는 않았다. 자신의 제자들을 친구처럼 동료처럼 대해주었다. 그는 정규 강의 외에도 매주 강도 높은 두 시간의 모임을 열어 최신 연구 화제에 대해 토론했다. 하이젠베르크는 이 자유분방한 토론을 "최첨단 과학에 대한 견해를 교환하는 일종의 시장터"[8]였다고 표현했다. 그 덕에 조머펠트 학생들은 원자에 대한 양자론의 변화를 가장 먼저 배우고 비판할 수 있었다. 그는 그가 지속적으로 수정 갱신해 나가는 『원자의 구조와 스펙트럼선』에 제자들이 논문을 기고하게 했다. 그렇게 하여 파울리와 하이젠베르크 외에도 초기 양자론에 기여한 상당히 많은 논문들이 뮌헨의 이론물리학파에서 나오게 되었다.

1920년 어느 날 주례 연구 세미나에서 조머펠트는 자신이 최근에 밝혀낸 네 번째 양자수를 소개했다. 그때까지 보어-조머펠트 원자모형에서 전자는 궤도의 크기와 타원율, 방향성에 대해 단순하고 기하학적 의미를 가진 세 개의 양자수로 설명되었다. 그러나 이제 조머펠트는 이 일반적인 묘사에서 운명의 걸음을 한 발짝 내디뎠다.

'비정상 제이만효과 anomalous Zeeman effect'로 불리는 조머펠트의 면밀한 조사를 통해 밝혀진 네 번째 양자수는 여러 개의 전자를 갖는 다전자원자들에서 나타났다. (자기장이 걸려 있는 공간에 원자가 놓였을 때 스펙트럼선이 갈라지는 제이만효과의 개정판으로, 비정상 제이만효과는 훨씬 복잡한 구조를 보인다.) 스펙트럼 자료에 수치의 규칙성이 있음을 알아차린 조머펠트는 늘 하던 방식으로 그 패턴을 설명할 수 있는 네 번째 양자수를 고안해 냈다. 그러나 네 번째 양자수는 아무런 이론적 기초를 갖추지 못했다. 그것은 전자궤도의 기하학적이고 역학적인 용어로는 명료하게 해석할 수 없는 개념이었다. 네 번째 양자수를 정당화하기 위해 노력하던 조머펠트는, 외곽의 단일 전자가 모든 관련된 전이에 가담하고, 핵과 남은 안쪽의 다른 전자들은 복합적으로 불변의 핵을 형성한다고 주장했다. 이렇게 하여 전체적인 모양은 일종의 보완된 수소 원자처럼 보였다. 조머펠트는 네 번째 양자수는, 한 개의 외곽 전자가 보이는 "감추어진 회전"이라는 막연한 이름의 개념을 갖는다고 설명했다.

파울리에게 이것은 이론이 아니라 판타지였다. 전자궤도의 표준 성질을 택하여 그것들을 양자수로 나타낼 수 있다. 그렇다고 임시변통적인 해석을 붙여 양자수를 고안할 수는 없다. 조머펠트의 새로운 고안은 양자 원자가 고전역학으로는 이해할 수 없는 성질을 가졌다는 뜻인가? 또는 양자론이 정상 궤도를 이탈했다는 뜻인가?

파울리가 하이젠베르크에게 "고전물리학의 기막힌 통일성을 잘 모르면 오히려 자신만의 연구를 해나가기가 더 쉽다네"[9]라고 씁쓸하게 말한 것이 아마 이때쯤일 것이다. "그 점에서 자네는 명백한 이점을 가졌지." 이렇게 하이젠베르크에게 씩 웃으며 농담을 던진 파울리는 "그러나 무식이 성공을 보증하지는 않는다네"라고 덧붙였다.

파울리가 깊은 지식뿐만 아니라 자신의 견해가 뚜렷한 성숙한 물리학자로 뮌헨에 왔다면, 대조적으로 하이젠베르크는 재능은 있으나 자신의 주제를 다룰 수 있는 실력은 갖추지 못한 많은 학생 중 하나였다. 하이젠베르크는 처음에 순수수학을 전공하려 했으나, 아인슈타인이 쓴 상대성을 일반인들에게 설명하는 작은 책을 10대 시절에 발견한 후 방향을 바꿨다. "나는 원래 수학을 공부하고 싶었는데, 나도 모르는 사이에 이론물리학자가 되어 있었다"[10]라고 하이젠베르크는 회고했다.

하이젠베르크는 1901년 말 뮌헨에서 북서쪽으로 240킬로미터 떨어진 뷔르츠부르크라는 대학 도시에서 태어났다. 대학에서 고전학 classics을 가르치던 아버지 아우구스트 하이젠베르크는 도덕적 생활과 상업 추구로 단합된 청교도 국가, 비스마르크 독일에 헌신했다. 그의 가족은 적당히 먹고살 정도로 잘살았다. 가족끼리 성실하게 정기적으로 교회에 다녔지만 아우구스트는 훗날 아들에게 자신은 한 번도 신앙심을 가진 적이 없었다고 고백했다. 나이가 들어 하이젠베르크는 불확정성원리를 창안해 낸 사람답게 우아하고 모호하게 "누가 나는 기독교인이 아니었다고 말한다면 잘못 말한 것이다. 기독교인이었다고 말한다면 부풀린 것이다"[11]라고 말했다.

1910년 아우구스트 하이젠베르크는 뮌헨 대학교의 비잔틴 문헌학 교수로 임명되었고, 가족들도 따라서 바이에른의 수도 뮌헨으로 이사했다. 아우구스트는 교수로서 좋은 선생님이었으나 지독하게 엄한 사람이었다. 경직된 빈틈없는 태도 속에는 불같은 성격이 숨어 있어 가끔, 대체로 가족의 사사로운 일에서 폭발했다. 아우구스트는 아들 형제를 운동에서건 공부에서건 서로 경쟁하게 만들었고, 주로 형인 에르빈이 이겼다. 하이젠베르크는 자기가 수학만큼은 형을 이길 수 있음을 발견했고, 이 발견은 하이젠베르크의 삶에 기초가 되었다. 하이젠베르크는 형과 결코 가까운 사이가 되지 못했다. 화학을 공부하고 베를린으로 이주한 에르빈은 인지학/인간 지성이 영적 세계와 접촉할 능력이 있다는 전제의 철학: 옮긴이/에 빠져들었다. 성인이 되어서도 형제는 거의 만날 일이 없었다.

전쟁이 끝날 무렵 고등학교를 마친 하이젠베르크는 갈가리 찢어진 도시에서 질서 유지의 임무를 맡은, 오합지졸의 10대들을 모아놓은 지방 방위군에서 복무해야 했다. 훗날 하이젠베르크는 군복무는 진지한 게 아니고 경찰 놀이와 같았다고 말했다. 그는 "우리 가족이 마지막으로 빵조각을 먹은 지 한참 지났을 때"[12]를 기억했다. 자신과 형, 그리고 친구들은 식량을 찾아 폐허가 된 뮌헨 시내를 뒤지고 돌아다녀야 했다. 바이에른 소비에트 정부 시절, 그는 전선을 넘어 몰래 독일공화국 German republic 군대의 지배를 받던 영토로 들어가서 빵과 버터, 베이컨을 가지고 돌아왔다. 하이젠베르크는 이런 모험이 사춘기에 아주 정상적인 일이었던 것처럼 아무렇지 않게 회고했다.

하이젠베르크는 부끄럼을 타는 조심스런 아이였는데, 전쟁 중에 개성이 형성되기 시작했다. 지방 방위군에서 성인으로서의 책임을 부여받은 하이젠베르크는 자신에게 다른 사람을 믿고 따르게 하는 특별한 카리스마가 있음을 발견했다. 숨 막히게 엄격했던 부모를 떠나자 그는 비로소 산을 타고, 시골길을 산책하며 미술, 과학, 음악, 철학에 대해 진지하게 젊은이다운 토론을 벌이는 청년들의 자유로운 조직에서 숨 쉴 수 있는 여유를 찾았다. 그런 청년 조직은 수십 년 전 파드핀더(개척자)Pfadfinder 와 반더포겔(철새)Wandervogel이라는 이름을 가진 큰 단체에서 파생돼 나온 것이었다. 영국의 베이든파월Baden-Powell에 의해 시작된 보이스카우트 운동을 모형으로 삼았으나, 독일 그룹은 활달하고 실용적인 영국 그룹에 비해 좀더 낭만적 성향이 있었다. 전쟁이 끝난 후 특히 그들은 새롭고 평화로운 사회를 간절히 추구하는 온갖 종류의 아이디어들이 넘쳐흘렀다. 하이젠베르크의 말대로 "평화로운 시절에 아이들을 보호하던 가정과 학교라는 고치가 혼란의 시기에 깨져 열렸고 (…) 그 대신 우리는 자유의 새로운 의미를 발견했다."[13]

청년운동은 사실상 중산층 청소년들의 것이었으며 운이 좋은 일부만 누릴 수 있는 특권이었다. 『파우스투스 박사Doctor Faustus』에서 토마스 만Thomas Mann은 젊은 학생들이 이런 식으로 목가적 순례를 진지하게 하는 것을 그리면서 "지적 추구를 하는 도시인이 대자연의 때 묻지 않은 장소들을 잠시 방문하는 식의 일시적인 생활양식은 (…) 가식적이고, 전시적이며, 딜레탕트적dilettantish/예술이나 학문을 직업이 아닌 취미 삼아 하는 것을 비꼬는 말; 옮긴이/이다. 일종의 희극이다"[14]라고 날카롭게 비판했다.

이 청년 조직들 중 일부는 약 10년 뒤 눈에 거슬리는 과격한 히틀러의 청년단으로 성장하는 씨앗이 되었다. 그러나 하이젠베르크의 그룹은 끝까지 비정치 단체로 남았다. 하이젠베르크는 과학 경력이 활짝 꽃핀 이후에도 오스트리아와 핀란드까지 다녀오는 장거리 여행을 할 정도로 방랑벽이 있었는데, 그것은 그의 삶에 위안이 되고 활력을 주었다. 평생 하이젠베르크는 정치적 분쟁의 골치 아픈 사태는 보지 않고 자연에 은둔하는 게 낫다고 믿고 싶어 했다.

1920년 하이젠베르크의 아버지는 하이젠베르크가 뮌헨 대학교의 원로 수학 교수인 페르디난트 린데만Ferdinand Lindemann과 면접을 볼 수 있게 주선해 주었다. 몇 년 전 린데만은 물리학을 취미 삼아 하는 응용수학자는 진짜 비열한 인간이라는 이유로 조머펠트의 교수 임용에 반대했었다. 그는 구식 가구들로 가득 찬 음침한 연구실을 사용하고 있었다. 책상 위에는 작고 검은 개가 앉아 있다 바짝 긴장한 젊은이를 노려보며 으르렁거렸다. 린데만이 하이젠베르크의 흥미와 실력을 테스트하기 시작했더니 그 개 역시 크게 짖기 시작했다. 하이젠베르크는 겁에 질려 상대성이론에 관한 책을 읽어보았다고 겨우 말했다. 린데만은 "그렇다면 자네는 수학을 하나도 모르겠군!"[15] 하며 인터뷰를 끝냈다.

그렇게 하여 하이젠베르크는 대신 조머펠트를 찾아가, 다소 비판적이었지만 그래도 따뜻한 환대를 받았다. 조머펠트는 하이젠베르크의 수학 실력과 최신 물리학에 대한 관심에 좋은 인상을 받았다. 하지만 실험과 이론이라는 과학의 기본보다는 철학적 문제에 더 관심을 보이는 하이젠베르크가 조금은 당혹스러웠다. 하이젠베르크는 그런 과학을 별로 대단하게 여기지 않는 듯했다. "달리기 전에 먼저 걸어라"가 조머펠트가 주는 조언의 핵심이었다. 심오한 의미에 도전하기 전에 우선 그 주제에 완전히 통달해야 한다는 것이다. 하이젠베르크는 물리학이란 결국 사소한 것일지도 모른다는 쪽으로 생각하기 시작했다. 그는 청년운동 친구들과 함께 거대 담론들을 놓고 논쟁했다. 지식이란 무엇인가? 우리가 어떻게 그것을 확신할 수 있는가? 진보는 어떻게 일어나는가? 그런데 조머펠트는 하이젠베르크가 수소 스펙트럼선의 미세 구조와 알칼리금속의 비정상 제이만효과를 공부하기를 원했다. 하이젠베르크는 어쨌든 조머펠트 밑에서 물리학을 공부하기로 하고 등록했다.

하이젠베르크는 자신의 학위논문 연구 주제로 안전한 문제를 선택했는데, 유체 흐름의 고전물리학이었다. 그러나 그것은 곁다리 연구였고 그는 곧 양자론에 심취했다. 하이젠베르크는 파울리만큼 물리학을 배우지 못했다. 어쩌면 바로 이런 점 때문에 하이젠베르크가 더 융통성이 있고, 이상하지만 장래성 있어 보이는 이론들에서 어려움보다는 가능성을 더 쉽게 발견했는지도 모른다.

파울리는 하이젠베르크에게 "탄탄한 수학 실력만 있으면 필요한 모든 것을 가진 것이다" "그것으로 너는 문제를 제안하고 문제의 답을 계산해 낼 수 있다"라고 말했다. 그러나 하이젠베르크는 좀더 원대한 것, 근본적인 이해를 갈구했다. 그들이 연구하는 양자 원자에 대하여 하이젠베르크는 파울리에게 "이론을 머리로는 파악했는데 아직 가슴으로는 파악하지 못했다"[16]라고 말했다. 그는 당시의 보어-조머펠트 원자모형을 "알아들을 수 없는 주문과 실험적인 성공이 묘하게 혼합된 것"이라고 표현했다.

그러나 이 주문이 물리학에서 가장 해볼 만한 흥미로운 부분임이 확실했다. 조머펠트는 그가 최근에 고안해 낸 네 번째 양자수를 새로 들어온 하이젠베르크에게 소개하고, 제이만효과에 맞지 않는 변칙 사항들을 포용할 수 있도록 그 이론을 확장시켜 보라고 했다. 천재적이고 수완이 좋은 하이젠베르크는 자신의 기술과 과학적 상상력을 발휘하여 스승이 부여한 과제를 해결하여 두 사람 다 놀랐다. 스펙트럼선의 매우 큰 다양성을 설명하기 위해 하이젠베르크는 멋진 공식을 고안해 냈는데, 그 공식은 이미 미심쩍은 네 번째 양자수에 1/2, 3/2, 5/2 등과 같은 반정수 값을 주면 잘 맞아떨어졌다. (분수 값을 피하기 위해 2를 곱해봐야 도움이 안 된다. 그렇게 하면 1, 3, 5…의 연속이 되어 짝수가 빠지기 때문이다.)

조머펠트는 이것을 심사숙고할 준비가 되어 있지 않았다. 반양자 half quantum 수는 전체 핵심에 위배되었다. 파울리도 그렇게 생각했다. 한 번 반정수를 허용하면 1/4과 1/8에도 문호를 개방해야 할 것이며, 곧 양자론은 남아날 수 없을 것이라고 그는 말했다.

하이젠베르크와 조머펠트는 이 기묘한 제안과 씨름하면서 자신들의 제안이 또 다른 독일 청년 란데가 발표한 견해와 본질적으로 같은 것인지 검토해 보았다. 란데는 보어가 전쟁 전에 괴팅겐 대학교를 방문했던 시절 처음으로 양자론을 배웠다. 하이젠베르크와 마찬가지로 란데도 반양자 속임수가 두어 가지 흥미로운 수수께끼를 설명할 수 있다는 점 외에는 그것에 대해 아무런 설명을 하지 못했다.

선두에서 밀려 당황한 하이젠베르크는 이제 반양자수 이론을 가지고 선두를 재탈환하려고 했다. 조머펠트는 네 번째 수는 원자의 중심부에서 상대적으로 외곽에 있는 전자의 회전과 관련이 있다는 제안을 했다. 하이젠베르크는 천연덕스럽게 한술 더 떠 이 회전이 반으로 갈라져, 한 부분은 전자에 속하고 다른 부분은 중심부에 속한다고 제안했다. 이외곽 전자가 전이할 때 회전의 반양자만이 역할을 한다는 것이다.

하이젠베르크는 자신의 천재성에 우쭐해했으나, 조머펠트도 파울리도 하이젠베르크의 생각을 사주지 않았다. 그것은 물론 과감하고 독창적이었지만 말이 그렇지 사실 의심스럽고 근거가 없었다. 그럼에도 불구하고 조머펠트는 이 논문을 학술지에 제출하는 데에 동의했으며, 이것은 하이젠베르크가 발표한 첫 번째 논문이 되었다. 란데도 그 생각을 대단치 않게 생각했고, 그의 이론이 신성한 각운동량 보존의 원리를 내던져 버렸다는 내용의 편지를 하이젠베르크에게 보냈다. 하이젠베르크는 크게 신경 쓰지 않았다. 모든 고전 법칙들에는 이제 흥미로운 게 없었다. 몇 년 후 란데가 토로하기를 어려운 문제를 맞닥뜨렸을 때 하이젠베르크의 전략은 기존의 물리학의 한계 안에서 해법을 찾는 게 아니라 곧장 뭔가 전혀 새롭고 파격적인 것을 찾는 것이었다고 말했다.[17] 이러한 태도는 젊은이에게 큰 성공을 가져다줄 수도 있지만 또한 큰 실패를 불러올 수도 있었다.

조머펠트 역시 하이젠베르크를 정말 뛰어나지만 너무 건방지다고 생각했다. 한마디로 미성숙했다. 그는 아인슈타인에게 하이젠베르크가 시도한 이론에 대해 다소 유보적이기는 하나 칭찬하는 편지를 보낼 정도로만 자기 제자의 업적을 평가했다. 조머펠트는 "그것은 잘 맞기는 하는데, 왜 잘 맞는지는 불분명합니다"[18]라고 말했다. 그리고 자신은 양자의 기술적인 것만 말할 수 있으니 그것의 철학적 의미는 알아서 생각해 보라고 했다.

뛰어난 것인지 바보스러운 것인지, 아니면 둘 다인지 하이젠베르크의 이론물리학에서의 첫 번째 시도는 그의 이전 태도를 바꾸어놓았다. 그는 이제 진보는 중대한 철학 문제를 생각하는 것에서 오는 것이 아니라 구체적인 문제를 해결함으로써 이루어진다는 것을 알았다. 그리고 새로운 사고에 열린 마음을 가졌던 것은 다행이었다. 파울리의 조롱에는 어느 정도 일리가 있었다. 하이젠베르크는 반양자론이 얼마나 불합리한지 알 수 있을 만큼 물리학을 알지 못했다. 그러나 또한 하이젠베르크는, 조머펠트는 너무 조심스럽고 파울리는 지나치게 회의적이라는 것을 일찌감치 깨닫고 있었다. 몇 년 뒤 하이젠베르크는 미국의 위대한 물리학자 리처드 파인먼 Richard Feynman을 만났는데, 파인먼은 젊은 물리학자들은 더 이상 실수할 수 있는 호사를 누릴 수 없다고 한탄했다. 그들의 스승들과 동료들은 조금이라도 허약한 추론에는 꽃필 기회도 주지 않고 맹렬히 달려들었다. 파인먼은 하이젠베르크에게 때때로 말이 안 되는 것 같지만 "제기랄, 그건 분명히 옳은데"[19]라고 할 만한 생각이 생기기도 한다고 말했다.

조머펠트의 지도 아래, 하이젠베르크는 자신의 첫 번째 물리학 견해가 격려받고, 논란이 되고, 사방에서 오는 공격으로부터 스스로를 방어하는 광경을 지켜보는 값진 경험을 쌓았다. 그것은 기분 좋은 일이었다. 비판은 하이젠베르크에게 더욱 박차를 가하게 할 뿐이었다. 그는 자신의 길을 찾았다. 고전 질서는 와해되고 있었고, 하이젠베르크는 새로운 체계를 탐구하는 일에 가담했다. 정치에서도 물리학에서도, 이 젊은이는 이전의 확실성에 아무런 향수를 갖지 않았다.

# 7

**어떻게 행복할 수 있겠는가?**

1922년 여름, 독일에는 일시적인 평온이 찾아왔다. 식량은 부족했지만 굶어 죽는 사람은 거의 없었다. 돈도 궁색하기는 했지만, 사람들이 빵과 우유를 사기 위해 형편없이 평가절하된 수십 억 마르크의 지폐를 손수레로 싣고 가야만 했던 초고공 인플레이션은 아직 불붙지 않은 때였다. 화창한 6월의 어느 날 괴팅겐에, 양자론 분야의 저명한 선구자이자 대가인 보어의 특강 시리즈를 듣기 위해 이론학자들이 모여들었다. 당연히 조머펠트도 갔는데, 그는 벌써부터 학계에서 말이 많은 제자 하이젠베르크도 꼭 참석하라고 했다. 하이젠베르크 집안은 비교적 잘살았지만 여행을 다닐 만한 여윳돈은 없었다. 그래서 조머펠트가 괴팅겐으로 가는 데 필요한 경비를 대주었다. 하이젠베르크는 다른 사람의 소파에서 잠을 자고 늘 배가 고팠다. 그러나 하이젠베르크는 그 당시 학생들은 그렇게 지내는 것이 보통이었다고 회고했다.

파울리도 그곳에 왔다. 지난 가을 뮌헨에서 박사 학위를 마친 후, 괴팅겐에서 겨울 학기를 보내고, 함부르크에 일자리를 얻어 이사한 뒤였다. 이제 남쪽으로 여행을 내려왔는데 처음으로 보어를 만나게 된 것이다.

보어의 방문은 과학적으로는 물론 정치적으로도 의미심장했다. 아인슈타인과 같이 보어는 독일의 군주주의와 제국주의에 항거했지만, 전후 독일 과학을 세계의 다른 국가들로부터 고립시키는 데에는 동의하지 않았다. 복수에 집착하면 평화를 낳지 못한다.

보어는 이미 독일과의 접촉을 재개했다. 그는 1920년 플랑크와 아인슈타인의 초청을 받아 베를린을 방문했다. 이 만남이 보어와 두 거물의 첫 번째 만남이었으며, 두 사람은 젊은 덴마크인에게 감탄했다. 아인슈타인과 보어는 지속적으로 짧게 쓴 쪽지를 교환했다.[1] 아인슈타인은 보어에게 "자네만큼 인생에서 존재만으로 나를 기쁘게 하는 사람은 드물었네"라고 썼다. "나는 지금 자네의 대단한 논문들을 공부하고 있네. 혹시 어디선가 막히게 되면, 미소 지으면서 설명하는 자네의 젊음에 찬 다정한 얼굴이 내 앞에 보이는 것 같아 즐겁다네." 보어 역시 "당신을 만나 함께 얘기를 나눈 일은 제 일생에 최고의 경험이었습니다"라는 답장을 보냈다. "저는 다렘에서 선생님 댁으로 가는 길에서 나눈 대화를 평생 잊지 못할 겁니다."

2년 후 보어가 괴팅겐을 방문했을 때, 괴팅겐 대학교의 예전의 경직성은 어느 정도 사라지고 없었다. 이론물리학의 새로운 책임자는 보른이었다. 보른은 8년 전 전쟁이 일어나기 전에 보어가 이곳을 방문 강연했을 때 뒤에 앉아 듣고 있던 열정적인 젊은 과학자 중 하나였다. 보른은 괴팅겐 대학교의 수학적 엄밀성을 좋아하면서도, 낯설고 모순적이기는 하지만 놀라운 새로운 물리학을 포용해 왔다.

1922년 6월의 화창한 날씨에, 보어는 예의 종잡을 수 없는 모호한 방식으로 코펜하겐의 양자론 관점에 대해 일련의 강연을 했다. 괴팅겐에서 같은 시기에 열리고 있던 헨델의 축제에 빗대어, 이 화려한 일주일은 나중에 보어의 축제로 불렸다.

모든 창문이 열려 있어 여름철의 소음이 숨죽인 세미나실로 흘러들었다. 참석자 중에서 그 지역 출신의 한 사람이, 괴팅겐 대학교 원로 교수들이 이전처럼 젊은 과학자들을 뒤로 몰아내고, 좋은 앞좌석을 차지했다고 불평했다. 젊은이들은 뒷자리에서 보어의 느리고 우물거리는 말을 이해하기 위해 애썼다. 그러나 하이젠베르크는 황홀했다. 그는 조머펠트로부터 이미 양자물리학을 배웠다. 조머펠트의 연구 방법은 단순한 모형과 기본 계산을 강조하는 것이었다. 반면 하이젠베르크는 대가의 강의에 대해 다음과 같이 말했다. "말하는 문장 하나하나가 수많은 사고와 함축된 철학적 의미를 연쇄적으로 불러일으켰다.[2] 그것들은 넌지시 던져지지 결코 완전하게 표현되지 않았다. (…) 그 모든 것은 보어의 입에서 나오면 매우 다르게 들렸다."

보어는 그의 조수들이 코펜하겐에서 발전시킨 최근의 몇몇 아이디어에 대해 이야기했다. 파울리와 함께 보어의 논문을 읽고 비판한 적이 있는 하이젠베르크는 강의실 뒤쪽에서 큰소리로 감히 반대 의견을 말했다. 이런 행동은 앞자리에 앉은 신사들이 머리를 돌려 뒤를 돌아보게 했다. 별로 호감 가지 않는 반양자 견해로 하이젠베르크의 이름을 알고 있었던 보어는 강의 후 젊은 하이젠베르크에게 함께 걸으며 이야기하자고 권했다. 그들은 괴팅겐이 내려다보이는 하인베르크 언덕을 걸어 올라가, 커피숍에 앉아 양자론을 해부해 보았다. 하이젠베르크는 몇 년 뒤 "나의 진짜 과학 경력은 그날 오후에야 시작되었다"라고 회상했다.

하이젠베르크는 보어에게 양자론이 무엇을 의미하는지 알고 싶다고 말했다. 하이젠베르크가 알고 싶어 한 것은 기발한 계산과 복잡한 스펙트럼선을 특별한 양자수와 규칙 체계에 짜 맞추는 일 너머에 있는 것, 밑바탕에 깔려 있는 개념과 그 모든 것의 진정한 물리학이 무엇인가 하는 것이었다. 보어는 상세한 고전 모형의 필요성을 고집하지 않았다. 고전 모형은 양자 용어로 체계적으로 번역될 수 있었다. 고전 모형의 핵심은 물리학자들이 어렴풋이 가지고 있는 사고를 통해 원자에 대해 최대한 많은 것을 표현하기 위한 것이라고 하이젠베르크에게 말했다. 보어는 "원자에 관해 말할 때 언어는 시 쓰듯이 사용되어야 한다네. 시인들도 사실을 설명하는 것에는 심상을 창조하고 심적 연관을 형성하는 것만큼 관심을 두지 않지"라고 알쏭달쏭한 결론을 내렸다.

이말이 하이젠베르크에게는 왠지 계시적으로 들렸다. 불과 한 세대 전에 볼츠만과 그의 동료들은 원자가 시적인 암시는커녕, 이론적으로 추상적인 것이 아니라 구체적인 것이라고 열심히 논쟁을 벌였다. 그런데 보어는 지금 물리학자들이 원자를 구체적으로 설명할 수 없으며 비유와 은유만 쓸 수 있다고 말하는 것인가? 원자의 내재적 실체는 물리학자들에게 접근 불가능하다는 것인가? 아니면 원자의 실체를 논하는 자체가 무의미하다는 것인가?

이 강연과 회의에 대한 하이젠베르크의 설명을 어느 정도까지 신뢰할 수 있는지는 확실치 않다. 몇 년 뒤에 하이젠베르크는 그때의 길고 진지했던 대화를 복잡하게 얽힌 사려 깊은 문장으로 재구성하여 남겼다. 하이젠베르크의 회고들을 읽어보면, 그때 이후 여러 해에 걸쳐 물리학에 대한 보어의 견해를 하이젠베르크 식으로 재단했다는 느낌을 지울 수 없다. 확실한 것은 하이젠베르크가 보어를 만난 후로 양자론에 관한 자신의 견해를 완전히 바꾸었다는 사실이다.

보어는 양자론이 고전적인 규칙을 따르지 않을 수도 있음을 이해했지만, 또한 초기부터 고전물리학 언어가 일상 세계의 현상을 매우 성공적으로 잘 설명하기 때문에 그것을 버릴 수는 없다는 생각을 고수했다. 두 분야 사이의 간극을 극복하는 연결 고리로 보어가 생각해 낸 아이디어가 소위 말하는 '동등성원리 correspondence principle'다. 즉 원자의 양자론은 잘 작용하는 것으로 알려진 원자 거동의 고전적 해석과 이음매없이 잘 맞아들어야 한다는 원리다. 예를 들어 핵 가까이에 있는 낮은 궤도들 사이에서 뛰어넘는 전자는 에너지의 변화가 크고 갑작스레 일어나며, 핵에서 멀리 떨어진 궤도들에 해당하는 큰 양자수를 갖는 상태들 사이의 전이에서는 에너지 변화는 궤도 자체의 에너지와 비교할 때 작다. 양자뜀quantum jump이 작으면 작을수록 고전적 취급을 할 수 있는 점차적인 변화와 닮아간다. 그런 경우 양자 거동과 고전 거동이 똑같은 결과를 보이는 경향이 있다는 것이 동등성원리의 의미였다. 보어는 이런 종류의 논리로 자신의 원자모형에 세부적인 살을 붙여나갔다.

동등성원리를 복잡한 상황에 잘 사용하기 위해서는 사용하고자 하는 사람들에게 상당한 기교가 요구되었다. 1920년대 초반에 출판된 교재에는 동등성원리는 "보어의 손에서는 비상하게 성공적이었지만 정확한 정량적 법칙으로 표현될 수 없었다"라고 설명되어 있었다. 이 시기에 물리학 분야에서 광범위한 저술을 한 에이브러햄 파이스Abraham Pais는 "동등성원리를 실용적으로 이용하는 데는 예술적 기교가 필요하다"라고 묘한 토를 달았다. 또 한 사람의 물리학자 에밀리오 세그레Emilio Segrè는 옛날을 회상하면서 동등성원리는 정확히 공식화하기가 어렵다는 데 동의했다. 그리고 "보어는 그런 방식으로 해나갔을 것이다"라고 말했다.[3]

이렇게 하여 보어의 신비가 생겨났다. 보어는 대략적이고 직관적인 방식으로 양자론을 어떻게 세워야 할지 보았고, 다른 물리학자들은 그가 무엇을 하고 있는지 잘 볼 수 없음에도 불구하고 앞서 가는 그를 따라가야 했다. 보어는 참석자들이 알아들을 수 있는 것보다 약간 더 앞서서 심오한 의미를 가진 것으로 보이는 어렵게 구성한 문장으로 천천히 두서없이 강의하는 것으로 유명해졌다. 어쩐 일인지 보어가 말하는 것을 이해해야 할 책임은 언제나 참석자의 몫이지, 보어가 보다 명확히 말해야 하는 것은 아니었다. 그런 명성을 가진 권위자가 다 그렇듯 보어는 신비롭고 간접적이었다.

보어와 처음 만난 후 고향의 부모님께 보낸 편지에서 하이젠베르크는 자신이 크게 감명받았음을 분명히 표현했다. 조머펠트는 물론이고 보어도 반양자 견해에 대해 유보적인 태도를 표명했지만, 하이젠베르크가 잘못임을 증명할 수 없었기 때문에 그것은 '일반성과 취향의 문제'로 더 이상 반대하지 않기로 타협했다고 하이젠베르크는 말했다. 보어는 자신의 한 강연에서 하이젠베르크의 연구가 "매우 흥미롭다"[4]라고 말했다. 아직 보어의 화법에 익숙하지 않은 젊은 하이젠베르크는 그 말을 자신을 지지하는 의미로 받아들였다. 마침내 보어는 하이젠베르크가 코펜하겐에서 체류할 방도를 찾아보겠다는 뜻을 비쳤다.

보어는 새로운 제자를 얻었다.


미국 학계가 급성장하기 시작할 무렵, 1922년 9월 조머펠트는 멀리 미국 위스콘신 대학교 매디슨 캠퍼스의 초청으로 미국에서 1년을 보냈다. 그는 진지한 새 관중에게 양자 복음을 전파할 수 있게 되어 행복했고, 독일 마르크화가 휴지 조각이 된 당시에 외화 벌이를 하는 것도 나쁘지 않았다. 그가 없는 동안 아직 학위를 마치지 않은 하이젠베르크는 괴팅겐의 보른 밑에서 공부하도록 조치했다.

그사이 하이젠베르크는 9월에 라이프치히에서 열린 독일 과학자들과 의사들의 연례 학술회의에 참가했다. 그곳에서 그는 아인슈타인을 만날 수 있기를 바랐다. 그러나 때는 바야흐로 반유대주의와 유대인 과학 반대 운동이 힘을 얻고 있었다. 괴팅겐에서 대성공을 거둔 보어의 강연이 있은 바로 뒤인 6월, 베를린의 우파 군국주의자들이 유대인이며 아인슈타인의 친구인 독일 외무장관 발테 라테나우 Walther Rathenau를 실각시켰다. 노동자들, 무역 조합원들, 사회주의자들이 조직을 만들어 항의했다. 한편 우파 진영은 공산주의자들과 유대인을 반대하는 목소리를 높였다. 이런 미묘하고 위험한 분위기에서 아인슈타인은 라이프치히에 가지 않기로 결정한 것이다.

라이프치히 방문은 하이젠베르크의 눈을 뜨게 한 사건이었다. 그가 참가한 첫 번째 발표장에서 받아 든 인쇄물은 독일 과학 운동이 유대인 사상으로 오염되는 것을 규탄하는 내용으로 가득 차 있었다. 하이젠베르크의 회고에 따르면, 그는 과학의 견고한 세계에 침투한 거친 정치와 편견에 충격을 받았다. 하이젠베르크는 이러한 사악한 증오심을 모르고 지나갈 수 없었을 것이다. 그가 받은 충격은, 더 이상 그것들이 사라지길 바랄 수도, 이성의 힘에 의해 붕괴될 일시적 과오로 여겨질 수도 없다는 사실이었다. 과학자들도 거리의 폭도들만큼 기회주의적이고, 이기적이며, 비이성적이고, 독설적일 수 있었다. 과학은 하이젠베르크가 꿈꾸어 온, 스스로를 방어할 수 있는 성채가 아니었다.

첫 번째 발표가 끝난 뒤, 숙소로 돌아온 하이젠베르크는 가져온 소지품을 몽땅 도둑맞았음을 알았다. 남은 것은 입고 있는 옷과 돌아갈 기차표뿐이었다. 그는 뮌헨에 들르지 않고 곧장 괴팅겐으로 돌아갔다. 적어도 그곳에서 하이젠베르크는 세계의 진통에서 멀리 떨어져 지적 고고함을 누리는 대학 도시를 은신처 삼아 도피해 있을 수 있었다.

파울리는 이전 겨울 학기를 괴팅겐에서 보냈다. 보른은 아인슈타인에게 보낸 편지에서 "젊은 파울리는 매우 고무적인 친구입니다. 이만한 조수를 또 얻지는 못할 것입니다"[5]라고 말했다. 그러나 보른은 매일 아침 10시 30분에 파울리를 잠자리에서 깨우러 하녀를 보내야 하는 일로 발끈했다. 파울리의 퉁명스러움과 고집스러움과 신랄한 어조는 조용하고 보수적인 보른의 호감을 얻지 못했다. 파울리는 지나칠 정도로 엄격하고 학자연하는 보른을 '괴팅겐의 현학자'로 부르며 비방했다. 몇 년 뒤 보른은 파울리에 대해 "나는 처음부터 파울리에게 상당히 반했다. (…) 그는 내가 지시한 일은 전혀 하지 않았다. 그는 자기 방식대로 일했는데, 대체로 그는 옳았다"[6]라고 말했다.

나이가 들어가는 조머펠트가 연구 일선에서 물러나자 보른이 괴팅겐에서 양자론에 대한 동일한 영향력을 갖게 되었다. 그러나 보른은 조머펠트가 누렸던 존경과 애정을 결코 얻을 수 없었다. 그는 어릴 때 부끄럼을 타고 사소한 일에도 쉽게 상처받는 예민한 아이였다. 성장 후에는 말수가 적고, 다소 소심하며, 때로는 성미가 까다로운 어른이 되었다. 보른의 장래 희망은 원래 순수수학자였는데, 괴팅겐에서 잠깐 대학 재학 중, 자신의 수학 재능이 부족함을 느끼고 흔들렸다. 물리학으로 옮기고 나서 그는 재능과 융통성을 보였다. 그의 표현대로 말하자면 그는 과학 애호가였다. 언제나 자신의 능력에 자신이 없었으며, 자신의 공적을 인정받지 못하면 금세 공격적이 되었다. 전쟁 중에 그는 베를린 대학교의 교수가 되었다. 그곳에서 보른은 일반 상대성이론으로 세상을 뒤흔든 아인슈타인과 가까워졌다. 보른은 후에 "나는 그의 개념이 너무 막강하여 상대성이론 분야는 절대로 연구하지 않겠다고 결심했다"[7]라고 서술했다.

보른은 좋은 스승이었으나 파울리와의 관계를 보면 자신보다 더 예리하고 자신만만해하는 학생들을 얄미워했다. 파울리와는 달리 하이젠베르크는 아침에도 혼자 잘 일어나고 보른에게 존경심을 가지고 대했다. 보른은 "하이젠베르크는 매우 달랐다. 처음 왔을 때 그는 매우 조용하고 사근사근하고 수줍음 많은 농촌 소년 같았다. (…) 곧 나는 그가 파울리만큼 두뇌가 좋음을 발견했다"[8]라고 회상했다.

보른으로부터 하이젠베르크는 양자론을 개발해 나가는 태도로서 지금까지 알지 못했던 세 번째 태도를 배웠다. 조머펠트는 수학적 깔끔함이나 철학적 심오함에는 신경 쓰지 않고 문제를 풀어나가는 부류였다. 보어는 막연한 개념과 희미하게 떠오르는 생각들을 논리적인 형태로 만든 다음에야 수학적으로 공식화할 방법을 찾기 시작했다. 보른은 대조적으로 정식 수학 방법으로 표현할 수 있기 전에는 어떤 말도 하기를 꺼렸다. 비록 진정한 수학자가 되기를 포기했지만, 보른의 사고는 철저한 합리성과 완벽한 논리를 추구하는 수학자의 근성에서 기인한 강력한 응집을 간직하고 있었다.

괴팅겐에는 옛 기풍이 남아 있었다. 물리학 이론에 수준 높은 수학이 계속 활용되는 것을 관찰한 당대의 수학 천재 다비드 힐베르트<sup>David Hilbert</sup>는 물리학이 물리학자들에게 너무 어려워지고 있다는 농담 아닌 농담을 했다. 수학자들만이 수학을 제대로 할 수 있다는 의미였다. 보른은 그 말에 적어도 반은 수긍했다. 그는 개념을 먼저 잡는 것이 중요하다는 보어의 믿음을 공유하지 않았다. 보른은 "나는 언제나 수학이 우리보다 영리하다고 생각했다. 철학적으로 파악하기 전에 우선 정확하게 공식화해야 한다"[9]라고 말했다. 하이젠베르크는 분명히 다른 견해를 가졌다. 하이젠베르크는 "보른은 어떤 면에서 매우 보수적이었다. 그는 자신이 수학적으로 증명할 수 있는 사실만을 언급했다. (…) 그는 원자물리학이 어떻게 돌아가는지에 대한 감이 별로 없었다"[10]라고 말했다.

그것이 보른의 불행한 역할이었다. 물리학자로서는 너무나 수학자였고, 수학자가 되기에는 부족했다.

그래도 하이젠베르크는 보른과 함께하면서 수학 실력이 한 단계 향상되었다. 보른은 대여섯 명의 성실한 학생들을 자기 집에 모아놓고 정기적으로 세미나를 열었다. 하이젠베르크는 초창기 시절부터 일개 학부생으로 교수 지위에 있는 사람을 평가하기를, 보른은 과학을 앞으로 이끌어나갈 올바른 상상력을 가졌다고 믿지 않는다고 했다.

보른의 지도 아래 하이젠베르크는 반양자계를 포함한 자신의 아이디어를 두 개의 전자가 두 개의 양전하를 갖는 핵 주위의 궤도를 도는 중성 헬륨에 적용해 보았다. 분광학적으로 헬륨은 온갖 복잡한 현상을 보였다. 단일선과 다중선을 가졌으며, 전기장이나 자기장을 걸면 그 선들이 절망적일 정도로 복잡하게 갈라졌다. 하이젠베르크와 보른은 이미 오래전에 헬륨을 전혀 이해할 수 없다고 결론 내렸다. 당시 돌아다니던 보어-조머펠트 원자모형의 주장과 성과를 총동원했지만 허사였다. 동일한 결론이 보어의 연구소에서도 나왔다.

한편 반양자 연구에서 이미 하이젠베르크에게 강한 펀치를 한 방 먹였던 란데는 제이만효과의 많은 수상한 것들을 나타낼 수 있는 이론을 만들기 위해 더욱 특이한 규칙을 추가하는 노력을 하고 있었다. 파울리는 이 전략에 실망했다. 그는 란데의 꾀와 도구가 다양한 복잡성을 보이는 스펙트럼 자료와 맞아드는 것은 부정할 수 없었지만, 기반이 될 이론을 추구하는 데에는 별 쓸모없는 짓인 것 같았다.

함부르크에서 자리를 잡은 후 파울리는 곧바로 코펜하겐에 가서 몇 달 동안 있으면서 보어로부터 양자론을 배울 수 있었다. 어느 날 그가 거리를 터벅터벅 걷고 있을 때 한 친구가 다가와서 왜 그렇게 침울하냐고 물었다. "비정상 제이만효과나 생각하는 사람이 어떻게 행복할 수 있겠는가?"[11] 파울리는 재치 있게 답하고 가던 길을 재촉했다.

보어는 조머펠트의 공들인 원자모형에 초기에 관심을 가졌으나 모든 스펙트럼선에 실없이 양자수를 짜 맞추고 이상한 수치 체계를 세워 맞추려는 뮌헨의 장난에 점차 관심을 잃었다. 그러한 노력은 진짜 중요한 깨달음을 주지 못하고, 어설픈 술수로 전락하는 것 같았다. 개개의 새로운 스펙트럼 수수께끼는 임의의 이론적 수정에 의해 해결되었다. 하이젠베르크와 파울리에게도 그러한 방식은 종종 금을 넘어선 것으로 보였다. 하나의 이론이 그렇게 많은 장식을 만들면 개념적 완전성이 와해된다. 하이젠베르크는 "우리 중에는 그 이론이 거둔 초기의 성공은 특별히 간단한 계를 다루었기 때문이며 조금 더 복잡한 계에서는 무너질 수밖에 없는 것이 아닐까 의심하는 사람들이 생기기 시작했다"[12]라고 회고했다.

양자 원자의 변덕스러운 성질을 파헤쳐 보려는 물리학자들 스스로가 불합리성에 의지하고 있는 것과 같았다.

# 8

## 차라리 구두 수선공이 되겠다

 1923년 9월 보어는 처음으로 북아메리카를 방문하여 하버드, 프린스턴, 컬럼비아, 그리고 몇몇 다른 곳에서 강연하고, 마무리로 예일 대학교에서 6회에 걸친 강의를 했다. 비록 강연자의 이름을 정확히 표기하지 못했지만 이 사건은 《뉴욕 타임스》가 보도할 만큼 가치 있는 일이었다. 보도 내용은 다음과 같았다. "Nils Bohr/보어의 이름은 Niels임; 옮긴이/박사가 원자 구조에 관한 자신의 이론을 설명했는데, 그의 이론은 지금까지 제시된 것 중 가장 유망한 가정으로 받아들여지고 있다."[1] 쓸 만한 부제도 붙었다. "그는 원자에서 핵은 태양에, 전자들은 행성에 해당하는 것으로 그렸다."
 이때는 이미 원자를 축소판 태양계로 보는 견해는 비유로서도 쓸

수 없는 것이었다. 예일 대학교에서 보어는 원자 이론의 내력을 소개하면서, 어떻게 분광학이 최신 원자 구조를 탐구하는 핵심 수단이 되었는지를 설명하고, 전자들이 원자의 내부에서 어떻게 존재하며 운동하는지를 말하고, 이론학자들이 현재 당면하고 있는 수많은 수수께끼들을 살짝 비쳤다. 《타임》의 보도에 따르면, 보어는 일상적인 말로 양자 원자를 명확하게 설명할 수 없음을 고백했다. "나는 이것이 실제 있는 현실이라는 인상을 주었기 바랍니다. 실험적 증거들을 연결 짓고 그로부터 새로운 실험 결과를 예측하는 그런 실질적인 일들 말입니다. 물론 우리는 자연철학에서 익숙했던 것과 같은 종류의 그림을 제시할 수는 없습니다. 우리는 옛날 방법이 전혀 도움이 되지 않는 새로운 분야에 들어섰으며 새로운 방법을 개발하려 노력하고 있습니다."

가끔 언론으로부터 관심을 끌었지만 보어는 아인슈타인처럼 엄청난 명성과 존경은 결코 얻지 못했다. 전해에 보어는 원자 구조에 대한 통찰력을 인정받아 노벨 물리학상을 받았다. 그러나 그때에도 보어는 아인슈타인에게 가려져 큰 주목을 받지 못했다. 아인슈타인 역시 그해 1921년의 뒤늦은 노벨 물리학상 수상자였던 것이다. 지난 여러 해 동안 아인슈타인은 노벨 물리학상 수상자로 지명되는 데에 부족함이 없었으나, 조심스러운 노벨상 위원회는 상대성이론을 받아들이는 데에 적극적이지 못했다. 상대성이론은 신랄한 비판을 받고 직접적인 증거가 부족한 상태였다. 1920년에 거의 받을 뻔했다가 마지막 순간 노벨상 위원회가 의구심을 버리지 못하고 유보하는 바람에,

그해 노벨 물리학상은 스위스의 샤를 기욤 Charles Guillaume에게 돌아갔다. 기욤은 열팽창계수가 낮기 때문에 정밀한 측정을 요하는 장비 제작에 크게 활용할 수 있는 니켈도금 철강을 발명했다. 마침내 아인슈타인이 노벨상을 수상하게 된 업적은 광전효과를 이론적으로 설명한 성과였다. 몇 년 전에 미국 시카고 대학교의 밀리컨이 아인슈타인의 이론을 실험적으로 확인해 준 덕분이었다. 그러나 정작 밀리컨은 자신의 실험 결과가 광양자의 실체를 증명했음을 인정하지 않았다.

보어와 아인슈타인에게 수여된 노벨상으로 이들의 상반된 태도가 부각되었다. 아인슈타인은 오래전부터 광양자의 실체를 액면 그대로 받아들였으나, 그것이 물리학을 불연속적이고 우연적인 요소로 오염시킨 것은 못마땅해했다. 이와는 대조적으로 보어는 원자들이 특정 진동수에서 빛의 덩어리를 방출하고 흡수하는 방식을 설명하는 모형을 고안했으나, 이 빛의 다발이 물리학의 진정한 본질임을 받아들이기를 거부하여 곤경에 처했다.

몇 주 후, 문제를 해결하는 듯한 새로운 실험 결과가 나왔다. 시애틀에 있는 워싱턴 대학교의 아서 콤프턴 Arthur Compton이 전자와 엑스선을 충돌시키는 실험에 성공하여 양자 모형이 예측한 내용을 정확히 확인한 것이다. 방사선의 양자는 전자와 충돌하면 에너지가 감소되어 튕겨 나온다. 플랑크의 법칙대로라면 양자의 에너지는 방사선의 진동수에 비례하므로 에너지가 감소하면 진동수는 적어지고 파장은 길어져야 한다. 콤프턴의 세심한 측정은 이 예측을 확인시켜 주었다. "우리의 공식과 실험 결과의 놀라운 일치는 의심의 여지가 없다. 엑스선 산란은 양자 현상이다"[2]라고 결론 내렸다.

그 당시 매디슨의 위스콘신 대학교에서 강의하던 조머펠트가 미국 전역을 돌면서 양자론을 강연하던 보어에게 새로운 소식을 알렸고, 보어는 참석자들에게 이 실험의 중요성을 강조했다. 콤프턴의 결정적인 발견은 1923년 5월에 미국에서 발행되던 《피지컬 리뷰Physical Review》에 발표되었다. 《피지컬 리뷰》는 지금은 세계적 명성을 얻은 물리학 학술지이지만, 그 당시 유럽인들에게는 거의 알려져 있지 않았다. (1962년의 인터뷰에서 하이젠베르크는 초창기 독일에서는 아무도 《피지컬 리뷰》를 읽지 않았다[3]고 회고했다. 물론 없었기 때문이다. 사실 30년이나 된 오래전 일이다.)

콤프턴의 산란 실험은 역사책에서 광양자를 진지하게 취급해야 하는 중요한 증거로 나온다. 조머펠트와 같은 대부분의 물리학자들은 감탄사를 연발하며 그 발표를 환영했다. 인정하기 싫어하는 사람들도 있었다. 보어의 반응은 회의론을 넘어 노골적인 적개심으로 갔다. 벽창호처럼 고집을 부리며 보어는 광양자는 실체일 수 없다고 전보다 더 반대했다. 그리고 광양자의 어떤 역할도 부인하는 원자의 방출과 흡수에 관한 대략적인 이론을 발전시켜 보려고 한 해를 보냈다. 이 에피소드는 보어의 성격의 어두운 측면을 잘 보여준다. 보어는 자신만이 진실을 볼 수 있다고 확신했기 때문에 비타협적이고, 거만하고, 반대에 무신경했다.

후에 콤프턴의 발견에 대한 보어의 반감은 순수한 과학적 판단에 의한 것이 아님이 드러났다. 그는 몇 달 전 코펜하겐에 있는 자신의 조수가 콤프턴효과로 알려진 내용과 똑같은 이론을 내놓았는데 그것을 듣고 퇴짜를 놓았다는 단순한 이유로 격한 반응을 보였던 것이다. 보어는 조수의 생각에 화를 내며 아무 소리도 못하게 했으며, 콤프턴이 발표했을 때도 즉각 싸울 태세가 되어 있었다.

보어의 조수는 로테르담 출신의 헨드릭 크라메르스 Hendrik Kramers였다. 1916년 크라메르스는 양자론을 배우고 싶은 열망과 물리학 학위를 가지고 보어의 연구실 문을 두드렸다. 두 사람의 만남은 완벽했다. 두뇌 회전이 빠른 예리한 수학자 크라메르스는 보어의 분명하지 않은 사고를 파악해 내는 능력이 있었으며, 그것들을 정량적인 이론으로 잘 정리했다. 그리고 그것을 명확하게 설명할 수 있었다. 코펜하겐에 온 지 2년도 안 되어 크라메르스는 보어의 비공식적인 대변인이 되어 여전히 유보적이고 회의적인 청중에게 설득력 있게 강의했다. 크라메르스는 보어가 선호하는 모호한 철학적 고찰이 아니라 정확한 주장과 구체적인 계산을 제공했다.

파울리는 보어의 조수를 상당히 좋아했음에도 불구하고 "보어는 알라신이고, 크라메르스는 그의 예언자다"[4]라고 표현했다. 크라메르스는 자존심이 세고 약간 정서가 불안정하며 가끔 가시 돋히고 냉소적으로 되는 사람이었다. 파울리는 그의 속의 순수함을 보았다.

보어는 크라메르스가 지금까지 별로 관심을 끌지 못한 문제를 파고들도록 격려했다. 스펙트럼선의 가장 큰 특성은 파동 혹은 진동수이고, 두 번째로 명백한 성질은 세기였다. 어떤 선들은 다른 것들보다 더욱 밝았다. 그에 대한 설명은 1916년에 발표된 아인슈타인의 선견지명이 있는 논문에서 처음 발견된다. 이 논문에서 아인슈타인은 원자의 전이가, 방사성 붕괴에 대한 러더퍼드의 확률과 일치하는, 확률의 법칙을 따름을 보였다. 보어는 크라메르스에게 원자의 전이가 일어날 가능성이 높을수록 그에 상응하는 스펙트럼선이 밝아야 한다고 알려주었다.

그러나 원자들이 빛을 방출하는 갑작스럽고 확률적인 방식에 대한 아인슈타인의 분석은 광양자가 진정한 물리적 실체임을 믿을 만한 또 하나의 근거를 제공했다. 이러한 단계를 밟아가면서 크라메르스는 똑같은 논리를 흡수할 수밖에 없었다.

크라메르스의 전기 작가 막스 드레스덴Max Dresden이 최근에 발굴해 낸 내용[5]에 따르면, 1921년 어느 날 크라메르스는 광양자가 전자와 같은 입자와 상호작용할 수 있는 방식을 생각했음에 틀림없다. 크라메르스에게 당장 매우 간단한 충돌 법칙이 떠올랐다. 바로 얼마 후 콤프턴에 의해 엄청난 성과로 세상에 알려진 그것이다. 화끈한 성격을 가진 가수로, 예명도 스톰Storm이었던 크라메르스의 아내는 회고에서, 어느 날 크라메르스가 "미친 듯이 흥분해" 집으로 돌아왔다고 했다. 다음 날 그는 자신의 역사적인 발견을 가지고 보어에게 갔다. 스톰의 기억에 의하면, 그때 보어는 그녀의 남편에게 어떤 방식으로도 광양자에 대한 아이디어는 지지받을 수 없으며 물리학에 설 자리가 없다, 대단히 성공적인 고전 전자기이론을 뒤엎기 때문에 결코 그래서는 안 된다고 거듭거듭 설명하며, 광양자에 반대하는 자신의 입장을 재확인시켰다고 한다. 보어는 물러서지 않았다. 크라메르스의 단순한 계산 결과에 대해 보어는 의미심장하지만 무슨 뜻인지 모호한 물리적이고 철학적이고 역사적인 성격의 변명들을 얼마든지 쏟아낼 수 있었다. 보어는 자기가 완전히 타당하지 않을 때에도 강한 설득력을 발휘하는 재주가 있었다. 그의 놀라운, 그러나 불가해한 사고의 힘으로 그 모든 수학자들과 계산기보다 앞서 올바른 답을 내놓을 때마다 양자론의 도사로서의 그의 명성은 더욱 올라갔다. 그러나 잘못된 생각까지 집요하게 추구할 때 그는 한마디로 불량배가 될 수 있었다.

  보어의 극심한 반대에 부딪쳐 상심한 크라메르스는 며칠간 병원에 입원하여 요양을 취할 정도였다. 퇴원한 후에는 보어의 의지에 완전히 굴복했다. 크라메르스는 얼마 안 있어 콤프턴효과로 불리게 된 자신의 발견을 정리한 노트를 폐기할 정도로 그것을 은폐하고 말았다. 자신의 발견이 더 이상 옳지 않다고 생각한 크라메르스는 광양자의 개념을 비난하고 조롱하는 일에서 보어만큼이나 맹렬해졌다. 콤프턴이 자신의 결과를 발표했을 때, 크라메르스는 콤프턴이 세상에 밝힌 것과 똑같은 내용을 자신이 이미 정확히 계산했던 사실을 다 잊고, 상사인 보어와 함께 받아들일 수 없는 콤프턴의 결론과 싸워나갈 방도를 찾는 데 가담했다.

  이 점에 대한 보어의 요지부동한 자세는 여전히 수수께끼로 남아 있다. 개별적인 광양자의 존재를 받아들이면 고전 전자기학의 파동이론이 무너질 것이라는 생각이 머릿속에 완전히 못 박혀 있었기 때문으로 보인다. 광양자를 지지하는 대표 인물로 아인슈타인을 꼽는 다른 사람들은, 두 견해가 근본적으로 대치할 수밖에 없음을 알고 물리학이 당분간 제쳐두어야 할 문제라고 결론 내렸다. 그리고 이 새로운 견해들이 보다 잘 동화될 때까지 기다리기로 했다.

보어와 크라메르스는 자신들의 관점을 구출하는 일에 본격적으로 뛰어들었다. 세 번째 젊은 협력자가 이 망에 걸려들었다. 하버드 대학교에서 박사 학위를 받은 존 C. 슬레이터John C. Slater는 1923년 가을, 유럽 여행길에 올라 코펜하겐으로 가기 전에 케임브리지에서 여러 달 머물렀다. 대부분의 젊은 물리학자들처럼 슬레이터는 주저 없이 광양자를 옹호했으나, 고전 복사이론의 고향인 케임브리지에 머무는 동안 그는 빛파동의 모든 성공적인 성과를 쓸어버리지 않고도 광양자를 살릴 수 있는 희미한 가능성을 보았다. 그는 둘 다 있어야 한다고 생각했다. 그는 고전적인 이론을 대략적으로 따르면서 다른 용도를 가진 방사장radiation field을 상상했다. 그것은 광양자를 이끌어주고 원자들을 다루는 데도 도움이 될 수 있는 것이었다.

코펜하겐에 도착한 슬레이터는 자신의 발생 단계의 가설이 호의적 대접을 받고 있음을 알게 되었다. 보어와 크라메르스는 원자들과 모종의 상호작용을 하여 원자들이 언제, 어떻게 빛을 흡수하고 방출하는지를 결정하는 장에 대해 특별히 씨름하고 있었다. 하지만 그들은 방사장이 광양자의 통과를 안내할 수 있다는 슬레이터의 생각에는 별로 흥미가 없었다. 그들은 이 재치 있는 견해가 어떻게 하면 받아들일 만한 이론으로 모양을 갖출 수 있을지 쉬지 않고 합동 토론을 벌이며 젊은 손님을 구슬렀다. 세 명이 함께 논문을 작성하기 시작했다. 즉 보어는 생각나는 대로 말을 하고, 크라메르스는 이것을 최대한 간결하게 정리하고, 슬레이터는 옆에서 관망하며 서 있었다. 집으로 보낸 편지에서 슬레이터는 자신의 생각을 보어 정도의 사람이 진지하게 다루는 것을 보고 감격했다고 말했다.[6] 그는 곧 완성된 논문을 볼 수 있을 것이라고 확신한다고 덧붙였다. 1924년 1월 말이 되어 논문이 투고되었다. 보어의 이름만 들어가면 논문은 깜짝 놀랄 정도로 빨리 처리되었다. 보어, 크라메르스, 슬레이터/세 사람의 이름의 첫 글자를 따서 BKS라 부름: 옮긴이/ 순서로 저자의 이름이 적혀 있었다.

BKS 논문의 특징은 정밀하게 구성된 정량적인 모형을 제안하는 것이 아니라 잠정적인 이론의 윤곽만 스케치한 논문이라는 점이다. 논문에는 매우 간단한 단 하나의 식만 포함되어 있었다. 그 대신 논문은 원자를 둘러싼 새로운 종류의 방사장이 어떻게 빛의 흡수와 방출에, 그들 사이의 에너지 이동에 영향을 주는지 완전히 정성적 용어로 설명되어 있었다.

또 BKS가 처음으로 제기한 내용은 아니고 이전에 제안된 것에서 취한 새로운 내용이 하나 있었다. 예일 대학교에서 보어가 청중에게 설명했듯이 전자가 핵 주위의 평면적인 궤도를 돈다는 견해는 더 이상 인정되지 않았지만, 그보다 더 좋은 설명을 내놓는 사람도 없었다. 따라서 BKS에서는 속임수를 썼다. 즉, 원자를 '가상 진동자virtual oscillator'의 조합으로 그렸다. 각 진동자는 특정 스펙트럼선에 해당된다. 기초 용어로 말하자면, 모든 진동은 끈에 매달린 추이건 용수철

위의 추이건 빙빙 돌아가는 전자이건 기본적으로 동일한 수학 법칙을 따른다. 일반화하기 위해 BKS는 전자들이 원자 내부에서 실제로 어떻게 움직이는지 보여주는 그림을 자세히 그리지 않고 진동자 체계의 표준 물리법칙을 활용했다. 이런 것은 모두 BKS의 논리에 부합했다. BKS는 완성된 모형이 아니라 가능한 이론의 청사진을 제안하고 있었다.

BKS 논문의 요약문은 제안의 모호한 성격과 보어가 쓴 문장의 좌절감을 주는 수수께끼 같은 표현을 잘 보여준다. "우리는 정상 상태에 있는 한 원자가, 고전 이론에서 다른 정상 상태로 여러 가지 전이를 일으키는 가상의 조화 진동자에서 유래하는 방사장과, 실질적으로 동등한 시공간 메커니즘을 통해, 다른 원자들과 지속적으로 교류할 것으로 생각한다."[7]

보어는 변호사들처럼, 마침표를 찍으면 표현이 모호해진다고 생각하는 것처럼 보인다. 자세히 검토해 보면 또 하나 놀라운 것은, 이 말이 얼마나 애매한가에 있다. 중요한 문장은 조건문으로 표현하고, 일부러 모호한 취지의 표현법을 썼다. 교류하다, 시공간 메커니즘, 실질적으로 동등한…. 각 어구를 쓰고, 재차 쓰고, 다시 쓰며 까다롭게 다듬은 것이 분명하다. 이상한 것은 보어가 자신을 표현하는 데에 세심한 주의를 기울이면 기울일수록 그 의미가 더욱 모호해진다는 것이다. 언젠가 아인슈타인이 "보어는 자신의 견해를 확실한 진리를 손에 넣었다고 믿는 사람처럼 말하지 않고, 계속 그것을 암중모색하는 사람처럼 말한다"[8]라고 언급한 적이 있다. 이것은 물론 찬사의 의미로

한 말이나, 후에 한 공동 연구자는 보어의 태도에는 바람직하지 않은 점이 있음을 인정했다. "결코 보어가 딱 부러지게 말하게 만들 수 없었다. 그는 언제나 둘러대는 듯한 인상을 주었으며 그를 모르는 외부인들에게는 제대로 자신을 이해시키지 못했다."[9]

BKS의 분통 터질 정도로 모호한 여러 제안들 중에서 한 가지 대담한 결론이 두드러졌다. 그들의 이론에 따르면 에너지는 절대적으로 보존되는 것이 아니다. 에너지의 방출과 흡수가 확률의 규칙에 따라 일어나므로, 에너지는 한 장소에서 사라졌다가 다른 장소에서 다시 나타날 수 있으며, 그 반대도 가능했다. 한 사건이 다른 사건의 원인과 결과로 엄밀하게 연결되어 있지 않았다. 수수께끼 같은 방사장이 에너지를 조건부로 예치해 두는 계좌 역할을 했다. 따라서 장기적으로는 언제나 합계가 이루어지지만 짧은 시간 동안에는 일시적인 입금과 초과 인출이 일어날 수 있다.

광양자에 관해서는 아인슈타인의 모든 관련을 없애고 고전 파동이론을 보존하고 싶었던 보어는 대신 고전 에너지보존법칙을 창밖으로 내던져버리게 되었다. 이들 상반된 견해들은 분명히 쉽게 타협될 수 없었다.

보어는 이상하게 주저주저하면서 아인슈타인에게 직접 물어보지 못하고, 파울리에게 노익장(아인슈타인)이 BKS에 대해 어떻게 생각하는지 알아봐 달라고 부탁했다. BKS에 대한 아인슈타인의 판단은 "상당히 인위적이군"[10]이었다. 심지어 "역겹다 *dégoûtant*(그는 여기서 불어를 썼다)"라고 했음을 알려주면서 파울리 자신도 역시 전혀 수긍

할 수 없다고 덧붙였다. 그리고 아인슈타인은 보른에게 이론이 이런 식으로 나아간다면, "나는 차라리 물리학자보다는 구두 수선공이나 카지노의 일꾼이 되겠다"[11]라는 내용의 편지를 보냈다. 보른도 몇 년 뒤에 BKS에 대해 인터뷰하는 기자에게 되묻기를, "BKS 이론이 무엇인지 당신이 나에게 설명할 수 있겠소? 그것은 내 전 인생에서 한 번도 파악해 본 적이 없는 것이오."[12]

그것은 짧게 존재하다 사라졌다. 보어, 크라메르스, 슬레이터는 콤프턴의 결과가 단지 통계적인 진실을 증명한 것이라고 주장해야 했다. 엑스선과 전자들 사이에서 일어나는 개별 충돌에서는 에너지가 반드시 보존되지 않고, 많은 양이 동시에 일어날 때에는 모든 차이가 상쇄된다는 것이다. 그러자 곧바로 콤프턴과 다른 사람들이 이 주장이 잘못되었음을 증명하는 새로운 실험 결과를 내놓았다. 개별적인 단일 충돌들은 예상된 규칙을 정확히 따랐고 에너지는 정확히 보존되었다.

1925년 봄, 보어는 BKS가 실패작이었음을 인정했다. 슬레이터는 자신의 고안이 난도질당해 전혀 의도치 않은 것으로 만들어졌다고 나중에 말했고, 평생 이에 대해 격분했다. 크라메르스는 콤프턴 산란에 대한 자신의 발견을 강압적으로 포기당한 뒤에 벌어진 BKS의 실패로, 언젠가 자신도 정말 대단한 물리 업적을 낼 수 있으리라는 야망을 완전히 포기하게 되었다. 그의 전기 작가에 따르면 크라메르스는 경미한 우울증에 걸렸고, 그후 자신의 과학적 상상력을 발휘하는 일에 소심해졌다.

이 모든 일에도 불구하고 BKS의 제안은 하나의 전환점이 되었다. 이론이 실제로 어떠해야 하는지에 대한 해석에 따라 이것은, 양자론을 고전적 기초 위에 올려놓으려는 시도의 마지막 발악일 수도 있고, 그러한 모든 노력이 끝장났다는 첫 번째 증거일 수도 있었다.

회고해 볼 때 BKS에서 가장 영향력 있었던 요소는, 에너지 양자를 제안한 플랑크의 원래 제안과 다르지 않게, 다른 어려움을 돌파하기 위한 일종의 잔꾀로 논쟁에 도입시킨 장치였다. 즉 원자 내부의 전자들이 정확히 무엇을 하는지에 대한 논의는 의도적으로 회피하면서 원자가 빛을 방출하고 흡수하는 방법에 관해 논하기 위해 사용한, 애매모호한 가상 진동자였다.

얼마 후 크라메르스는 고도의 수학적 방법으로 이 생각을 발전시켜, BKS의 복잡하게 엉킨 개념과는 대조적으로, 진동자는 편리한 발뺌 이상의 의미 있는 것임을 증명했다. 크라메르스는 임의의 진동수를 가진 빛과 원자의 상호작용을, 가상 진동자들의 적당한 조합으로부터 완전히 계산할 수 있음을 보였다.

그러나 그것이 전자궤도의 옛 모형이 없어도 된다는 의미일까? 크라메르스는 결코 그렇게 생각하지 않았다. 그는 가상 진동자들을, 전통적인 맥락에서 작동하는 기본 원자모형의 세부사항의 중간 대체물이라고 믿었다.

다른 사람들은 반대 견해를 보였다. 파울리는 보어에게 쓴 편지에서 중요한 의제를 내놓았다. "가장 중요한 의문은 '전자들의 정해진 궤도에 대해서 어느 정도까지 이야기할 수 있는가?'라고 생각합니다.

내 생각에는 하이젠베르크가 이 점에서 정확히 옳았습니다. 그는 정해진 궤도라는 이야기를 할 수 있는지 의심했습니다. 크라메르스는 지금까지 그런 의심에 타당성이 있다고 나에게 인정한 적이 없습니다."[13]

크라메르스의 가상 진동자에 대한 이론을 보고 하이젠베르크는 그것에 혁명적인 의미가 함축되어 있음을 곧바로 알아챘다. 그리고 역시 신속하게 그 생각을 전통적인 개념으로부터 자유롭게 풀어주기로 결심했다. 이 대담한 개념적 혁신을 전적으로 새로운 원자 이론, 물리 이론으로 전환시킨 사람이 바로 하이젠베르크였다.

# 9

굉장한 일이 일어났다

1923년 봄, 조머펠트가 미국 매디슨에서 돌아오자 하이젠베르크는 박사 학위논문을 완성하기 위해 괴팅겐에서 뮌헨으로 돌아왔다. 논문을 끝내기 위해 하이젠베르크는 양자론과는 연관되지 않았으나 꾸준히 관심을 끄는 분야인 수리유체역학mathematical fluid dynamics의 한 과제를 추진하고 있었다. 그럼에도 불구하고 그의 박사 학위 시험은 큰 난관이었다. 이론 분야는 물론 실험 분야에까지 물리학 전반에 대해 섭렵하고 있음을 보여야 했기 때문에, 하이젠베르크는 뮌헨 대학교 실험물리학 교수인 빌헬름 빈 Wilhelm Wien의 지도 아래 실험 과목을 힘들게 수강하고 있었다. 빈은 저명한 과학자로, 전자기복사 스펙트럼에 대한 그의 세밀한 측정은 1900년 플랑크의 양자가설

도입에 결정적인 기여를 했다. 그러나 빈은 정치나 과학에서는 보수적이고 플랑크의 혁신적인 제안에는 회의적이며 자신의 동료인 조머펠트가 다듬은 원자의 양자론은 공개적으로 혐오하는 등 좀 심술궂었다.

따라서 빈은 조머펠트의 신동에게도 반감이 있었는데, 그 젊은이가 실험에 대한 경멸감을 서슴치 않고 드러내 사태가 더욱 나빠졌다. 7월에 열린 구두시험에서, 빈은 응시생이 충분히 쉽게 대답할 수 있을 내용의 실험에 관한 질문을 퍼부었는데, 하이젠베르크는 부주의와 무관심으로 쉽게 답하지 못했다.[1] 빈은 하이젠베르크에게 특정 광학 장치의 분해능을 물어보았다. 교과서의 공식을 기억해 낸 하이젠베르크는 즉석에서 답을 유도해 보았으나 결과는 틀렸다. 빈은 깜짝 놀랐다. 조머펠트와의 줄다리기 끝에 빈은 하이젠베르크가 물리학의 폭넓은 영역에서 적절한 지식을 갖추었다고 마지못해 확인해 주었다. 천재 청년 하이젠베르크는 박사 학위를 받았다. 그러나 성적은 합격선을 간신히 넘겼다.

잠시 의기소침해 있던 하이젠베르크는 곧바로 괴팅겐으로 가 보른의 제의를 받아들여 다음 한 해 일하기로 한 계획을 확인했다. 그러고 나서 북부 지방 호수와 삼림에서 정신적으로 재충전하기 위해 파드파인더 친구들과 핀란드로 여행을 떠났다. 9월이 되어 괴팅겐으로 돌아온 하이젠베르크는 박사 학위는 장롱 속에 넣어두고, 실험물리학에 관심 있는 척하던 태도도 벗어버리고, 양자론을 교착 상태에 빠뜨린 수수께끼 같은 난제들에 뛰어들었다.

하이젠베르크에게 실마리가 보이기 시작했다. 다음 해 3월 처음으로 코펜하겐을 방문한 하이젠베르크는 보어와 크라메르스가 BKS 제안에 대단한 열정을 보이고 있음을 알았다. 전체적인 개념에는 관심이 없었지만 가상 진동자라는 대략적으로 스케치된 이론은 하이젠베르크의 뇌리에 자리 잡았다. 이때까지만 해도 원자 내부의 전자들이 어떻게 움직이는지에 대해 반쯤이라도 설명하는 이론이 없었다. 따라서 그 스케치는 기발한 묘책처럼 보였다. 어쩌면 전자궤도에 관한 모든 성가신 기술적인 문제들을 한옆에 제쳐놓고 원자를 적절한 스펙트럼의 진동수로 조율된 진동자의 집단으로 생각하게 해주는 전략 이상의 것일 수도 있었다.

어느 누구도 이 진동자들이 어떤 것인지 상세한 물리 용어로 표현할 수 없었다. 그게 바로 중요한 점이었다. 진동자들은 원자의 내부 구조가 아니라 관찰된 특성을 파악한 것이었다. 한동안 보어가 모호하게 암시한 바와 같이, 내부 구조는 전통적인 방식으로는 모형을 세울 수 없는지도 모른다. 그런데 원자를 진동자의 개념으로 생각함으로써 이론학자들은 숨 쉴 여유를 얻었다.

괴팅겐에서는 보른이 나름의 계획을 세우고 있었다. 보른은 '양자역학quantum mechanics'이라는 새로운 체계에 관심을 불러일으키고 양자역학이라는 용어가 처음으로 사용된 논문을 발표했다.[2] 양자역학은 오랫동안 존중되어 온 고전적인 뉴턴역학을 따르지 않고, 자체의 고유 논리를 따르는 양자 규칙을 의미했다. 보른에게는 대략적인 가설들과 BKS 유형의 다양한 이론들은 다 쓸모없었다. 그는 앞길을 비추어줄 수학에 의존했으며 특별한 방법을 한 가지 생각하고 있었다.

고전물리학의 언어는 뉴턴과 고트프리트 빌헬름 라이프니츠Gottfried Wilhelm Leibniz가 각각 독자적으로, 연속적인 변화와 조금씩 변화하는 것을 다루기 위해 고안한 미분 대수학이다. 그러나 원자들의 작용을 이해하려는 노력에서는 물리학자들은 돌발적이고 자발적이며 불연속적인 현상과 맞닥뜨렸다. 원자는 한 상태에 있다가 곧 다른 상태에 있었다. 두 상태 사이의 변화에는 부드럽게 이어지는 경로가 없었다. 전통적인 대수학으로는 그러한 불연속성을 다룰 방도가 없었다. 따라서 보른은 부득이하게 차이의 대수학을, 상태 자체의 차이가 아니라 상태 사이의 차이를 기본 요소로 하는 수학 체계로 대체할 것을 제안했다.

하이젠베르크는 이것이 크라메르스가 가상 진동자라고 부른 것과 어떤 관련이 있음을 알아차렸다. 두 가지 접근 방법 다 상태 사이의 전이를 중심 무대에 세우고, 기본 상태들은 가장자리로 밀어냈다. 하이젠베르크는 이러한 생각들을 녹여서, 자신과 란데가 언젠가 실험적으로 추론해 낸 특이한 '반양자' 공식 중의 하나를 이론적으로 정당화할 수 있는 천재적인 논거를 생각해 냈다. 마침내 불확실하지만 중요한 작은 발걸음을, 아마도 옳은 방향으로 내딛게 되었다.

그리고 소강 상태가 왔다. 하이젠베르크는 1924년 여름, 파드핀더 동료와 함께 출발하여 이번에는 바이에른으로 갔다. 보어는 자신의 연구소를 설립하고 운영하기까지 여러 해 동안의 과중한 업무로 녹초가 되어, 여름 동안 업무에서 벗어나 스위스의 알프스와 코펜하겐

외곽의 시골 별장에서 휴식을 취했다. 게으름을 피울 줄 모르는 러더퍼드도 보어에게 긴 휴가를 갖고 쉬라고 권했다.[3] 1924년의 나머지 기간과 그다음 해는 양자역학도 휴식을 취했다.

아인슈타인은 이미 보른에게 자신은 보어, 크라메르스, 슬레이터가 관심을 갖는 물리학을 하느니 구두 수선공이 되겠다고 말했다. 물리학을 그만두겠다고 으름장을 놓는 사람이 아인슈타인만은 아니었다. 1925년 5월 파울리는 동료에게 보낸 편지에서 이렇게 한탄했다. "지금 물리학은 또 한 번 매우 혼란스럽네. 어찌 되었든 나에게는 너무 어려워. 차라리 영화 코미디언 같은 것이 되었더라면 물리학은 알지도 못했을 텐데. 지금 나의 유일한 희망은 보어가 무언가 새로운 사상으로 우리를 구해주는 것이네[4] (그 당시 독일에서는 찰리 채플린 영화가 대유행이었다)."

그러나 보어는 긴급하게 필요한 새로운 사상이 어디에서 나올지에 대해 나름의 생각이 있었다. 보어는 코펜하겐을 방문한 한 미국 과학자에게 "난관에서 벗어나는 길을 찾는 것, 이제 그 모든 것은 하이젠베르크의 손에 달렸습니다"[5]라고 말했다.

1924년 9월, 하이젠베르크는 마침내 여러 달 이상 머물기 위해 코펜하겐으로 갔다. 그는 크라메르스가 그곳에 없을 때를 틈타 가기로 했다. 태도로 보나 외모로 보나 일곱 살 더 많은 크라메르스는 하이젠베르크가 약간 위협을 느끼는 유일한 젊은 물리학자였다. 하이젠베르크는 피아노를 연주했다. 크라메르스는 첼로와 피아노를 연주했다. 하이젠베르크는 덴마크어와 영어를 힘들게 배우고 있었다. 크라메르스는 몇 개 언어를 쉽게 구사했다. 크라메르스는 실력이 있을 뿐만 아니라 자기 의견도 분명했다. 파울리는 크라메르스가 매우 재미있다고 생각했지만 하이젠베르크는 크라메르스가 잘난 체를 한다고 생각했다. 훗날 하이젠베르크는 (거의 이를 갈면서) 크라메르스는 "언제나 모든 면에서 완벽한 신사였다. 지나칠 정도로 신사였다"[6] 라고 말했다.

게다가 크라메르스가 여러 해 동안 보어와 함께하여 둘이 가까워진 것을 하이젠베르크는 부러워하고 있었다.

코펜하겐에서 하이젠베르크는 연구 과제를 시작했으나 곧 보어, 크라메르스와 마찰을 빚었다. 그들은 연구소에서 나오는 모든 발표 논문을 면밀히 검토했으며, 하이젠베르크가 발표하려는 논문에서 부족한 점들을 길게 나열하여 되돌려주었다. 하이젠베르크는 "큰 충격을 받았고, 몹시 화가 났다"[7]라고 회고했다. 그는 반격했다. 하이젠베르크는 개인적인 일에서는 여전히 부끄러움을 탔으나, 자신의 과학을 방어하는 일에서는 조금도 양보하지 않고 단호했다. 그는 반대들을 이겨내고 보어가 동의하여 발표할 수 있는 논문을 썼다(짜증 나는 수정의 반복을 통해). 하이젠베르크는 이 경험을 통해 자신감을 얻었다. 그는 또한, 때로는 자신의 견해를 잠시 혼자만 간직하는 것도 현명한 처사임을 알게 되었다.

하이젠베르크가 처음으로 코펜하겐으로 가기 전, 파울리가 보어에게 보낸 편지의 한 단락이 하이젠베르크의 과학적 특성을 파악하는

데 도움이 된다.

> 그가 하는 일은 항상 아주 독특합니다. 그의 사고를 떠올리면 전율이 일어나고 나 스스로를 책하게 됩니다. 그는 철학적이지 않습니다. 그는 명확한 원리를 도출하고 그것들을 기존 이론과 관련짓는 일에도 관심이 없습니다. 하지만 같이 이야기해 보면 참 좋은 녀석이며, 온갖 새로운 생각들을, 적어도 그의 마음속에 가지고 있다는 것을 알게 됩니다. 그래서 나는 그가 개인적으로 매우 좋은 사람이라는 사실과는 별개로 그는 진짜 뛰어나고, 천재일 수도 있으며, 진정으로 과학의 진보를 이끌 수 있는 인물이라는 생각이 듭니다. (…) 당신과 그가 힘을 합하여 함께 원자 이론 분야에서 큰 걸음을 내딛기를 바랍니다. (…) 하이젠베르크가 그의 사고에 철학적인 면을 갖추어 돌아오면 더욱 좋겠지요.[8]

하이젠베르크는 적어도 조금은 그렇게 되었다. 크라메르스와 어색하게 협력하는 짧은 기간 동안, 원자는 진동자의 조합으로 이루어졌다는 생각이 더욱 그의 마음속 깊이 새겨졌다. 원자에 대한 이론이 어떠해야 하는지에 대한 그의 생각은 빠르게 진화했다. 전자들이 고전역학으로 잘 정의된 궤도를 따라야 한다는 조머펠트식의 낡은 모형은 이제 영원히 물러갔다. 물론 하이젠베르크는 아직 구모형을 대신할 만한 구상이 없었다. 그러나 그의 초점은 거침없이 이동하고 있었다. 원자가 **무엇인지**는 덜 생각하고 원자가 **무엇을 하는지**에 대해 더 많이 생각했다.

그러나 관점을 바꾸었다고 실제 이론이 곧 나오는 것은 아니다. 하이젠베르크는 머릿속을 떠도는 생각을 논리적 형태로 나타낼 수 있는 방법을 찾아야 했다. 괴팅겐으로 돌아가 궁리에 궁리를 거듭한 끝에 하이젠베르크는 과거로 돌아가 앞으로 나아갈 길을 찾았다. 방황하던 하이젠베르크의 마음을 사로잡은 것은 푸리에 급수$^{Fourier\ series}$라는 100년 전에 개발된 수학 무기였다.

고전적이지만 적절한 예가 바이올린 선율이다. 아무리 거칠고 듣기 싫은 불협화음이라도 바이올린 현의 진동은 그 현의 순음과 근음과 배음이 중첩된 것이다. 하이젠베르크는 이미 원자를 진동자의 조합으로 생각하고 있었다. 이제 그 생각을 완벽한 결론으로 이끌어내기로 했다. 수십 년 뒤에 한 강연에서 하이젠베르크는 "좋은 생각이 떠올랐다. 역학 법칙을 전자의 위치와 속도에 관한 방정식으로 적을 것이 아니라 푸리에 전개식의 진동수와 진폭의 방정식으로 적어야 한다"[9]라고 말했다.

하이젠베르크의 온화한 표현은 그가 하려는 일이 얼마나 기묘하고 급진적인지를 전달하지 못한다. 고전물리학에서 입자의 위치와 속도는 물리학이 정의하는 특징이며 역학 법칙을 적용할 기본 요소다. 하지만 이제 하이젠베르크는 원자의 전자들을, 아직은 논란이 되고 있는 가상 진동자들의 진동수와 진폭(강도)으로 나타내려 하고 있었다. 따라서 전자들의 위치와 속도는 진동자들의 세기에 비해 이차적인 요소들이다. 이전과는 180도 바뀌었다. 보어와 조머펠트로부터 시작된 고전 양자론의 중심 사고는, 전자들이 원자 내부에서 어떻게 운동하는지를 알아내고, 원자의 운동으로부터 스펙트럼 진동수를 유추해 내는 것이었다. 하이젠베르크는 이 논리를 정확히 뒤집었다. 고유 진동수가 하이젠베르크 원자물리학의 기본 요소가 되며, 전자들의 운동은 간접적으로만 표현될 수 있는 것이 되었다.

수년 후 하이젠베르크는 "좋은 생각이 떠올랐다"라고 표현했지만 그것은 그 자신에게만 떠올랐지 다른 사람에게는 전혀 아니었다. 여기서 하이젠베르크의 도약은, 아인슈타인이 시간과 장소에 대한 명백한 개념을 재검토함으로써 상대성이론을 끌어낸 도약을 연상시킨다. 당연한 사실에 사려 깊은 의문을 제기하는 것은 천재적인 재능의 표식인지도 모른다.

그러나 천재에게는 불굴의 정신도 필요하다. 정식 수학적 방법으로 전자의 위치와 속도를 원자의 기본 진동의 조합으로 표현하는 일은 어렵지 않았다. 그러나 하이젠베르크가 이 복잡한 표현을 표준 역학 방정식에 대입해서 만들어낸 것은 온통 뒤죽박죽이었다. 하나의 숫자는 숫자들의 나열이 되었다. 간단한 대수학은 복잡하고 반복되는 수식들이 되어 수쪽이 넘어갔다. 여러 주 동안 하이젠베르크는 여러 방도로 계산해 보고, 푸리에 급수로 대수학적 조작도 해보는 등 발버둥을 쳐보았지만 아무 소용이 없었다. 마침내 심한 건초열로 머리를 쓸 수 없게 되어 모든 것이 중단되었다.

7월 7일 하이젠베르크는 독일의 북부 해안 지방으로 기차 여행을 떠났다. 그의 얼굴이 너무 붉고 열이 올라 있어 다음 날 아침 식사를 하러 들렀던 여관의 안주인은 그가 흠씬 두들겨 맞은 것으로 생각했다. 이런 일은 1920년대 중반의 독일에서는 그렇게 수상한 일은 아니었다. 거기서 하이젠베르크는 연락선을 타고 북해에 있는 80킬로미터 정도 떨어진 작고 황량한 섬 헬고란트로 갔다. 제1차 세계대전 중에 군대 진지로 사용된 헬고란트는 이제 신선한 바다 공기를 찾는 사람이나 혼자있고 싶은 사람들이 주로 찾는 휴양지가 되어 있었다.

하이젠베르크는 헬고란트에 열흘 정도 머물며, 암벽 연안을 기어오르고, 쉬고, 괴테의 책을 읽고, 영혼과 힘들게 대화를 하며, 생각에 생각을 거듭했다. 하이젠베르크에게 휴식은 언제나 자연, 산, 숲, 물로 돌아가 한적하게 보내는 것이었다. 천천히 머리가 맑아졌다. 고독한 장소에 머물면서 하이젠베르크는 물리학에 집중할 수 있었다.

하이젠베르크를 도중하차시킨 것은 개념의 어려움이 아니라 기본적인 곱셈 방법의 문제였다. 그는 단일한 숫자인 위치와 속도를 성분 요소의 합으로 나타냈다. 숫자 두 개를 곱하면 다른 숫자 하나가 나온다. 수의 목록 두 개를 곱하면, 첫 번째 목록의 각 수를 두 번째 목록의 각 수와 곱하여 얻을 수 있는 가능한 모든 항term으로 가득 찬 종이가 한 장 나왔다. 그중 어떤 항이 중요할까? 의미 있는 곱을 얻으려면 그것들을 어떤 방식으로 더해야 할까?

이 복잡한 계산을 잘 정리하여 질서 있는 것으로 만들기 위해 씨름하던 하이젠베르크는 수학이 아니라 물리학에 집중함으로써 해법을 찾았다. 하이젠베르크식 대수학에서 한 성분은 한 상태에서 다른 상태로의 전이를 나타내는, 진동이었다. 이러한 성분 두 개의 곱은, 한 상태에서 두 번째 상태로, 두 번째 상태에서 다시 세 번째 상태로 전이되는 이중 전이를 나타낸다는 사실을 하이젠베르크는 깨달았다. 이제 하이젠베르크가 유추해 낸 곱셈표의 정렬 방식은 동일한 처음 상태와 마지막 상태를 나타내는 성분을 함께 놓고, 모든 가능한 중간 항을 더하는 방식이었다. 이런 깨달음은 자신이 다룰 수 있고 이해할 수 있는 곱셈 규칙을 고안해 내는 열쇠가 되었다.

어느 날 새벽 3시에 작은 호텔방 침대에 누워 잠이 오지 않아 뒤척이던 하이젠베르크는 자신의 새로운 역학에 계산을 가능하게 해주는 도구가 있음을 깨달았다. 예를 들어 그는 어떤 계의 역학 에너지의 수식을 자신의 이상한 계산법으로 표현해 적을 수 있었다. 그가 유용한 답을 얻을 수 있다는 보증은 없었다. 어쩌면 공들인 방법이 의미 없는 말이 될 수도 있었다.

하이젠베르크는 침대에서 벌떡 일어나 계산을 시작했다. 열에 들떠서 그는 숫자를 빠뜨리고 실수하기도 하며 처음부터 계산을 다시 하기를 수없이 반복했다. 그리하여 마침내 답을 얻었는데, 자신이 기대하며 꿈꾸었던 것 이상이었다. 기쁨과 당혹감을 가지고 하이젠베르크는 자신의 이상한 계산법이 실제로 계의 에너지에 대한 일관성 있는 결과를 내놓는 것을 발견했다. 단, 에너지가 제한된 값들 중의 하나일 때만 그랬다. 하이젠베르크의 새로운 역학 형식은 사실상 양자화된 역학 형식이었다.

이것은 굉장한 일이었으나 도통 설명이 불가능했다. 원자의 양자론에 관한 이전의 모든 시도에서, 물리학자들은 어느 시점에서든 플랑크가 제안한 양자 규칙 또는 그것을 조금 변화시킨 것을 끼워 넣어야 했다. 하이젠베르크는 전혀 그런 일은 하지 않았다. 그는 하나의 단순한 역학계에 표준 방정식을 적고, 위치와 속도는 자신의 이상한 집합적 표현으로 바꾸어 넣고, 새로운 곱셈 규칙을 적용했다. 그 결과 변형된 계산법은 에너지가 특정 값을 취할 때에만 성립했다.

다시 말해 그의 계는 그가 아무것도 해주지 않아도 스스로 양자화되었다. 4반세기 전에 플랑크가 방사선이 양자화되어야만 한다는 사실을 알았듯이, 이제 하이젠베르크는 전혀 다른 방식으로 역학계의 에너지가 같은 방식으로 양자화되어야 한다는 사실을 발견한 것이다. 이것은 멋지고 동시에 미스터리였다.

하이젠베르크는 흥분하여 잠을 이룰 수가 없었다. 이른 아침의 햇살을 받으며 해변으로 나가 바위에 기어올라 새날의 아침 해가 떠오르는 것을 바라보았다. 그는 자신이 찾아낸 것이 하늘이 내려준 선물이라고 생각했다. 그는 따뜻한 아침 햇살을 받으며 바위 위에 누워 자신의 이상한 계산의 아름다운 일관성에 감격했다. 그는 훗날 "아, 굉장한 일이 일어났다"[10]라고 생각했다고 회상했다.

한 가지가 그를 불편하게 했다. 하이젠베르크의 곱셈 법칙은 가역적이지 않았다. 즉 X 곱하기 Y와 Y 곱하기 X가 똑같지 않았다. 하이젠베르크는 여태까지 이런 것은 본 적이 없었다. 그러나 그것은 그가 필요로 하는 것이었고, 새로운 물리학이 요구하는 것이었다.

괴팅겐으로 돌아가는 길에 함부르크에 들러 하이젠베르크는 들떠서 파울리의 자문을 구했다. 파울리는 하이젠베르크에게 생각을 빨리 정리해 논문으로 쓰라고 격려해 주었다. 몇 주에 걸쳐 파울리에게 보낸 편지에서 하이젠베르크는 일이 잘 풀리지 않고, 전반적으로 아주 불명확하며, 결과가 어떻게 나타날지 모르겠다고 고민을 털어놓았다. 그러나 동시에 자신의 최신 성과도 파울리에게 전달했다. 그것은 양자역학에 대해 형성 중인 자신의 입장의 뼈대를 이루는 구상과 결론부였다. 7월 초 하이젠베르크는 스스로 "기발한 논문 crazy paper"이라고 부른 자신의 발견 성과를 정리한 논문을 완성했다.[11] 그는 복사본을 파울리에게 보내고 친구의 호응을 열렬히 기대했으나 한편 걱정도 되었다. 그는 파울리에게 위치와 속도의 개념을 고전적으로 다루지 않음으로써 옳은 길로 들어서게 되었다고 확신한다고 말했다. 하이젠베르크는 아직도 자신이 변환한 식들의 내용이 전부 옳은지 확신할 수 없었다. 그는 논문의 그 부분이 아무래도 "형식적이고 어설프다. 그러나 좀 아는 사람은 뭔가 이해가 될 것이다"[12]라고 인정했다. 그는 파울리에게 "그것을 완성하거나 불속에 던져버려야 하므로" 초안에 대해 이틀 만에 답장을 달라고 간곡히 부탁했다.

괴팅겐에서 하이젠베르크는 보른에게도 초안을 보여주었다. 하이젠베르크는 내용이 발표할 만큼 가치가 있는지 확신이 서지 않는다는 말을 덧붙였다. 보른은 즉각 호응을 보이며 《물리학 학회지 Zeitschrift für Physik》/독일에서 발행되는 세계적 권위의 학회지; 옮긴이/에 논문을 보내주었다. 고도로 수학적인 머리를 가지고 있는 보른에게 하이젠베르크의 이상한 계산은 방법도 낯설었고 놀라움과 흥분, 그리고 처음에는 무엇인지 확실히 말할 수 없었지만 섬광 같은 어떤 깨달음을 주었다. 그는 며칠 뒤 이 소식을 아인슈타인에게 전했다. 하이젠베

르크의 성과가 비록 대단히 신비로워 보이지만, 옳고 심오한 것은 틀림없다는 의견도 덧붙였다.[13]

코펜하겐에서의 경험으로 단련된 하이젠베르크는 8월 말이 되어서야 보어에게 알렸다. "아마 크라메르스가 당신에게 보고했겠지만, 나는 양자역학에 관한 논문을 쓰는 죄를 저질렀습니다"[14]라고 그는 자세한 내용은 담지 않고 편지를 썼다. 우연히도 크라메르스는 하이젠베르크가 헬고란트에서 돌아왔을 때 며칠간 괴팅겐에 머물러 있었다. 그와 하이젠베르크는 당연히 이야기를 나누었지만, 크라메르스는 대화 내용을 보어에게 일체 전하지 않았다. 하이젠베르크도 그때까지 자신의 생각을 확신하지 못하고 있었고, 또 조심스러운 크라메르스가 파악할 수 있을 정도로 이야기를 해주지도 않았기 때문에 충분히 그럴 수 있었다.

하이젠베르크는 자신의 논문을 "오로지 원칙적으로 관측 가능한 양들 사이의 관계만을 가지고 양자역학의 기초를 수립하려고 한다"[15]라는 대담한 선언으로 시작했다. 관측 가능성. 이것은 이 새로운 역학에서 처음 도입되는 원리다. 전자들의 거동을 직접적으로 설명하려는 시도는 포기하라. 대신에 당신이 관찰할 수 있는 것이라는 의미에서 당신이 알고 싶은 것, 원자의 스펙트럼을 표현하라.

그 모든 혁명적인 의미에도 불구하고, 하이젠베르크의 논문은 수상쩍고 추상적인 제안이었다. 그것은 형식적인 용어로 정의된 단순한 역학계에 대해서만 말하고 있었다. 원자와 전자에 대한 얘기는 어디에서도 찾아볼 수 없었다. 그것은 양자역학 자체가 아니고 양자역학의 기초였다. 이 새로운 접근이 순수 물리 이론이 될 수 있을지는 두고 봐야 할 일이었다.

파울리는 몇 주 후 또 다른 물리학자에게 보낸 편지에서 하이젠베르크의 견해가 "나에게 새로운 기쁨과 희망을 주었고 (…) 다시 앞으로 나아갈 수 있게 되었네"[16]라고 말했다. 아인슈타인은 이 짧은 논문을 보고 매우 다른 반응을 보였다. 그는 곧 한 동료에게 "하이젠베르크가 커다란 양자 알을 하나 낳았다. 괴팅겐에서는 그것을 믿고 있다(나는 아니다)"[17]라고 편지를 썼다.

아마도 하이젠베르크는 자신이 말한 것처럼 양자역학에 대해 논문을 쓰는 죄를 저지른 것인지도 모른다. 평결은 아직 내려지지 않았다. 어쨌든 하이젠베르크는 곧 죄인이 자기 혼자가 아님을 발견했다.

**10**

**고전 체계의 정신**

# 10 — 고전 체계의 정신

 1924년 11월 파리 대학교의 과학 교수들이 박사 학위논문 심사를 위해 모였다. 후보자는 32세의 루이 드브로이Louis de Broglie로 집안 전통과 세계대전 때문에 학문 경력을 쌓는 데에 좀 뒤처져 있었다. 여러 세대에 걸쳐 드브로이 가문은 프랑스에서 의회 의원, 정치가, 군대 장교로 봉직해 왔다. 루이의 아버지는 의회 의원이었으며, 루이는 소르본 대학교에서 역사학을 공부하여 외교관이 될 생각이었다. 그러나 상당히 나이 차이가 많이 나는 형 모리스가 있었는데 그가 엑스선에 빠져 아버지와 할아버지의 뜻을 거슬러 과학도의 삶을 살고 있었다. 모리스는 동생의 머릿속을 복사와 전자에 관한 이야기로 가득 채웠다. 형의 영향으로 루이도 과학으로 방향을 바꾸었다.

전쟁 동안 동생 드브로이는 이동 전파 통신 부대에서 근무하면서, 무엇보다 고전 전자파 이론의 실용적인 가치를 배웠다. 형으로부터는 빛의 양자 개념에 대한 논란 이야기를 들었다. 빛에 대한 일치하지 않아보이는 두 가지 관점을 알고 있는 과학자가 드브로이만은 아니었으나, 그는 어느 누구도 생각하지 못한 각도에서 문제에 접근했다.

1923년 말에 초보적인 발상이 드브로이의 마음을 스쳐갔다. 아인슈타인의 양자 형태의 빛이 적어도 개념적으로는 입자들의 흐름처럼 움직인다면, 입자들은 일부 파동의 성질도 보이지 않을까?

복사에 대한 플랑크의 양자화 규칙과 아인슈타인의 움직이는 물체에 대한 유명한 $E=mc^2$을 결합한 임시변통적이지만 독창적인 주장을 구성하고, 드브로이는 움직이는 하나의 입자에 하나의 파장을 연관시키는 논리적으로 일관성 있는 방법을 수립할 수 있었다. 입자가 빠를수록 파장은 점점 짧아진다.

하지만 이 관계식은 단지 대수학 공식에 지나지 않는 것일까? 파장의 길이가 실제로 어떤 물리적인 파동과 같은 거동을 암시하는 것은 아닐까? 양자론에 대한 지식에 조금도 구애받지 않고, 드브로이는 자신의 고안을 한물간 보어 원자모형에 적용하여 기막힌 결과를 얻었다. 그는 가장 안쪽 궤도에서 핵 주위를 원운동하는 전자의 파장이 정확히 그 궤도의 둘레와 같음을 계산해 냈다. 에너지와 둘레가 더 큰 다음 궤도의 전자의 경우는 둘레가 전자의 파장의 두 배였다. 세 번째 궤도의 둘레는 파장의 세 배였으며, 그런 식으로 단순한 수열이 이어졌다.

바이올린 현의 기본 음색과 배음이 파장의 정수배가 현의 길이와 같을 때의 진동에 대응하듯, 보어 원자모형의 허용 궤도allowed orbit는 전자 파장의 정수배가 궤도의 둘레와 같았다. 어쩌면 양자화는 결국 진동하는 현의 물리학 이상의 신비스러운 것이 아닌지도 모른다.

드브로이는 자신의 구상을 1923년 말 두 편의 논문으로 발표했다. 드브로이의 논문들은 거의 관심을 끌지 못했다. 1년 뒤 자신의 학위 논문에서 보다 완벽한 내용을 제시했을 때에야 조심스러운 반응을 얻었다. 그의 논문 심사위원들은 드브로이의 전자에 대한 파동 개념이 매우 단순하고 동시에 무척 근사하다고 생각했다. 그들은 드브로이 논문의 대수학에 대해서는 따질 수 없었다. 그것이 물리적으로 무슨 의미가 있는지도 그들이 결정할 수 없었다. 어쨌든 심사위원 중 한 사람이 드브로이 논문의 복사본을 아인슈타인에게 보냈다. 아인슈타인은 원래 엄청난 의미가 함축된 단순한 생각을 좋아했다. 그의 평결은 명료했다. "안개가 걷히기 시작했다."[1]

그러나 아인슈타인 말고는 누구도 드브로이의 개념에 관심을 갖지 않았다.

1892년에 태어난 드브로이는 괴팅겐과 다른 곳에서 젊은이의 물리학Knabenphysik을 창조하고 있는 하이젠베르크, 파울리, 그리고 다른 젊은 모험가들보다 열 살이나 나이가 많았다. 그보다 더 나이가 많은 에르빈 슈뢰딩거Erwin Schrödinger는 1887년 비엔나에서, 오스트리아와 영국계 조상을 가진 부유하지만 약간 천박한 가정에서 태어났다. 어린 시절 슈뢰딩거는 비엔나 중심부의 호화로운 아파트에서 성장했다. 슈뢰딩거는 음악에는 별 취미가 없으면서도, 19세기 말 비엔나의 야한 성인 극장에 푹 빠졌다. 우아한 어머니와 두 이모가 그를 양육했다. 고등학교 때부터 그는 뛰어난 지적 능력뿐만 아니라 자신감, 매력, 약간 퇴폐적인 태도로 눈에 띄는 학생이었다.

슈뢰딩거는 1906년 가을, 볼츠만이 자살하던 주에 비엔나 대학교에 등록했다. 훗날 전쟁 중에 그는 전투에서 세운 공로로 메달을 받았다. 그에게 가장 큰 영향을 끼친 스승인 프리츠 하제뇌를Fritz Hasenöhrl은 전투에서 사망했다. 하제뇌를의 사망은 몇 년 후 파울리가 고향을 떠나 뮌헨으로 공부하러 가게 된 주된 이유 중 하나다. 20대에 다양한 일에 심취해 삶을 즐긴 후 슈뢰딩거는 1920년 자신을 동경하고 돌보아주던 숙녀와 결혼했다. 그는 자신을 양육해 준 여인들을 대신해 뒤이어 자신을 뒷바라지해 줄 아내를 구했다. 그러나 결혼이 자신의 본능을 구속할 이유를 찾지 못했다. 결과적으로 그는 세 명의 여인으로부터 세 명의 자녀를 두었는데, 본처가 낳은 자녀는 한 명도 없었다.

1921년 슈뢰딩거는 취리히 대학에서 편안한 교수 자리를 구했다. 전후의 비엔나에서 생활할 때보다 훨씬 편하게 지냈다. 이 시기에 그는 전자 이론, 고체의 원자 성질, 우주선, 확산과 브라운운동, 일반상대성이론에 관한 연구를 발표했다. 모두 좋은 내용이었지만 특별히 주목을 끈 것은 없었다. 그 시대의 문제들을 연구하기는 했지만 슈뢰딩거는 말하자면 전통주의자였다. 그는 보어-조머펠트 원자모형에서 전자들이 한 궤도에서 다른 궤도로 뛰어넘는다는 발상을 배척했다. 이와 같은 불연속성은 물리학에 속하지 않는다고 생각했다. 아인슈타인이 불평한 것처럼, 일이 일어나는 이유를 알 수도 없을 뿐더러 예측이 불가능하기 때문이었다.

전자궤도를 정상파로 재해석한 드브로이에 대한 소문이 퍼지자 슈뢰딩거는 일이 년 전쯤 발표한 자신의 이론이 드브로이의 연구와 동일한 사실을, 훨씬 불명확하게, 암시하고 있음을 깨달았다. 드브로이는 이론적으로 서툴렀으나 슈뢰딩거는 고차원의 수학 기법에 능통했다. 슈뢰딩거는 분명히 제대로 된 이론을 세울 수 있으리라고 생각하며 드브로이의 직관적인 밑그림에 매달렸다.

1925년 중반 하이젠베르크가 북해의 암석 지대 전초기지 부근에서 자신의 독특한 대수학을 고안하고 있을 때, 슈뢰딩거는 드브로이의 전자 파동을 확대하는 논문을 쓰고 있었다. 그 논문에서 슈뢰딩거는 입자들이 결코 진정한 입자들이 아니라, 그의 표현대로 하자면, 이면에 있는 파동의 장의 '흰 물결whitecaps'[2]이라고 지나가는 말로 제안했다. 그것은 물리 세계에 대한 슈뢰딩거의 견해와 맞았다. 입자의 존재를 일단 에너지 다발로 받아들이면 불연속성, 자발성, 그와 관련된 모든 불편함을 피할 방도가 없다. 그러나 입자들이 실제로 근본적인 파동과 장이 피상적으로 드러난 것이라고 생각하면, 연속성이 회복될 수도 있다.

슈뢰딩거가 끊임없이 드브로이 파동의 경이로움을 떠들고 다니자 보다 회의적인 취리히 대학의 물리학자들이 그에게 도전해 왔다. 이것들이 소위 미래의 파동이라면 파동방정식은 어디에 있는가? 드브로이의 주장은 단지 파장의 길이를 일정 속력으로 움직이는 전자에 결부시킨 것이다. 이 파동들이 무엇이고, 무엇이 그들의 형태를 결정하는지, 그것들의 물리적 의미는 무엇인지에 대해서는 아무 설명도 해주지 못했다. 전자기파, 파도, 음파 등 모든 진정한 고전 파동 운동에서는 수학 방정식이 진동하는 물체를 그것을 진동하게 하는 힘이나 영향력과 연관 지어준다. 그러나 드브로이 파동에는 그러한 방정식이 없었다. 이 시점까지 그것들은 파동이라기보다 파동 운동 wave motion이라는 실체가 없는 추상적 개념이었다.

1925년 슈뢰딩거는 스위스 다보스 인근의 휴양지에서 부인과 떨어져 이름이 알려지지 않은 한 여자 친구와 함께 크리스마스 휴가를 보냈다. 훗날 어느 물리학자는 이 휴가를 "슈뢰딩거 생애의 뒤늦은 애정 행각"[3]이라고 설명했다. (이미 40이 가까운 나이의) 슈뢰딩거는 이때 그가 찾고 있던 것, 드브로이의 통찰력을 정식으로 표현할 파동방정식을 찾아냈다. (사실, 이 휴가는 슈뢰딩거 생애의 수많은 연애 사건 중 하나에 불과했지만 위대한 물리학을 낳은 유일한 경우이기도 했다.)

슈뢰딩거방정식은 일종의 에너지 함수를 구현한 수학 연산자가 지배하는 장을 설명했다. 원자에 적용하면, 방정식은 정적인 장의 형태로 몇 가지 해를 낳는다. 각각의 해는 어느 특정 에너지를 갖는 원자의 상태를 나타낸다. 양자화는 다행히도 고전 방식 비슷하게 나왔다. 원자의 상태를 설명하기 위해서 슈뢰딩거는 수학자들이 말하듯이 멀리 떨어진 곳에서는 해가 0이 되어야 한다고 조건을 붙였다. 그렇지 않다면 해가 공간상의 한 곳에 있는 물체에 대응될 수가 없을 것이다. 이런 조건에서는 슈뢰딩거방정식은 유한한 개수의 안정된 상태를 낳았다. 각 상태는 각각의 불연속 에너지를 갖는다. 이는 양끝이 고정되어 있는 바이올린 현의 진동이 유한한 개수인 것 이상 신비스러운 것은 아니라고 그는 생각했다.

더 좋은 일은, 슈뢰딩거방정식이 한 상태에서 다른 상태로의 전이인 양자뜀을 갑작스럽고 불연속적인 변화가 아니라 정상파 패턴에서 또 다른 패턴으로의 매끄러운 변형으로 이해할 수 있음을 암시한 것이다. 파동은 빠르게, 그러나 부드럽게 저절로 변형된다.

원로 후견인은 기뻐했다. 아인슈타인은 슈뢰딩거에게 열렬한 지지의 편지를 보냈다. "자네 논문의 개념은 진정 천재적이네"라고 편지 여백에 휘갈겨 썼다. 아인슈타인과 플랑크는 곧 슈뢰딩거를 베를린으로 초청했다. 아인슈타인은 다시 슈뢰딩거에게 편지를 써서 "나는 자네가 명백한 발전을 이루었다고 확신하네. (…) 동시에 하이젠베르크-보른의 방식은 잘못된 방향으로 가고 있다고 확신하네"[4]라고 말했다. 고전적인 질서가 갑자기 회복된 것처럼 보였다.

반면 아인슈타인이 하이젠베르크-보른의 방식이라고 부른, 하이젠베르크가 헬고란트에서 얻은 영감으로부터 순식간에 꽃피운 수학 체계는 이국적이고 복잡하며 불길해 보이기까지 했다. 7월 19일 막스 보른은 하이젠베르크의 수상쩍은 계산법에서 뭔가 떠오르는 게 있는데 그것이 뭔지 몰라 애를 태우던 중 하노버에서 개최된 독일 물리학회에 참석하기 위해 기차를 탔다. 자리에 앉아 독서를 하면서 끄적거리던 보른은 순간적으로 깨달았다. 하이젠베르크가 즉흥적으로 하고 있는 일은 행렬대수학 matrix algebra이라는 이름으로 연구되는, 오래된 수학 분야에 속하는 것이었다. 수년 전 그가 아직 순수수학자가 되려는 생각을 하고 있을 때 그것을 조금 공부한 일이 기억났다. 그때까지 보른은 행렬대수학이 실용적으로 쓰인 것을 본 적이 없었다.

행렬은 수의 조합을 행과 열로 정렬해 놓은 것이다. 행렬대수학은 체계적으로 행렬을 결합하고 조작하는 일련의 계산 규칙이다. 보른은 이제 하이젠베르크의 계산식을 행렬식의 형태로, 즉 사각형의 배열들로 나타낼 수 있음을 깨달았다. 배열에서 각 위치는 원자의 한 상태에서 다른 상태로의 전이를 나타낸다. 중요한 것은 하이젠베르크가 그렇게 힘겹게 고안해 낸 곱셈 규칙이 일단의 수학자 사이에 이미 알려진 곱셈 규칙과 정확하게 일치했다는 사실이다. 하이젠베르크는 물론 이것을 전혀 몰랐다. 그가 필요로 하는 답으로 이끌어준 것은 물리학에 대한 그의 날카로운 통찰력이었다.

보른은 훌륭한 수학의 한 분야가 양자역학을 위해서 준비되어 있음을 깨달았다. 함부르크에서 내려오던 파울리는 마침 기차 안에서 보른을 만났다. 보른은 자신의 발견에 흥분해서 이제 막 이해하게 된 내용을 열광적으로 설명했다. 파울리는 아무런 감명을 받지 않았을 뿐만 아니라 얼굴을 붉히면서 신랄하게 "선생님이 장황하고 복잡한 공식화를 좋아한다는 것은 알지만 하이젠베르크의 물리 구상을 쓸데

없는 수학으로 망치려고 하고 있어요"[5]라고 말했다고 보른은 회고했다. 곧 행렬역학으로 알려지게 된 주제는 이런 식으로 세상의 환영을 받게 되었다.

그러나 보른은 옛 제자의 빈정거림으로 의기소침하지 않았다. 괴팅겐으로 돌아온 보른은 새로운 조수 파스쿠알 요르단Pascual Jordan과 함께 행렬대수학의 형식으로 하이젠베르크 체계를 완벽하게 설명해 냈다. 하이젠베르크는 케임브리지에 가서 파드핀더 동료들과 짧게 기분 전환 여행을 한 후 돌아와 보른과 요르단에 합류하여 '3인의 성과Dreimännerarbeit'로 알려지게 된 합작 논문 작업을 했다. 이 논문은 행렬역학을 더욱 정교하게 다듬고 확장한 내용이었다. 하이젠베르크는 자신의 물리학적 통찰력이 잘 발휘된 것에 만족하면서도, 친구인 파울리의 회의적인 자세에 다소 쓰라림을 느꼈다. 하이젠베르크는 행렬역학이라는 말을 좋아하지 않았다. 지나치게 순수수학의 냄새가 풍겨서 대부분의 물리학자들이 낯설어하고 멀리할 것이기 때문이었다.

들끓는 분쟁의 깊은 뿌리는 여기에 있다. 일생을 통해서 보른은 양자역학에 기여한 자신과 요르단의 공헌이 낮게 평가되거나 심지어는 간과되었다고 생각했다. 보른은 하이젠베르크가 행렬이 무엇인지도 모르면서 행렬대수학 방법을 생각한 사실에 대해 "기막히게 영리한 하이젠베르크"[6]라고 인정하면서도, 하이젠베르크의 개념적 도약의 중대함을 간과하지 못했던 것 같다. 단지 자신과 요르단이 수학적 엄밀함의 살을 입혀서 비로소 그것이 하나의 이론으로 불릴 수 있게 되었다고 믿었다. 그것이 보른의 특징이었다. 물리학적 통찰력이 없기 때문에 다른 사람의 과학적 직관력도 평가할 줄 몰랐다. 하이젠베르크를 "기막히게 영리한"이라고 말한 것은 이 젊은 동료 과학자가 벼락을 맞아 한 번 반짝한 멍청이라는 뜻으로 한 것 같다.

어느 경우든 행렬역학은 물리학자들에게 크게 환영받지 못했다. 우선 물리학자들은 수학의 새로운 분야를 공부해야 했으며, 설령 행렬을 공부했다 하더라도 물리적으로 행렬이 나타내는 것을 이해하려 무진 노력해야 했다. 행렬대수학으로 변장한 양자역학은 끔찍할 정도로 복잡했다. 동시에 행렬역학은 대체로 형식적인 성과에 지나지 않아 보였다. 수리물리학자들은 행렬대수학이 논리적으로 올바르며, 양자론의 발전을 지연시킨 수많은 곤란한 제안들을 정확하게 잡아낸다고 생각했다. 다 좋은데, 그것이 대체 무엇을 할 수 있단 말인가?

파울리의 이중적 태도는 계속되었다. 보른-요르단의 논문이 발표된 후 얼마 되지 않아, 파울리는 한 동료에게 "즉각 해야 할 일은 형식적인 괴팅겐 학풍 속으로 몰락하지 않도록 하이젠베르크의 역학을 구하는 일이다"[7]라는 내용의 편지를 보냈다. 하이젠베르크는 한번은 파울리의 통렬한 자세에 냉정함을 잃고, 파울리에게 "자네의 그칠 줄 모르는 코펜하겐과 괴팅겐에 대한 잔소리는 이제 지긋지긋하네. 우리가 일부러 물리학을 망치고 있다고 생각하는 것은 아니겠지. 우리가 물리적으로 새로운 것을 해내지 못해서 멍청이라고 하는 것이라면 자네가 옳을지도 몰라. 그렇다면 자네도 아무것도 해낸 게 없으니 우리 못지않은 멍청이일세!"[8]라고 편지에 썼다.

충격을 받은 파울리는 일을 시작해, 채 한 달이 가기 전에 행렬역학을 이용하여 매우 만족스럽게 수소 스펙트럼선의 발머계열을 유도해 냈다. 보어가 자신의 첫 번째 단순한 모형에서 여러 해 전에 해낸 것과 똑같은 일이었다. 파울리의 계산은 행렬역학이 수학의 형식주의 이상의 강력하고 확실한 그 무엇임을 보여주는 놀라운 업적이었다. 누그러진 하이젠베르크는 "새로운 수소 이론에 얼마나 놀랐는지, 자네가 그것을 그렇게 빨리 해냈다는 것에 얼마나 놀랐는지 두말할 필요도 없네"[9]라고 편지를 보냈다.

한편, 파울리의 증명은 보통 어려운 게 아니었다. 그 복잡한 수학은 다시 대부분의 물리학자들을 겁먹게 했다. 행렬역학의 논리를 이해하지 못하면서 행렬역학이 지적으로 심오하다고 말하는 것은 아무 의미가 없었다.

1925년 11월, 케임브리지의 햇병아리 물리학자 폴 디랙Paul Dirac의 우아한 논문이 발표되면서 혼란은 더욱 가중되었다. 디랙은 최근에 있었던 하이젠베르크의 케임브리지 방문 기간에 그를 만나지는 않았지만 하이젠베르크가 두고 간 논문의 복사본을 보았다. 디랙은 하이젠베르크의 개념을 소화시킨 다음 양자역학을 자신의 엄밀한 수학으로 표현했다. 보른과 요르단이 한 일과 유사하지만 그 기반이 달랐다. 디랙은 고전역학의 모호한 점을 파고들어 하이젠베르크의 곱의 규칙을 따르는 미분 연산자를 찾아냈다. 디랙의 대수학에서는 행렬 같은 요소가 나타나지만 부차적인 방식으로 나타났다.

명백히 모든 것이 잘 맞아떨어졌다. 하지만 양자역학이, 분명히 서로 연관되는 것이기는 해도, 두 가지 다른 수학 체계로 포장될 수 있다는 사실은 대단히 혼동스러웠다. 괴팅겐에서는 당연히 행렬 방식을 좋아했지만, 코펜하겐에서는 디랙의 우아한 그리고 이후에 밝혀진 대로 보다 폭넓고 보다 강력한 해석이 더 인정받았다.

한편 이들 연구 그룹 밖의 물리학자들은 누군가 그들이 이해할 수 있는 양자역학의 쉬운 설명을 내놓지 않을까 기다리고 있었다. 1926년 초 슈뢰딩거의 파동방정식이 나오자 큰 환영을 받은 것은 바로 그런 연유에서였다. 슈뢰딩거의 파동방정식은 묘한 대수학을 포함하지 않았으며, 그저 고전적인 미분방정식이었다. 슈뢰딩거 자신도 행렬역학에 대한 그의 생각을 드러내는 데 별로 개의치 않았다. 그는 "나에게 너무나 어려워 보이는 불가해한 대수적 방법에 완전히 두 손 들고 기가 죽었다"[10]라고 회상했다.

조머펠트 역시 파동방정식의 이점을 알아챘다. 행렬역학에 관해 그는 "극도로 복잡하고 너무나 추상적이다. 슈뢰딩거가 우리를 구해주었다"[11]라고 생각했다.

그러나 슈뢰딩거는 보다 큰 과제를 꿈꾸고 있었다. 그는 단지 양자역학에 보다 쉬운 방법을 제공하려고 한 것이 아니라, 양자역학이 초래한 손상의 일부를 회복하려 했다. 1933년의 노벨상 수상 기념 강연에서 슈뢰딩거는 파동방정식을 창안하면서 품었던 첫 번째 목표는 역학의 "고전 체계의 정신"을 구하는 것이었다고 술회했다.

슈뢰딩거는 입자는 조그만 당구공이 아니라, 구분된 물체라는 환상을 만들어내는 단단히 뭉친 파동의 묶음이라고 주장했다. 근본적으로 모든 것은 파동이었다. 불연속성도 없고, 구분된 실체도 없으며, 근본적으로 연속성이 있을 뿐이다. 양자뜀은 있을 수 없고, 한 상태에서 다른 상태로의 부드러운 전이만 있을 뿐이다.

 이런 설명들 중 어느 것도 슈뢰딩거의 방정식에서 직접 나오는 것은 없다. 이것들은 슈뢰딩거가 자신의 파동방정식이 이뤄내기를 바라는 바였다. 1926년 7월 슈뢰딩거는 뮌헨에서 양자역학에서의 파동 관찰에 대해 강의했다. 하이젠베르크는 마침 부모님을 찾아뵙고, 개인적으로는 슈뢰딩거의 강의도 들을 겸 코펜하겐에서 돌아와 뮌헨에 있었다. 하이젠베르크는 간단하게 계산해 낼 수 있는 방법인 파동역학의 실용적인 유용성에 감탄했다. 그러나 그는 슈뢰딩거의 폭넓은 주장을 좋아하지 않았으며, 청중석에서 일어나 몇 가지 반대 의견을 제시했다. 만약 물리학이 또다시 완전히 연속적인 것이 된다면, 광전효과와 콤프턴효과를 어떻게 설명할 수 있겠느냐고 질문했다. 이 두 가지 현상은 그 당시 빛이 구분되어 확인할 수 있는 다발로 나타난다는 제안에 대한 실험적인 증거로 받아들여지고 있었다.

 이 질문이 빌헬름 빈을 자극했다. 그는 하이젠베르크가 3년 전의 박사 학위 구두시험에서 최악의 답변을 한 사실을 생생하게 기억하고 있었다. 빈은 슈뢰딩거가 말하기도 전에 뛰어들어, 하이젠베르크의 기억에 의하면, "슈뢰딩거도 양자역학이 양자뜀과 같은 넌센스들과 함께 끝난 것에 대한 나의 유감을 잘 알 것이다. 그러나 내가 언급한 문제들은 머지않아 슈뢰딩거가 해결할 게 틀림없다"[12]라고 말했다.

 그러나 슈뢰딩거의 강의를 들은 후 조머펠트 역시 의구심을 갖기 시작했다. 그는 얼마 후 파울리에게 편지를 써 "내가 받은 전반적인 인상은 '파동역학'이 감탄할 만한 미소역학micromechanics임에는 틀림없지만 근본적인 양자 수수께끼를 풀어내기에는 어림도 없어 보인다는 점이네"[13]라고 말했다.

파동역학에 대한 하이젠베르크의 반대는 단순히 기술적인 것이 아니었다. 그는 그러한 방식 자체를 받아들이지 않았다. 행렬역학뒤의 개념을 세우는 과정에서 하이젠베르크는 원자 변이의 진동수나 세기 같은 관측 요소가 주인공 역할을 하게 두고 측정하기 어려운 각각의 전자의 운동은 무대 뒤에 남겨두었다. 그에 비해 슈뢰딩거의 파동은 옛 관점의 회복을 추구하고 있었다. 슈뢰딩거에 따르면 입자들은 이면에 있는 파동이 구현된 것에 지나지 않는다. 그러나 이 파동들은 근본적인데도 불구하고 직접 측정할 수 없는 것으로 보인다. 파동역학은 베일에 가려져 있던 양을 탁월한 이론으로 만들어주었으나, 하이젠베르크의 깊은 믿음에 의하면 이것은 양자역학을 세우는 올바른 방법이 아니었다.

슈뢰딩거의 파동이 단순하다고 보는 것은 큰 오해이며 슈뢰딩거의 방법이 고전적 가치를 회복시켜 줄 것이라고 생각한다면 그것은 물리학자들이 스스로 속고 있는 것이라고 하이젠베르크는 생각했다. 그러한 의구심이 머지않아 곧 증명되었다.

# 11

나는 결정론을 포기하는 쪽이다

　행렬역학은 괴팅겐에서 탄생했다. 파동역학은 취리히가 낳았다. 코펜하겐과 케임브리지에서 또 다른 목소리가 들려왔다. 한편 올림픽 성화가 타오른 베를린에서 아인슈타인과 플랑크는 이 광경들을 지켜보았다. 아인슈타인은 몇 년 빠지는 50세고, 플랑크는 거의 70세였다. 이 두사람은 근본적으로 보수적이었다. 양자역학에 대한 수학 형식들이 분명히 서로 모순되고, 그에 따라서 그 이론을 물리적으로 받아들이는 것이 미스터리가 되어 혼란이 지속되는 한, 둘 다 고전적 사고와 좀더 가까운 것이 나타나리라는 희망에 매달릴 수 있었다.
　혼란의 한 측면은 놀라울 정도로 쉽게 신속히 해결되었다. 1926년 여름 슈뢰딩거는 파동역학과 행렬역학이 본질적으로 전혀 다른 것이 아님을 발견했다. 서로 상충하는 것처럼 보이며 현저히 다른 수학 형식을 취하고 있지만 실제로는 똑같은 이론이었다. 간단히 말해 슈뢰딩거의 파동은 행렬대수학을 따르는 수들을 계산하는 데에 이용될 수 있다. 한편 행렬대수학은 적절한 물리량을 대입하면 슈뢰딩거방정식을 만들어낼 수 있다. 이 놀라운 동등성을 찾아낸 사람은 슈뢰딩거뿐만이 아니었다. 요르단에게 보낸 편지에서 파울리 역시 그것을 증명했음을 알 수 있다. 비록 그 증명이 파울리 자신의 기준에 맞는 정확성을 갖추지는 못했지만. 잠시 뒤에 똑같은 주장이 《피지컬 리뷰》에 발표되었는데, 캘리포니아 공과대학의 젊고 유망한 독일계 미국인 이론학자 카를 에카르트 Carl Eckart가 쓴 논문이었다.

그러나 양자역학에 관한 두 가지 서로 다른 방식이 수학적으로 동일함을 보인 것은, 같은 원천에서 어떻게 두 가지의 다른 물리학적 설명이 가능한가라는 질문의 골을 더욱 깊게 만들었다. 물리학자들은 슈뢰딩거의 파동을 보다 친밀하고 편안하게 받아들이고, 행렬역학은 헤아려볼 수 없는 외계의 것으로 취급했다. 물리학을 하는 최고의 방법이 있는가, 아니면 그런 것은 없고 단지 취향과 편의의 문제만 있는가?

진행되는 극적인 드라마를 잠자코 지켜보던 아인슈타인과 플랑크는 주인공들을 베를린으로 초청했다. 자신이 "독일 물리학의 요새"[1]로 부른 베를린에 먼저 도착한 하이젠베르크는 확실히 양자역학이 시골에서는 꽃피고 있으나 수도에서는 침체되어 있음을 알게 되었다. 저명한 베를린 대학 교수들에게 강의한 것은 하이젠베르크의 마음에 특별히 남지 않은 듯하다. 그보다 훨씬 중요한 것은 그가 처음으로 아인슈타인을 만나 연구에 대한 대화를 나눴다는 사실이다. 그는 4년 전 라이프치히에서 대가를 만나보기를 열망했었다. 그러나 아인슈타인은 외무부 장관이던 라테나우가 암살된 직후에 열렸던 그 학술회의에 참가하지 않았다. 하이젠베르크는 소지품을 도둑맞은 후 곧바로 집으로 돌아갔었다. 당시 하이젠베르크는 다소 부끄럼을 타는 20세의 앳된 청년에 불과했고, 아직도 의심스러운 반양자수 문제로 씨름을 하고 있었다. 4년 동안 아인슈타인은 여전히 대아인슈타인으로 순탄한 여정을 걷고 있었다. 그의 덥수룩하고 허름한 복장의 전설적인 모습이 자리 잡아갔다. 그러나 하이젠베르크는 이전과 같은 청년이 아니었다. 그는 조머펠트, 파울리, 보어와의 논쟁을 거쳐 자신만의 신념을 갖게 되었다. 그는 양자역학의 열쇠를 찾아냈다. 외관상으로는 여전히 단정하고 겸손한 사람이었다. (괴팅젠에서 하이젠베르크를 처음 본 보른은 그를 농촌 소년 같다고 말했고, 코펜하겐 사람들은 수습 목공 같다고 했다.[2]) 그러나 그는 이제 자신에 차 있었다. 양자역학에서는 그가 전문가이며 아인슈타인은 비평가 입장이었다.

강의가 끝난 후 두 사람은 거리를 가로질러 걸으면서 주거니 받거니 토론을 하며 아인슈타인의 집까지 갔다.[3] 아인슈타인은 행렬역학의 모호성을 신랄하게 반대했다. 행렬역학은 위치와 속도를 뒤편으로 보내고 수수께끼 같고 낯설며 난해한 수학적인 양을 앞쪽으로 보내는 방식이다. 하이젠베르크는 물리학자들이 알려지지 않았고, 어쩌면 알 수도 없는 내부 동역학이 아니라 실제 원자에 대해 가능한 관찰에 기초하여 이론을 정립했기 때문에 이런 이상한 전개를 할 수밖에 없었다고 항변했다. 어찌 되었든 하이젠베르크는 이와 같은 논리는 오래전에 아인슈타인이 특수상대성이론으로 획기적인 성공을 거둘 때 사용했던 것과 똑같은 전략이 아니냐고 되물었다.

이에 대해 아인슈타인은 "나도 그런 논법을 쓰기는 했지. (…) 하지만 모두 똑같이 난센스네"[4]라고 투덜거릴 수밖에 없었다.

상대성을 고안할 때 아인슈타인은 공간과 시간의 개념을 새로 발명해 냈다. 그의 출발점은 동시성의 의미를 면밀히 파고드는 것이었다. 뉴턴역학에서 시간은 절대적이다. 두 사건이 동일한 시간에 다른 장소에서 일어나면, 그들의 동시 발생은 객관적인 사실이며 논란의 여지가 없는 정보다. 그러나 아인슈타인은 이 두 사건의 관측자들이 어떻게 그 두 사건이 동시에 일어났다는 것을 알 수 있는가라는 재치 있는 질문을 던졌다. 전쟁 영화의 등장인물들이 동시에 말하듯이, 다른 장소에 있는 두 사람이 자신들의 시계를 똑같이 가도록 동조시켜 놓을 수 있다. 그것은 신호의 교환을 의미한다. 불빛을 번쩍이거나 무전기를 통해 말함으로써 의사를 교환할 수 있다. 그러나 이들 신호는 기껏해야 광속으로 전파해 나간다. 서로 다른 관측자가 실제로 어떻게 사건이 일어난 시각과 장소를 결정하는가를 면밀히 추적함으로써, 아인슈타인은 일반적으로 그들이 동시성에 동의할 수 없음을 알았다. 한 관찰자에게는 두 사건이 동시에 일어난 것으로 보이지만, 다른 관찰자에게는 한 사건이 다른 사건에 뒤이어 일어난 것으로 보일 수 있다.

거의 똑같은 방식으로, 하이젠베르크는 하느님의 눈으로 원자의 내부를 들여다보듯 원자의 절대 구조를 상상하는 것은 소용이 없다고 주장했다. 당신은 빛을 흡수하고 방출하는 원자의 거동을 다양한 방식으로 관찰할 수 있을 뿐이고, 내부에서 무슨 일이 일어나고 있는지 최선을 다해 추론할 뿐이다.

아인슈타인은 수긍하지 않았다. 상대성에서 관찰자들이 비록 동의하지 않더라도, 사건들은 논란을 제기할 수 없는 정확한 물리적 특성을 갖고 있다. 기록을 비교하는 관찰자 집단이 그들 모두가 본 것에 서로 받아들일 수 있는 일치된 견해를 가질 수 있다. 특수상대성이 서로 다른 이야기 사이의 불일치를 설명할 수 있기 때문이다. 즉 근본적인 객관성은 살아 있다.

아인슈타인이 보기에 양자역학은 전혀 다른 경우였다. 하이젠베르크가 원자의 구조와 거동에 대해 일관성 있는 설명을 요구하는 것은 어리석다고 말하는 것처럼 들렸다. 또한 아인슈타인에게는 행렬역학이 물리학자들이 응당 품게 되는 전자의 배열에 대한 의문을 오만하게도 배제하는 것처럼 보였다. 그런 의문은 계속 추구해야 할 가치가 있는 것이라고 아인슈타인은 굳게 믿었다.

하이젠베르크는 한 발짝 물러섰다. 상대론은 물리학자들이 늘 제기해 온 공간과 시간에 대한 오래된 의구심을 들추어내서 새로운 의문을 제기하기 때문에 논란이 되었다. 공간과 시간이 무의미하게 된다는 의미는 아니었다. 그와 그의 동료들은 원자에 대해서도 올바른 질문을 하기 위해 똑같은 일을 하고자 했다. 틀림없이 옛 지식은 사라지고 새로운 지식이 자리를 차지할 것이었다.

하지만 하이젠베르크는 아직 그 일을 완벽하게 해내지 못했음을 인정해야 했다. 양자역학은 아직 진행 중에 있었다. 그들의 대화는 결론 없이 지지부진해졌다.

한편 슈뢰딩거의 파동역학은 아인슈타인에게 희망적으로 보였다. 원자 내부의 전자의 정상파 그림은 손에 잡힐 듯했다. 하이젠베르크와 만나고 얼마 후 아인슈타인은 조머펠트에게 편지를 썼다. "양자 법칙에 대한 심오한 규칙을 찾으려는 최근의 노력 중에서, 나는 슈뢰딩거의 방법을 제일 좋아합니다. (…) 하이젠베르크-디랙의 이론에 경탄해 마지 않지만 그들의 이론에서 현실의 냄새가 나지 않는 게 문제입니다."[5]

이 시기에 슈뢰딩거 또한 베를린을 방문했다. 아인슈타인은 그가 매우 붙임성 있는 사람이라고 생각했다. 슈뢰딩거는 교양 있고 따뜻하고 세련된 비엔나 사람이었다. 두 남자 모두 결혼을 했다. 자신들을 뒤치다꺼리해 줄 사람이 있으면 좋다고 생각했기 때문이었다. 둘 다 바람을 피웠으며, 아내들이 너그럽게 눈 감아줄 것이라고 믿었다. 아인슈타인은 베를린에서 여러 해를 보냈지만 '금발의 냉정한 프러시아인' 사이에서 결코 평온함을 느끼지 못했다.[6] 하이젠베르크는 남부 독일의 바이에른에서 태어났지만, 그의 가족들은 문화와 습성에서 북부 지방 전통을 이어받고 있었다. 하이젠베르크는 예의 바르고 매너가 정중했다. 그런 태도가 아인슈타인에게는 완고하고 쌀쌀맞게 보였다. 그와는 대조적으로 슈뢰딩거는 아인슈타인이 마음 편하게 대할 수 있는 상대였다.

그러나 마음이 맞는다고 해서 물리학에 대한 슈뢰딩거의 야심의 허점이 아인슈타인의 눈에 안 보이는 것은 아니었다. 베를린에서 강의를 하며 슈뢰딩거는, 자신의 파동방정식이 입자로서가 아니라 질량과 전하가 공간에 집중되어 있는 것으로, 전자를 비롯한 다른 실체의 직접적인 물리 그림을 그려낼 수 있을 것이라고 말했다. 아인슈타인은 호의적이면서도 경계의 반응을 보였다. 슈뢰딩거는 분명히 그의 희망을 표현한 것이지 증명할 수 있는 주장은 아니었다. 아인슈타인은 그것이 슈뢰딩거의 단순한 희망 사항이라는 것을 쉽게 알 수 있었다.

하이젠베르크는 좀더 심하게 말했다. 그가 파울리에게 쓴 편지에서 슈뢰딩거의 물리학에 대해 "생각하면 할수록 더욱 받아들일 수 없게 된다네. (…) 내가 보기에 쓰레기야. (…) 반대해서 미안하지만 이 이론에 대해서는 더 이상 말하지 않았으면 좋겠어"[7]라고 말했다.

슈뢰딩거는 자신의 해석을 뒷받침하는 간략한 주장을 출간했다. 그는 빈 공간을 통과하는 입자에 상응하는 파동식이 영원히 일치함을 보였다. 슈뢰딩거는 다발로 된 파동을 전통적인 입자의 대안으로 받아들일 수 있게 해주는 것은 이러한 물리적 완결성이라고 주장했다.

그러나 이 결과는 예외적이지 법칙은 아니었다. 보른은 파동역학을 보다 복잡한 경우인 두 입자가 충돌하는 문제에 사용하여 매우 다른 결론을 얻었다. 그는 충돌 후에 튕겨 나가는 입자들에 해당하는 파동이 연못의 물결처럼 펴져나감을 알아냈다. 슈뢰딩거의 해석에 따르면, 그것은 입자들 스스로가 모든 방향으로 스며들어 나감을 뜻한다. 그것은 이해할 수 없는 일이었다. 입자가 집중된 파동의 운동이라 하더라도 궁극적으로는 고전적인 의미에서 확인할 수 있어야 한다. 보어의 표현에 따르면 이것은 동등성원리의 한 예로, 충돌에 대한 양자적 설명이 결국 적당한 고전적 설명으로 넘어가야 했다. 더 근본적으로 말해 그것은 상식의 문제였다. 입자는 어느 곳엔가 존재해야 한다. 입자는 공간 전체에 균질하게 퍼져 있을 수 없다. 충돌의 최종 결과는 두 개의 다른 입자가 정해진 방향으로 달아나야 한다는 것이다. 그것이 바로 콤프턴효과에서 일어나는 현상이다.

이러한 맥락에서 생각해 보면 보른은 멋진 결론에 다다른 것 같다. 충돌 지점을 떠나 퍼져나가는 파동은 실제 입자가 아니라 그것들의 확률을 나타낸다. 다시 말해 파동이 강한 곳은 되튀어 나오는 입자가 나타날 방향을 가리켰다. 반면에 파동이 약한 곳은 입자들이 나타날 가능성이 낮은 곳이다.

이런 의미라면 슈뢰딩거방정식은 고전적인 파동이 아니라 완전히 새로운 것을 의미했다. 원자 안의 전자의 경우, 파동은 질량이나 전하량이 물리적으로 퍼져나가는 것을 의미하는 것이 아니라, 여기저기 또는 어디에선가 전자를 발견할 가능성을 나타낸다.

이설명은 좀 이상하게 보이지만 행렬역학과 조화를 이룬다. 하이젠베르크는 전자의 위치를 반대 방식으로 정의해, 원자의 전자기적 특성들의 혼합으로 표현했다. 어떤 의미에서 하이젠베르크는 이렇게 하여 전자의 물리적 존재를, 전자가 놓여 있는 장소를 기술하는 방식이 아니라 전자가 하고 있는 작용들의 조합으로 묘사했다.

보른은 파동역학이 확률이라는 것을 알았지만 슈뢰딩거방정식의 의미는 여전히 오리무중이었다. 그것은 또한 파동역학과 행렬역학 사이의, 순수한 수학적인 관계가 아니라 물리적인 관계에 살을 덧붙였다. 이것을 인정하는 데 마땅히 치러야 할 대가는 확률이 새로운 형태로 물리학에 침투되는 것이었다.

그럼에도 불구하고 이 결론은 나팔 소리도 없이, 철옹성 같은 양자물리학자들의 세계로 파고들어 갔다. 보른의 주장에 특별히 신경 쓰는 사람도 없는 듯했다. 이 결론이 즉각 관심을 불러 모으지 못한 것은 몇 년 후에 보어가 쓰라림을 맛보는 원인이 되었다. 다른 물리학자들은 파동의 의미에 대한 슈뢰딩거의 견해는 물론 잘못된 것이며, 파동은 확률을 의미하는 것을 안다고 말했다. 특히 하이젠베르크는 비록 어느 곳에도 기록하지 않았지만, 확률로서의 행렬 요소의 의미를 처음부터 분명히 알고 있었다고 말했다.[8] 이 주제가 탄생한 이후 쓰인 양자역학 교과서는 대체로 확률의 정의가 너무나 명백해서 더 이상 덧붙일 필요가 없다는 듯이 확률의 정의를 언급했다.

다른 한편 나중에 한 인터뷰에서 보른 자신은 그 당시 자신의 주장이 얼마나 혁명적인지 알지 못했다고 말했다. 그 시절의 물리학자들은 모두 19세기 통계물리학에 대해 잘 알았고 많은 수가 통계의 불확실성이 사실은 훨씬 심오할지도 모른다는 생각에 흥미를 보였다. 아인슈타인에 의해 처음으로 분명하게 밝혀진 생각은 원자의 방출선 emission lines의 강도가, 내부에서 특정 전이가 일어날 가능도 likelihood에 영향을 준다는 사실이었다. 또한 가끔 재미있는 제안들도 나왔는데, 에너지 보존이 단지 통계적으로만 진실인 것으로 밝혀질지도 모른다는 주장이었다. 보른이 주장한 바대로 "우리는 통계적으로 생각하는 데에 너무나 익숙해서, 한 겹 더 깊이 들어가는 것은 별로 중요해 보이지 않았다."[9]

하지만 이 마지막 말은 1926년 보른이 논문에 직접 한 말에 의해 거짓임이 드러난다. 논문에서 보른은 이제 더 이상 하나의 충돌에서 어떤 결과가 나올지 말하는 것은 불가능하다고 했다. 결과의 범위에 대한 확률만 알 수 있다. 그리고 나서 그는 "여기서 결정론의 모든 문제가 생겨난다"라고 말했다. "양자역학에서는 개별적으로 충돌의 결과를 결정하는 양이 존재하지 않는다. (…) 나 자신은 원자의 세계에서 결정론을 포기하는 쪽이다."[10]

결정론은 인과성의 핵심 원리로 고전물리학의 중심을 구성하는 중요한 사상이었다. 이제 보른은 아인슈타인이 여러 해 동안 반복해서 나타냈던 가장 큰 우려를 말로 표현했다. 고전물리학에서는 어떤 일들이 일어날 때는 반드시 원인이 있다. 선행 사건들이 그 일이 일어날 수밖에 없는 조건을 만들어 그것이 필연적으로 일어나도록 이끌기 때문이다. 그러나 양자역학에서는 말하자면 어떤 일이 그냥 일어나며 왜 일어나는지 말하지 않는다.

보른이 자신의 발견의 의미에 대한 혼란을 드러냈다면, 아인슈타인은 그렇지 않았다. 1926년 말, 아인슈타인이 보른에게 보낸 편지에 후에 많이 인용하여 유명해진 말을 했다. 아인슈타인은 이 문구를 너무 좋아하여 기회만 있으면 자랑스럽게 꺼냈다. 그는 보른에게 "양자역학은 매우 인상적이다. 그러나 나에게는 그것이 진짜가 아니라는 내면의 목소리가 들려온다. 그 이론은 많은 것을 말해주지만 신Old One의 비밀에 가깝게 다가서게 하지는 않는다. 나는 하느님이 주사위 놀이를 하지 않는다고 확신한다."[11] 아인슈타인의 관점에서는 만약 확률이 인과성을 대치한다면 물리학의 이론을 형성하는 이성적인 기초는 통째로 무너지는 것이었다.

그러나 젊은 물리학자들은 언제나처럼 그러한 형이상학적 고민은 가볍게 넘기고, 슈뢰딩거의 파동을 확률의 측정으로 해석하는 일에 집중했다. 아직 정신적 지도자의 위치에 있던 보어는 이를 승인했다. 그러나 다른 사람들, 특히 파동역학을 창안한 드브로이와 슈뢰딩거 자신은 뒤로 물러서 있었다. 입자들은 파동의 성질을 가져야만 한다는 자신의 천재적인 통찰력에 따랐던 드브로이는 1929년 노벨상을 받았으나, 더 이상 양자역학에 중요한 기여는 하지 않았다. 대신 평생 확률 해석은 잘못이라고 고집했다.

이때부터 슈뢰딩거도 마찬가지로 양자역학에 기여하기보다는 비판적이 되었다. 1926년 9월, 하이젠베르크가 크라메르스의 후임으로 보어의 조수가 된 지 얼마 되지 않았을 때 슈뢰딩거가 코펜하겐을 방문했다. 보어가 슈뢰딩거의 견해를 직접 듣고 보다 잘 이해하고 싶어 했기 때문이다. 보어는 도착한 순간부터 슈뢰딩거에게 설명을 강요하고 늘 하던 대로 무례할 정도로 손님에게 질문을 퍼부었다. 보어에게는 과학에 대한 의문에서 나오는 자연스러운 것이었으나 슈뢰딩거에게는 피할 수 없는 상태에서 심문을 받는 듯한 일이었다. 슈뢰딩거는 지쳐 병이 나 연구소 침대에 앓아누웠다. 보어의 부인은 다과로 번잡을 떨고, 보어는 필시 밤낮으로 침대 끝에 앉아 "그러나 슈뢰딩거, 자네는 적어도 …을 인정해야 하네"와 같은 말을 늘어놓은 듯하다.[12]

하이젠베르크는 이 어이없는 일에 미온적인 자세를 취했다. 그는 양자의 개념 없이도, 전자기복사 스펙트럼에 대한 플랑크의 1900년 공식을 유도할 수 있는 방법이 발견될지도 모른다며 슈뢰딩거가 애석해하던 일을 회고했다. 보어는 슈뢰딩거에게 한번은 단호한 소리로 "그럴 가망은 없네!"라고 말했다. 슈뢰딩거는 보어에게 "양자뜀의 모든 개념은 난센스네. 만약 우리가 이 가공스러운 양자뜀을 참아야 한다면 나는 지금까지 양자론에서 했던 모든 일이 후회되네"라고 말하며 반대했다. 이 말에 보어는 파동역학이 명료하고 단순하기 때문에 "우리 모두는 매우 고마워하고 있네"라는 말로 슈뢰딩거를 진정시켰다.

두 사람은 서로 화해하지 않았다. 하이젠베르크의 기억에 의하면, 슈뢰딩거는 화가 났지만 보어의 부드럽지만 끝없는 공격에 아무런 대답할 말이 없었다. 녹초가 된 슈뢰딩거는 그의 견해를 바꾸지 않고 그대로 취리히로 돌아갔다.

아인슈타인은 언짢아하며 계속 반대를 표명했다. 1926년이 끝나갈 무렵, 아인슈타인은 조머펠트에게 편지를 보냈다. "슈뢰딩거방정식에서 얻은 대단한 기술적 성공은 보다 심오한 질문을 모호하게 하는 경향이 있다. 그가 계속 얄궂게 '실제 사건real event'이라 부르는 것의 완벽한 그림을 거짓 없이 제공할 수 있는가 하는 질문 말이다."
그는 "우리는 진정 수수께끼의 해답에 보다 근접했는가?"[13]라고 처량하게 물었다.

  아인슈타인은 점점 더 시사적이고 암시적인 방식으로 말하고 글을 써 나중에 이것으로 유명해졌다. 다른 물리학자들은 그들이 알고 싶은 것 이상으로, 신Old One의 비밀에 대해서, 주사위 놀이를 하지 않는 하느님에 대해서, 미묘하지만 심술궂지 않은 주님에 대해서 많은 이야기를 들었다. 아인슈타인은 자신만이 자연의 내재적 진리를 알 수 있는 것처럼 말했다. 그의 못마땅함도 이런 이유에서 해결되지 못했다. 그는 물리학에서 확률의 존재에 반대했으나 그것을 제거할 방법을 찾지 못했다. 그리고 문제는 이제 막 악화되기 시작했다.

# 12

적절한 단어가 없다

하이젠베르크와 슈뢰딩거가 동료들 그리고 비판적인 사람들과 함께 그들이 창안해 낸 물리학의 의미에 대해 힘든 싸움을 하고 있을 때, 41세의 보어는 지도자와 대가로서의 역할을 하고 있었다. 그러나 다른 물리학자들이 점점 더 그의 판단에 의문을 제기하고, 그의 모호한 주장을 못마땅해했다. 코펜하겐에서의 시련을 극복한 슈뢰딩거는 보어와의 난처한 관계를 털어놓았다. 그가 친구에게 보낸 편지에는 다음과 같은 내용이 들어 있다. "우리의 대화는 곧장 철학적인 의문으로 내닫고 마네. 곧 그가 공격하는 입장에 있는지 내가 공격하고 그가 방어하는 입장에 있는지 알 수 없게 된다네."[1]

9월에, 디랙은 코펜하겐을 방문하여 6개월간 일하게 된다. 디랙은 유명한 보어의 암시적인 강의에 청중이 "마법에 걸린 듯 구는"[2] 광경을 보았다. 그렇지만 디랙 자신은 "보어의 주장은 주로 정성적인 것으로, 나는 그 이면의 구체적인 사실들을 정확히 잡아낼 수 없었다. 내가 원하는 것은 방정식으로 표현할 수 있는 설명이었지만 보어의 연구는 그런 것을 거의 제공하지 않았다"라고 불평했다.

냉정하고 무뚝뚝한 독불장군인 디랙은 사교적인 보어와 그보다 더 다를 수 없었다. 디랙의 과묵함은 스위스에 뿌리를 둔 귀화한 영국인 아버지가 저녁 식사 시간마다 불어 사용을 고집한 데에서 비롯되었다. 나중에 디랙은 "나는 불어로 표현할 수 없었기 때문에, 영어로 말하느니 조용히 침묵을 지키는 것이 더 좋았다. 따라서 나는 그때 매우 조용한 아이였다. 아주 어린 시절의 일이다"[3]라고 설명했다. 게다가 부모님은 친구가 거의 없어 나들이도 하지 않았고 손님을 집으로 초대하지도 않았으므로 어린 디랙은 영어로 말할 기회가 거의 없었다.

디랙은 보어를 존경했지만 보어 앞에서 존경심 가득한 자세를 보이지는 못했다. 아마도 바로 그와 같은 이유로 보어는 디랙을 키가 크고 조용한 영국인으로 왠지 괜찮은 청년이라 생각했는지도 모른다. 보어는 폭넓은 철학적 개념을 말로 표현하려 애쓰고, 디랙은 말 없이 수학의 순수한 논리에서 명료성을 추구했다. 그는 매우 세세한 부분까지 확신할 수 있을 때에만 다소 딱딱하지만 정확한 자신의 주장을 발표했다. 그는 양자론의 완전하고 체계적인 수학 표현이 이야기의 전부가 아니라는 것을 알았다. 그는 "방정식의 해석을 증명하는 것은 방정식을 해결하는 것보다 더 어렵다"[4]라고 퉁명스럽게 말했다.

 디랙은 대체로 자신이 맡은 역할에 만족해하며, 해석의 문제는 남들에게 넘겼다. 그러한 불간섭주의는 하이젠베르크에게는 맞지 않았다. 하이젠베르크는 스승인 보어와 점점 더 어긋나고 있음을 알았다. 두 사람은 팽팽하고 미묘한 긴장 관계에 들어가 둘 다 가만있을 수 없었다. 결국 하이젠베르크는 양자역학을 창안했다. 그는 양자역학이 설명되고 이용되는 방식에 대한 소유권을 확보하는 데에 거의 성공했다. 한편 보어는 하이젠베르크에 대한 첫인상을 좀처럼 지울 수가 없었다. 하이젠베르크는 다소 미숙한 과학 사상가로서 꿰뚫어 보는 상상력을 가졌으나 종종 어설프고 충동적으로 보였다. 게임이 이 정도 진행되었을 때 지혜가 필요한데, '누가 그것을 가졌을까' 보어는 생각했다.

 코펜하겐에서 두 사람은 낮에 많은 시간을 함께 보냈다.[5] 보어는 언제나 그랬듯이 끊임없이 고집스럽게 이야기했고, 하이젠베르크는 열정에 넘치고 흥분하여 얘기를 끊으려 애썼다. 저녁 늦게까지 그들은 연구소에 붙어 있는 잔디 공원을 거닐며 토론을 계속했다. 늦은 밤에도 보어는 하이젠베르크가 머물고 있는 연구소의 다락방 문을 노크하여, 그가 말하려고 했던 내용을 보다 명확하게 하거나 수정하여 설명하곤 했다. 낮에 했던 토론에 주석을 다는 일로 여러 시간이 걸리는 경우도 적지 않았다. 보어는 스케줄을 정해놓고 하는 법이 없었다. 말할 내용이 있으면 언제나 어디서나 말해야 했다. 여러 주 동안 충돌하다 보니, 두 사람은 논쟁에 지치고 서로에게 지쳐갔다.

1926년 말 끊임없이 지속된 논쟁은 여러 가지 형식이었으나 결국은 연속성 대 돌발성의 문제였다. 물론 슈뢰딩거는 그 모든 것이 파동으로 귀결되기를 원했고, 낱개 입자나 그것들의 예측할 수 없는 거동 같은 것은 단지 환상이라고 보았다. 하이젠베르크와 보어가 적어도 함께 동의할 수 있는 것은 잃어버린 원인$^{lost\ cause}$이었다. 그러나 적극적으로 낡은 방식을 내팽개친 하이젠베르크는 유난히 정반대의 극단으로 내달려 대가를 치르고라도 가장 급진적인 생각을 수용하고 싶어 했다. 양자역학은 물리학자들이 새로운 방식으로 사고하고 새로운 언어를 배우기를 강요했다. 하이젠베르크는 유감스럽지만 그들은 그것에 익숙해져야만 할 것이라고 말했다.

　보어에게 그런 태도는 오만하고 더 나쁘게 말하자면 경망스러워 보였다. 그는 위치와 속도, 그리고 다른 모든 고전역학의 신뢰할 만한 것들이 갑자기 무용지물이 될 수는 없다고 끈질기게 강조했다. 원자의 바깥 세상에서는 옛 개념들이 계속 잘 맞았다. 보어는 연결이 필요하다고 주장했다. 양자 세계의 불연속성으로부터 익숙한 고전역학 세계의 연속성까지 매끄럽게 연결되어야 한다는 것이다.

　하이젠베르크는 보어의 태도가 답답했으며 보어가 일부러 그러는 것 같았다. 보어는 양자역학을 고전 언어로, 적어도 모순과 불일치 없이, 이야기하기는 불가능하다고 말하면서 한편으로는 그것을 찾고 싶어 했다. 보어는 적극적으로 모순에 열중했다. 그것은 보어의 내적인 소크라테스적 담론을 구성했다.

　하이젠베르크가 자신은 양자역학이 어떻게 작동하는지 이해했다고, 또는 적어도 신뢰성 있게 그것을 이용할 수 있다고 주장할 때마다 보어 역시 신뢰성 있게 논리적 명료성이 부족한 부분을 찾아냈다. 하이젠베르크는 "때때로 나는 보어가 나를 미끄러운 빙판 위로 끌고 가려 한다는 생각이 들었다. (…) 때로 그것에 화가 났던 게 생각난다"[6]라고 회고했다. 그러나 하이젠베르크는 만약 보어가 그렇게 자신 있게 그러한 미묘한 문제들에 손을 댈 수 있다면, 그것들은 미끄러운 바닥에 놓여 있었나 보다라고 말했다.

이런 한심한 상태가 오래갈 수는 없었다. 1927년 초반까지 보어와 하이젠베르크는 서로의 견해를 너무나 수없이 나누고 또 나누다 보니 대화가 서로 엇갈리기 시작하여 상대방이 무슨 이야기를 하는지 알지도 못하고, 알고 싶지도 않은 교착 상태에 빠지게 되었다. 2월에 보어는 스키를 타러 노르웨이로 갔다. 원래 보어는 하이젠베르크와 함께 여행할 계획이었으나, 혼자 가는 게 낫다고 생각한 것 같다. 한편 하이젠베르크는 하는 일마다 꼬투리 잡는 보어 없이, 혼자서 이른 저녁에 공원을 산책할 수 있었다.

그러나 보어의 잔소리 여운이 여전히 귀에 울리고 있었다. 위치와 속도는, 물리학자들이 언제나 생각해 온 전통적인 의미가 아니더라도, 의미가 있어야 한다는 것이 진실이라고 가정해 보자. 그렇다면 위치와 속도의 새로운 의미는 무엇일까? 그것을 어떻게 알 수 있을까?

여기까지 논쟁을 펼치면서 하이젠베르크와 보어는 문제를 이론적으로 다루어왔다. 고전역학은 한 종류의 인식에서 작동하고, 양자역학은 또 다른 인식에서 작동한다. 어떻게 두 가지가 타협될 수 있을까? 디랙의 표현대로라면, 그것은 해석의 문제이며 수학이 말하려는 내용을 듣는 문제였다. 디랙은 사실 중요한 힌트를 주었는데 하이젠베르크는 그것을 즉시 캐지 않았다.

코펜하겐에 있는 동안 디랙은 양자역학에 대한 권위 있는 제안의 마무리 작업을 했다. 그는 고전역학의 문제를 다루는 일반적인 방법을 보이고, 양자역학에서 이에 해당하는 방법을 정의했다. 그는 그 반대 과정도 보일 수 있었다. 즉 양자역학의 체계를 고전적인 방식으로 설명하기를 고수한다면 어떻게 될지 보여주었다. 이러한 해석을 할 때에는 이상한 불일치가 생겨났다. 예를 들어 입자들이 들어 있는 어떤 양자 체계에서, 입자의 위치를 주요 성분으로 한 고전 체계 그림을 얻을 수 있다. 또는 위치 대신 입자의 속도를 골라도 되고, 물리학자에게는 보다 근본적인 값인, 질량에 속도를 곱한 운동량으로 설명할 수도 있다. 그런데 이상하게도, 하나의 동일한 체계를 단지 다르게 그리는 것이라면 두 그림은 같아야 하는데, 이러한 위치와 운동량 그림들은 서로 들어맞지 않았다. 마치 위치를 기초로 한 설명과 운동량을 기초로 한 설명이 어떻게 된 일인지 같은 것이 아니라 두 개의 다른 양자 체계를 나타내는 듯 했다.

파울리도 똑같은 이상한 점을 알아냈다. 그는 그것에 관해 하이젠베르크에게 편지를 보냈다. 운동량을 나타내는 표준 기호로 p를, 위치를 나타내는 기호로 q를 사용해서 그는 "자네는 p의 눈으로 세상을 볼 수 있네. 그리고 q의 눈으로도 세상을 볼 수 있지. 그러나 만약 자네가 동시에 두 눈을 뜨고 보고자 하면 미치고 말 것이네"[7]라고 말했다.

양자 입자들은 스스로를 분명하게 드러내지 않는다. 그것들은 상반되는 그림들을 보인다. 그것이 하이젠베르크가 씨름한 수수께끼였다. 어떻게 하면 양자역학이 비밀을 실토하도록 압력을 가해 내부에서 무슨 일이 일어나는지 보여주게 할 수 있을까?

그렇게 할 수 없다! 그것이 어느 날 저녁 생각에 잠겨 공원을 거닐고 있을 때 하이젠베르크의 마음에 떠오른 대답이었다. 헬고란트에서 그가 양자뜀을 고전물리학의 연속성을 갖는 용어로는 결코 설명할 수 없다는 사실을 깨달았듯이, 이제 똑같은 깨달음이 좀더 큰 방식으로 그의 마음속에 자리 잡았다. 고전물리학 용어로 양자 체계를 모호하지 않게 설명할 방법은 없다.

하지만 그것은 지금까지 여러 달 동안 자신이 보어에게 설명하려고 노력한 내용이 아니었던가? 단지 이제부터 그는 보어의 시각에서 보기 시작한 것이다. 우리는 결국 분명하게 설명하지 못할 수도 있다. 그러나 하이젠베르크가 이제까지 생각해 온 것처럼 그것이 시도 자체를 포기하고 나아간다는 의미는 아니다. 양자 체계를 이야기할 새로운 방법을 찾아야 했다.

마침내 하이젠베르크는 자신이나 보어가 지금까지 이해하지 못했던 요점을 찾아냈다. 결정적인 의문은 이론적인 것이 아니었으며, 보어가 종종 생각한 것처럼 철학적인 문제는 더욱 아니었다. 그것은 결국 실용성의 문제였다.

옛 규칙에서 의미를 갖는 방식으로 양자 물체의 위치와 운동량에 대해 말할 수 없을지도 모른다. 그러나 하이젠베르크가 지금 깨달은 것은 물리학자들이 항상 해왔던 일을 아직도 할 수 있다는 사실이다. 우리는 위치와 운동량을 측정함으로써 그것들에 의미를 부여할 수 있다. 이론적인 혼란을 헤치고 나가는 방법은 실용성에 주목하는 것이다.

하이젠베르크는 자신의 식견을 쉽게 이해시킬 수 있는 단순한 예만 있으면 되었다. 그의 머릿속 한구석에 수년 전의 콤프턴의 멋진 실험이 있어서였는지 아주 단순한 예가 떠올랐는데, 훗날 이것은 하이젠베르크의 이름을 우상화시켜 주었다. 전자 하나가 공간을 날아가고 관찰자가 전자에 빛을 쪼여서 날아가는 입자로부터 되튀어 오는 빛을 조사한다. 이 산란된 빛의 진동수와 방향을 측정함으로써 관찰자는 빛이 충돌하는 순간의 전자의 위치와 운동량을 결정할 수 있다. 하이젠베르크가 발견한 것처럼 여기서부터 재미있어진다.

빛은 양자, 즉 광자photon로 구성되었다. 광자라는 명칭은 미국의 물리화학자 길버트 루이스Gilbert Lewis가 최근에 빛의 양자에 붙인 이름이다. 한 개의 광자와 날아가는 전자 사이의 충돌은 양자적 사건이었다. 보른이 증명한 것처럼 그 충돌은 확정적인 결과를 낳지 않고, 다양한 확률을 갖는 가능한 결과의 범위를 낳는다. 논리를 뒤집으면, 하이젠베르크는 이제 관찰자가 측정된 결과를 낳을 단일한 특정 사건을 추론할 수 없음을 깨달은 것이다. 대신에 전자-광자 충돌의 가능한 범위만 추론할 수 있다. 이것은 전자의 위치와 운동량을 정할 수 없다는 의미다.

파울리는 우리는 위치나 운동량을 볼 수 있지만, 동시에 둘 다를 볼 수는 없다고 말했다. 하이젠베르크는 그 문제를 면밀히 숙고하여 문제가 그처럼 단순하지 않음을 깨달았다. 그것은 양자택일의 문제가 아니라 타협의 문제로, 타협은 피할 수 없다. 관찰자가 전자의 위치에 대한 정확한 정보를 얻으려고 하면 할수록 전자의 운동량에 대한 정보를 잃게 되며, 그 반대의 경우도 똑같다. 하이젠베르크는 언제나 종국에는 '부정확성Ungenauigkeit'이 존재한다고 했다.

하이젠베르크가 깔끔하고 놀라운 이 결과를 스스로에게 설득시킨 일은 보어가 없는 동안 일어났다. 그는 새로운 구상에 대한 보어의 정밀 조사를 예상하고 있었다. 그는 파울리에게는 긴 편지를 써서 그의 생각을 설명했으나, 보어에게는 짧은 편지를 통해 흥미로운 진전이 보어를 기다리고 있다고만 말했다. 보어가 돌아왔을 때, 하이젠베르크는 이미 논문을 투고한 뒤였다. 보어는 논문을 읽고 흥미로워하다가 곧 당혹스러워했다.

하이젠베르크는 광자와 전자 두 입자의 충돌을 설명하고 그 충돌의 불예측성으로부터 유도한 부정확성을 찾아냈다. 보어는 당연히 화가 나서 그 문제를 보는 또 다른 방법을 찾아냈다. 광자를 관찰한 관찰자가 그것을 입자로서 측정하는 것이 아니라 파동의 작은 묶음으로 측정하는 것이다. 보어는 고전 광학에서 파동은 제한된 분해능을 가진다는 것을 하이젠베르크에게 상기시켰다. 즉 특정 파장의 빛은 그 파장의 길이보다 작은 물체의 상image은 선명하게 보여주지 못하고 사진이 흐릿하게 된다. 보어는 하이젠베르크가 찾아내 설명한 것이 바로 그 현상이라고 말했다. 입자의 성질을 알기 위해 측정한 파장에서 얻은 정보를 이용하는 데서 부정확성이 생겨났다는 것이다.

보어의 재해석은 하이젠베르크를 분노시켰다. 첫째 보어가 슈뢰딩거의 이름이 따라다니는 파동을 다시 끌어들이고 있다는 점에 화가 났고, 둘째는 보어의 주장은 양자 사건의 불예측성이 아니라 고전 광학의 한계에 관한 것처럼 보였기 때문이다.

보어는 그렇지 않다고 반박했다. 부정확성이 생기는 이유는 입자와 파동, 양자 충돌과 광학적 분해능 등 공약불가능한incommensurable 개념끼리의 혼합 때문이었다. 그것은 양자역학 원리와 고전역학 원리 사이에 존재하는 내적 불일치가 외부로 나타난 것이었다. 이 해석은 보어가 노르웨이에서 혼자 스키를 타면서 곰곰이 생각한 사상과 마침 멋지게 맞아들었다. 그는 폭넓은 새로운 개념을 진전시켰고 그것은 얼마 후 '상보성complementarity'이라 불리게 된다. 이 원리에 따르면, 양자역학적 대상의 파동적 측면과 입자적 측면은 필연적으로 상반된 역할을 한다. 문제에 따라 한 측면 또는 다른 측면이 두드러지지만 어느 쪽도 완전히 무시될 수는 없다. 보어는 하이젠베르크의 부정확성이 이 불가피한 불협화음의 명백한 증거라고 선언했다.

하이젠베르크는 기겁을 했다. 자신이 단순한 방법으로 우아한 결과를 도출했는데, 보어가 그것에 두꺼운 옷을 입혀 질식시키고 있었다. 보어는 그런 일을 즐겼으나 하이젠베르크는 너무 강압적이라고 생각했다. 하이젠베르크는 논문 발표를 밀어붙이고 싶었다. 보어는 그들이 함께 연구 성과를 최고의 물리로 제안할 수 있을 때까지, 하이젠베르크의 논문 발표를 보류하자고 했다. 하이젠베르크는 거절했다. 이때 하이젠베르크에게는 유감스럽게도, 보어는 하이젠베르크의 해석에서 기술적인 실수를 찾아냈다. 그것은 수년 전 학위논문 심사에서 표준적인 광학이론에 관한 빈의 질문에 대답하면서 하이젠베르크가 저지른 실수와 연관된 것이었다. 하이젠베르크는 그것은 그리 큰 문제가 아니라며 굽히지 않았다. 결국 5월이 되어 하이젠베르크는 논문이 출판되기 직전 논문 말미에 주석을 다는 데 마지못해 동의하고, 논문의 명확성을 높여준 보어에게 감사하다는 말을 덧붙였다. 그리고 관찰상 '불확정성uncertainty'이 생기는 정확한 원인은, 자신이 논문에서 암시한 바만큼 명확하지 않을지도 모른다고 인정했다. 여기서 하이젠베르크는 보어가 선호한 불확정성이라는 용어를 썼다.

하이젠베르크의 유명한 불확정성원리uncertainty principle는 이런 진통을 겪으며 세상에 태어났다. 보어와 하이젠베르크가 그것을 최고로 잘 표현하기 위해 밀고 당기며 씨름했지만, 가장 어려운 점은 하이젠베르크가 말했듯이 "적절한 단어가 없다"[8]는 것이었다.

몇몇 단어들은 특히 어려움이 많았다. 피곤에 지쳐 파울리에게 쓴 편지에서 하이젠베르크는 "논문의 모든 결과는 보어와 내가 동의하는 것으로, 물론 정확하다. 단지 'anschaulich'라는 용어의 쓰임에서 우리 둘은 상당한 차이를 보이고 있다"[9]라고 썼다. 이 형용사는 독일어를 사용하는 물리학자들에게 문제가 되었으며, 영어로 번역할 때에는 더 어려웠다. 하이젠베르크는 부정확성에 대한 자신의 논문에

「Über den anschaulichen Inhalt der quantentheoretischen Kinematik und Mechanik」라는 제목을 달았다. 한 역자는 이것을 '양자론 정역학과 역학의 개념적 내용에 대하여 On the Perceptual Content of Quantum Theoretical Kinematics and Mechanics'로, 다른 역자는 '…의 물리적physical 내용에 대하여'로, 또 다른 역자는 anschaulich를 '직관적'으로 번역했다.[10] 마치 하나의 단어가 '구체적인'과 '추상적인'의 의미를 둘 다 갖는 것처럼 되었다.

동사 anschauen은 '응시하다'를 의미한다. 따라서 anschaulich한 무엇인가는 응시할 수 있는 무엇인가를 뜻한다. 하이젠베르크는 물리학자들이 원칙적으로 관찰할 수 있는 현상을 뜻한 것 같다. 그러므로 anschaulich는 '지각할 수 있는', 즉 '인지할 수 있는'으로 번역된다. '물리적'이라는 번역은 전통 방식에서 실험적으로 의미 있는 양을 뜻한다. 그리고 물리학자들이 이해할 수 있는 양들이 익숙하고 상식적인 의미를 갖는 위치와 운동량 같은 것들이기 때문에 '직관적인'이라고도 넓게 번역될 수 있다. (이 말에는 약간 문제가 있는데, 사실 뉴턴이 운동량의 개념을 고안하고 그것이 후세 모든 과학자들에게 상식이 될 때까지 어느 누구도 직관적으로 운동량을 생각해 내지 못했다.)

또 하나 묘한 것은 어떤 용어가 물리학 용어로 사용되어 유명해지면 유명해질수록 더욱 크게 회자된다는 것이다. 실험적 측정에 관해 이야기할 때, 하이젠베르크는 '부정확성'이라는 뜻의 Ungenauigkeit를 일관성 있게 사용했다. 그러나 자신의 논문 한 부분에서, 디랙과 파울리 둘이 체계에 대한 이론적 설명이 모호하다고 지적한 것을

언급하면서,

'결정하다'라는 뜻의 동사 bestimmen을 Unbestimmtheit(미결정성)로 바꾸었다. 즉 그는 실험 결과의 부정확성inexactness과 수학 설명의 미확정성indeterminacy을 명확히 구분했다. 그의 논문 말미의 주석에서만 갑자기 '불확정성'을 의미하는 Unsicherheit라는 단어가 등장했다. 이 단어는 보어가 선택한 것으로, 이를 통해서 보어가 영어권 물리학자들에게 알려지게 되었다.

'부정확성'은 실제로 하이젠베르크의 발견을 기술하기에는 부족한 단어다. 으레 정확한 측정을 하려 할 때 언제 어디서나 일어나는 오래된 어려움과, 새로운 어려움을 명확하게 구분할 수 없기 때문이다. 몇몇 고루한 물리학자들은 아직도 그것을 설명하는 보다 나은 방법으로 '미확정성원리indeterminacy principle'를 선호한다. (마이클 프레인Michael Frayn은 자신의 희곡『코펜하겐』후기에서 보다 예리하게 '미결정가능성indeterminability'을 사용할 것을 제안하기도 했다.) 독일어권 물리학자들은 오늘날 흐릿함의 원리die Unschärfe Relation라는 용어를 사용하는데, 훌륭한 선택이다. 영어와 마찬가지로 독일어에서도 선명함sharpness은 잘 나온 사진의 품질을 표현하는 단어로, unscharf는 '흐릿한blurred'을 의미한다. 흐릿함의 원리라는 말은 익살스러운 의미를 함축한다. 눈을 가늘게 뜨고 보면 볼수록, 보고자 하는 것이 무엇이든 더욱 희미해진다. 그러나 '흐릿함'은 이제 와서 영어 과학 용어가 되기에는 불충분한 단어임이 분명하다.

하이젠베르크는 보어에게 "적절한 단어가 없다"고 말했다. 그는 어느 단어도 자신의 개념을 완벽하게 나타낼 수 없다고 생각하여 이 용어 저 용어로 바꾸어 썼다. 그러나 보어는 계속 노력하면 적당한 단어나 숙어를 찾을 수 있으리라 생각하는 듯했다. 보어는 양자역학을 일상용어로 표현해야만 물리학자들이 그것을 수학 관계식의 조합 이상의 의미로 이해할 수 있다고 믿었다.

1927년 6월, 파울리는 코펜하겐을 방문하여 교전 중인 두 교주 사이에서 중재 역할을 하기 원했다. 한번은 하이젠베르크가 보어의 그칠 줄 모르는 끈질긴 질문에 눈물을 흘리기까지 했다. 또 어떤 때는 자신의 좌절감으로 와락 화를 내거나 거칠게 반항하기도 했다. 그러나 보어는 어떤 상황에서도, 일찍이 슈뢰딩거를 대할 때처럼, 밉살스러울 만큼 담담하게 냉정함을 유지했다. 파울리는 하이젠베르크를 위로해 줄 수는 있었으나 분쟁을 깨끗이 정리하지는 못했다.

어쨌든 하이젠베르크는 라이프치히 대학교의 교수직을 맡기 위해 코펜하겐을 떠날 때가 되었다. 그곳에서 성가신 보어로부터 멀리 떠나 하이젠베르크는 지난 몇 달간을 되돌아보았다. 얼마 후 그는 보어에게 편지를 보내 자신이 얼마나 은혜를 모르는 것으로 보였을까 후회된다고 썼다. 그해가 저물 무렵 하이젠베르크의 짧은 코펜하겐 방문으로 두 사람의 관계는 개선되었다.

하이젠베르크가 보어의 조수로 일하는 동안만큼 둘이 그렇게 가깝고, 힘들고, 지적 활동이 눈부신 때는 다시 없었다. 하이젠베르크는 이제 겨우 26세에 스스로의 힘으로 교수 자리를 확보했다. 이로써 그는 하찮은 일들로 그의 지적 능력을 낭비하지 않을까 노심초사해 온

아버지의 우려를 잠재울 수 있었다. 한편 보어는 물리학자들이 오랫동안 간직해 온 원리들을 위협하는 것처럼 보이는 이 황당한 새로운 주장을 조금 더 진전시켰다. 그가 다음 과제로 택한 것은 불확정성의 묘한 개념을 이해하는 데 필요한 철학을 제대로 수립하는 것이었다.

# 13

보어의 주문과 같은 용어

 뒤이은 대단한 악명에도 불구하고, 불확정성원리의 탄생이 물리계와 철학계에 당장 불안이나 폭풍을 일으키지는 않았다. 보어는 슈뢰딩거의 파동이 확률을 나타냄을 알고 있었으므로 벌써부터 결정론은 사라져야 한다고 말해왔다. 파울리와 디랙도 양자물리학이 외부 세계에 스스로를 드러내는 방식에 무언가 이상한 점이 있음을 알고 있었다. 하이젠베르크의 불확정성의 중요성은 그 이상한 점을 정확히 집어내어 거기에 수를 입혔다. 하이젠베르크에게 가장 중요한 것은, 파동으로 물리학에 모종의 고전적 현실을 회복할 수 있으리라는 슈뢰딩거의 희망을 완전히 근절시킨 것이었다.

 그러나 이와 같은 토론은 그에 관여하고 있는 선택된 소수에게 양자역학의 내부 작동에 대한 것이었다. 양자역학 현상이 좀더 넓은 맥락에서 어떻게 스스로를 알려나갈지를 붙들고 고민한 사람은 보어로, 그는 새로운 상보성의 철학을 개발했다. 보어의 상보성은 자신의 사상인 동등성에서 흘러나왔다. 즉 양자 세계는 고전 세계로 매듭 없이 전환되어야 한다. 또 그것이 우리가 주변에서 항상 보는 바다. 상보성은 양자역학을 수많은 현역 물리학자들이 이해할 수 있고 실용적으로 사용할 수 있는 것으로 만들어주어야 했다. 양자물리학의 정말 혁명적인 측면이 폭발적으로 큰 무대에 올려질 수 있었던 것은 해석상의 이러한 시도 덕분이었다.

하이젠베르크가 코펜하겐에서 라이프치히로 떠난 후, 보어는 불확정성원리를 자신의 방식으로 해석하는 지난한 과정에 착수했다. 자신의 새로운 조수이자 비서인 오스카르 클라인Oskar Klein과 함께 보어는 생각한 것을 말하고 말한 것을 실행해 보고, 매일 아침 클라인이 전날에 힘들게 정리해 놓은 내용을 던져버리고 다시 시작하곤 했다. 여름철 보어의 가족이 코펜하겐 북쪽의 덴마크 해안에 있는 시골 별장으로 휴가를 떠날 때 클라인도 따라갔다. 거북이같이 느린 창작 과정이 계속되었다. 보통은 쾌활하고 절제 있는 보어의 부인 마르그레테가 이때 몇 번 눈물을 보였는데, 하이젠베르크가 그랬던 것과 같은 이유는 아니었다. 물리학에 대한 남편의 관점에 반박해서가 아니라 가족과의 휴가에서 남편이 계속 정신을 딴 데 두고 있었기 때문이었다. 당시 보어 부부는 다섯 명의 자녀를 두었는데, 모두 사내 녀석들로, 다음 해에 여섯 번째 아들이 태어날 참이었다.

용어 문제로 겪는 이 모든 혼란에도 보어의 내적 확신에는 조금도 흔들림이 없었다. 양자 대상의 성질이나 거동에 대한 어떤 실용적인 설명도 궁극에는 고전 용어로 귀착되어야 한다. 그것은 논란의 여지가 없었다. 어떤 실험의 결과도 반드시 구체적인 데이터로 나타나지 확률 구름으로 나타나지 않는다.

보어는 슈뢰딩거의 파동이 왜 결코 슈뢰딩거가 희망한 고전적 구조가 될 수 없는지를 불확정성과 상보성이 밝혀줄 것이라고 생각했다. 형식상 슈뢰딩거방정식은 고전적인 의미에서 결정론적이다. 즉 어느 시점에 어떤 계의 상태를 모호함 없이 정확하게 계산할 수 있다. 단 중간에 관찰하려는 어떤 시도도 없을 때에 한해서다. 측정은 보른의 확률 해석을 즉시 작동시켜, 다른 가능도를 가진 다른 결과가 나오게 한다.

하이젠베르크의 불확정성은 하나의 가능한 측정과 또 다른 측정 사이의 불일치는 피할 수 없다고 못 박았다. 관찰자는 이것이나 저것이나 어느 것이나 측정을 선택할 수 있지만 그 결과들 사이의 공약불가능성incommensurability을 감수해야 한다. 상보성은 이 모든 상충하는 가능성들을 하나의 지붕 아래에 두기 위한 보어의 방법이었다.

보어는 1927년 9월 전기의 선구자 알렉산드로 볼타Alessandro Volta 서거 100주년을 기념하기 위해 이탈리아 코모Como에서 열린 학술회의에서 자신의 매우 중요한 철학을 제안했다. 보어의 이 강연은, 측정은 객관적인 세계에 대한 수동적 기술이 아니며, 측정되는 것과 측정 방법 사이의 능동적인 상호작용이 함께 결과에 영향을 미친다는 생각을 과학계에 공식적으로 소개한 사건이었다. 그러나 그 당시에는 보어의 고뇌에 찬 난해한 설명은 완전히 실패로 끝났다. 사람들은 전혀 이해하지 못하거나 보어가 그들이 이미 알고 있는 것을 쓸데없이 신비스럽게 말한다고 느꼈다.

보어는 《네이처Nature》에 실을 자신의 코모 강연 내용을 고심하여 쓰고, 또 고쳐 썼다. 편집자가 수정을 간청하고, 파울리의 도움을 얻고, 보어가 굴욕적으로 사과하는 등 논문 발표는 지연되었다. 이듬해 4월, 마침내 정리된 결과물이 출판되어 나왔을 때에는 편집자의 주석이 붙어 있었다. 편집자는 보어가 물리학의 고전 원리가 회복되리라는 마지막 희망까지 꺾어버렸다고 한탄하면서 보어의 모호한 문장들이 "이 이론에 대한 마지막 말이 아니고 물리학자들이 언젠가 양자가설을 그림의 형태로 잘 표현해 주기를 희망한다"라고 썼다.

예를 들어 보어는 자신과 동료들이 "감각에서 빌려온 인식 방식을 자연의 법칙에 대한 깊어가는 지식에 적응시키고 있다"[1]라고 말했다. 보어의 글이 문법적으로 어려울 뿐만 아니라, 《네이처》의 평균 독자들과 자연 연구가들을 어리둥절하게 만든 것은 의심의 여지가 없다.

측정이 측정되는 계를 교란한다는 생각은 많이 말해지지만 제대로 이해된 경우는 거의 없었다. 보어가 설명하려 한 것처럼 모든 측정은 결국 측정되는 것을 교란시키게 된다. 양자역학에서 정말 새로운 점은, 보어가 이해시키려 했던 것처럼, 측정이 측정되는 것을 정의한다는 것이다. 측정에서 얻은 결과가 측정하고자 선택한 것에 의존하며, 그것은 새로울 게 없다. 그러나 하이젠베르크가 증명했듯이 계의 한 측면을 측정하는 행위는 내가 발견할 수 있는 다른 것에 대한 가능성의 문을 닫고, 따라서 미래 측정에서 나올 정보를 숙명적으로 제한시킨다.

코모 강연장에서 보른은 일어서서 자신은 대체로 보어에 동의한다고 짧게 말했다. 결정적으로 하이젠베르크도 지지했다. 단지 한두 사람의 내부인만이 그들의 관계를 알고 있었다. 이제 표면적으로는 모든 일이 잘되었고, 하이젠베르크는 스승에게 찬사와 감사를 표할 일만 남았다.

이렇게 하여 양자역학에 대한 코펜하겐 해석이라 부르는 일이 탄력을 받기 시작하자 이 사건은 물리학자들뿐만 아니라 과학사학자와 과학사회학자들까지도 머리 아픈 일이 되었다. 많은 내적 갈등에도 불구하고, 보어 진영은 외부의 비난을 잠재우기 위해 공식적으로 잘 단결된 척했다. 특히 하이젠베르크는 자신의 반대 의견을 마음속에 담아두고 눈물을 훔치며 집단의 노선을 공손하게 따랐다.

크라메르스가 그랬던 것처럼 하이젠베르크가 보어의 저항할 수 없는 힘에 굴복한 것일까, 아니면 보어의 그칠 줄 모르는 논쟁 능력 앞에 항복한 것일까? 아니면 어떤 사람들의 말처럼, 독일에서 교수직을 얻으려는 시점에서 자신이 성급한 사람, 독불장군도 아니고 믿음직스러운 팀원이 될 수 있음을 보여줘야겠다는 생각에서 그랬을까?

어떤 생각도 그럴듯하지 않다. 하이젠베르크는 보어의 적절한 축복을 받지 않고 불확정성 논문 발표를 밀고 나가 그의 완충력을 보여주었다. 무엇보다, 26세의 나이에 하이젠베르크는 양자역학을 창안하는 통찰력을 보였고 이제는 그 이론의 가장 혼란스럽고 영향력이 큰 부분을 해결해 냈다. 물리학에 대한 근본적인 의견의 차이에도 불구하고, 하이젠베르크는 아인슈타인과 플랑크의 존경을 받았다. 하이젠베르크가 직장을 구하기 위해 자신의 견해를 굽혔다는 주장은 수긍하기 어렵다.

사실 그 단순한 설명이 반드시 틀린 것도 아니다. 코펜하겐을 떠난 후 하이젠베르크가 돌이켜 생각해 보고, 보어에 대한 자신의 적개심이 그가 불확정성을 자기와 약간 다르게 이해하는 데 대한 못마땅함, 자존심 이상의 것이 아님을 알게 되었는지도 모른다. 파울리는 하이젠베르크에게 보어의 사고를 좀더 신중하게 생각해 보라고 꾸짖었다. 상보성의 큰 일반성과 그에 따른 모호성은 하이젠베르크의 성미에 맞지 않았을 수도 있다. 그러나 물리학자들이 양자역학을 어떻게 이해해야 하는지 설명하는 데에서는 보어의 전략이 중요한 진실을 잡아내 준다는 것을 하이젠베르크도 부인할 수 없었을 것이다. 한마디로 그것은 유용했다.

결론적으로, 하이젠베르크는 보어가 앞으로 나아가는 보다 좋은 방법을 제공하고 있음을 알았기 때문에 마음을 바꾼 것이다. 하이젠베르크는 실용주의자였다. 하이젠베르크가 자신을 기만했다고 볼 이유는 없어 보인다.

코모에서 개최된 학술회의가 그다지 중요한 모임은 아니었다고 한다면, 한 가지 이유는 아인슈타인과 슈뢰딩거가 참석하지 않았기 때문이다. 1927년 봄 어느 날 아인슈타인은 슈뢰딩거 파동에 대한 확률론적 해석이 아니라 실질적인 해석을 주장하는 논문을 제출했다가, 하이젠베르크와 의견을 교환한 후 취소했다. 아인슈타인은 불확정성을 좋아하지 않았지만 반박 논리를 찾기 위한 시도에 성과가 없었다. 아인슈타인은 베를린에 남아 있었는데, 슈뢰딩거가 곧 교수진으로 합류할 참이었다. 플랑크가 공식적으로 은퇴했으며, 친목 행사를 좋아하고 과학적으로 보수적인 슈뢰딩거가 그 자리를 채울 가장 적당한 사람으로 등장한 것이다.

이런 국면을 맞아 아인슈타인은 상보성을 좋아하지 않을 수 없었다. 1909년 초 홀로 광자의 실체를 주장할 때 아인슈타인은 이론물리학이 "일종의 파동이론과 방출이론(즉 광자이론)의 융합으로 해석될 수 있는, 빛에 대한 새로운 이론을 도입해야 한다"[2]라고 말해왔다. 하이젠베르크가 불확정성을 발표하기 바로 전 베를린에서도 아인슈타인은 상충하는 견해들을 합성할 필요성을 강의했다. 그러한 합성 노력은 근본적인 상충성을 날려버릴 것이라고 아인슈타인은 믿었다. 그런데 상보성은 오히려 그것의 창안자 보어처럼 상충성을 적극 즐기는 것 같았다.

코모 회합이 결렬되고 나서 몇 주 후, 회합에 참석했던 많은 물리학자들이 브뤼셀에서 '전자와 광자'라는 주제로 열린 제5차 솔베이Solvay 물리학 학술회의에 다시 모였다. 에르네스트 솔베이Ernest Solvay는 벨기에의 화학자이자 탄산나트륨의 산업 제조 공정에 크게 기여한 열렬한 아마추어 과학자였다. 1911년 그 당시 태동하던 분자와 복사에 관한 물리학에 매료되어 재단을 설립하고 브뤼셀에 있는 호화로운 메트로폴 호텔에서 초청자만이 참석하는 회합을 열었다. 아인슈타인, 플랑크, 러더퍼드, 퀴리 부인을 포함한 스무 명의 선구자가 모여 여유롭고 편안한 분위기에서 자신들이 가장 진지하게 해결해야 할 과제들을 토론했다.

  이 회합의 첫 번째 회의에 대한 반응이 너무 좋아 솔베이는 이 학술회의를 3년마다 정기적으로 개최하기로 했다. 전쟁으로 회의가 중단되었다가도 전쟁이 끝나면 다시 개최되었다. 솔베이 학술회의는 전후 가장 복잡하게 얽히고 가장 심오한 많은 과학 토론의 진원지가 되었다. 이 학술회의는 스무 명 또는 서른 명이 넘지 않는 저명한 초청받은 과학자들만이 참석하는 회의로 남았다.

  전후에는 한동안 독일 과학자들을 배제했기 때문에, 1927년 제5차 솔베이 학술회의가 되어서야 비로소 진정한 국제회의가 재소집된 셈이다. 아인슈타인이 돌아오고, 1924년 회의 때 질병으로 참석하지 못했던 보어가 처음으로 참석했다(솔베이 자신은 1922년에 사망했다). 제5차 솔베이 회의에서는 토론할 큰 과제가 하나 있었다. 3년 전에는 존재하지도 않았던 양자역학과 불확정성원리가 그것이었다.

  보어를 제외하고는 나이 든 보수와 청년 개혁파 두 파로 정확하게 갈라졌다. 보어는 성격대로 어느 진영에도 가담하기를 거부했다. 특히 하이젠베르크, 파울리, 디랙과 같은 젊은이들은 양자역학을 원자, 광자, 복사의 미해결 문제에 적용함으로써 양자역학을 진전시킬 포부에 차 있었다. 그들은 철학, 의미론, 또는 탁상공론 냄새가 나는 어떤 것도 참지 못했다. 한편 다른 쪽의 드브로이는 슈뢰딩거가 양자역학을 과학적으로 받아들여질 수 있는 형태로 발명한 것을 높이 사면서 젊은이들을 자제시켰다. 반면에 슈뢰딩거는 확률 해석을 거부하면서 양자 파동에 대한 자신의 개념을 어눌하게 방어했다. 슈뢰딩거의 발언은 특히 보른과 하이젠베르크에게 날카로운 비난을 받았으며, 슈뢰딩거는 회의가 끝날 때까지 내내 고개를 숙이고 있었다.

아인슈타인은 언제나처럼 어느 누구의 주장에 대해서도 논평하지 않았으나 보수주의 진영의 수장이었으며 공식 연설을 하지 않았다. 아인슈타인은 양자역학에 대한 견해를 요청받았지만, 잠시 머뭇거리다가, 자신은 양자역학 문제를 아직 충분히 철저히 숙고해 보지 않았다는 핑계를 대서 거절한 후, 자신은 가만히 앉아서 듣기만 하고 싶다고 말했다.

토론 내내 아인슈타인은 주로 침묵하면서 혼자서만 염려스러운 생각을 했다. 가끔 이야기할 때는 꼭 자신이 하는 말에 확신이 설 정도로 양자역학을 충분하게 면밀히 검토하지 못한 것 같다고 미안해하며 말했다.

그럼에도 불구하고 아인슈타인은 자신의 존재를 확실하게 했다. 식사 중이나 쉬는 시간, 저녁 늦게까지 아인슈타인은 양자역학 지지자들이 믿는 바가 무엇인지 정확하게 표현하도록 분발시켰다. 한편으로는, 직관적이고 철학적이나 완전히 합리적이지는 않고, 그러나 여전히 무게 있는 자신의 유보적 견해를 강조했다. 충분히 의견을 교환했는데도 한 견해의 지지자는 다른 진영의 반대를 소화하지 못했다. 볼츠만의 마지막 제자이자 아인슈타인의 친구 중 한 명인 파울 에렌페스트Paul Ehrenfest는 한번은 "하느님이 지상의 모든 언어를 혼동시키셨다"라는 바벨에 관한 창세기의 구절을 칠판에 써넣었다.[3] 하이젠베르크와 파울리는 노인의 불평에는 관심이 없다는 듯한 태도였다.[4] 그들은 말없이 공손히 듣고 있었으나 염려할 것 없어, 모든 게 잘되겠지 하며 속으로 중얼거리고 있음을 알 수 있었다.

한편 보어는 아인슈타인에 대한 개인적인 존경심 때문에, 또 그 자신의 철학적 우려에 깊이 빠져 있었기 때문에 오랜 친구의 반대를 무시할 수 없었다. 마치 다른 사람들은 방어의 큰 필요성을 모르기라도 한다는 듯이 보어는 양자역학의 수호 임무를 혼자 떠맡았다. 보어는 사석에서 아인슈타인이 무엇에 그토록 강하게 반대하는지 정확히 이해하지는 못했다고 토로하기도 했다.[5]

아인슈타인은 그가 가장 좋아하는 방식인 사고실험thought experiment을 고안했다. 그는 동료들에게 단순한 경우를 상상해 보라고 했다. 불투명한 스크린의 작은 구멍을 통과하는 전자 다발을 생각해 보자. 전자들은 파동의 특성이 있기 때문에 첫 번째 스크린 뒤의 두 번째 스크린 위에 상을 기록하게 되는데, 밝고 어두운 둥근 고리가 교대로 나타나는 소위 말하는 회절diffraction 패턴을 보인다. (이 현상은 19세기 초반 프랑스의 물리학자인 오귀스탱 프레넬Augustin Fresnel이 빛에 대해 예측한 것으로 빛의 파동설을 지지하는 결정적인 증거의 하나다.)

양자역학은 각 전자가 스크린의 한 곳 또는 다른 곳에 부딪힐 확률만을 예측할 수 있다. 개별 전자들은 구멍을 통과하여 확률적인 양상으로 분산되어, 반드시 그러나 각기 독립적으로 예측되는 회절 패턴을 만들 것이다. 그러나 아인슈타인은 전자 하나를 생각해 보라고 했다. 전자가 스크린의 한 점에 부딪히면 그 순간 다른 곳에 부딪힐 확률은 0이 된다. 파동함수는 새로운 상황을 기록하도록 돌연히 변해야 한다. 아인슈타인은 '이것이 충돌의 순간에 스크린 전체에 순간적으로 무슨 일이 일어났다는 의미가 아닌가?'라고 물었다.

여기에 아인슈타인이 수년에 걸쳐 양자역학에 반대한 핵심이 놓여 있다. 빛보다 빠른 교환 수단이 있어야 한다는 것이다. 아쉽게도 아인슈타인과 보어 사이의 격렬한 논쟁에 대해 남아 있는 유일한 설명[6]은 20년이 지난 후 보어 자신이 술회한 것뿐이다. 그 내용을 살펴보면, 보어의 상세한 설명을 듣고 난 후의 아인슈타인의 주장에서 다소 당황한 빛이 보이는데, 아인슈타인은 근본 핵심을 놓치고 있었다.

아인슈타인은 빛보다 빠른 현상을 용납할 수 없었기 때문에 양자역학은 이야기의 전부가 아니라고 주장해 왔다(고 보어가 말했다). 어떤 다른 방법이 틀림없이 있을 것이라고 아인슈타인은 믿었다. 양자역학보다 원대한 어떤 이론이 그 안에 전자의 거동을 상세하게 계산하여 각 전자 모두가 어느 곳에 부딪힐지 정확하게 예측해 주는 방법을 가지고 있을 것이다. 그런 경우에 양자역학에 내재한 확률은 열에 대한 고전 운동론에 나타나는 확률과 같은 것으로 밝혀질 것이다. 그러므로 원자들은 언제나 분명한 특성과 거동을 보이고 완벽하게 예측 가능하다. 그러나 물리학자들은 각 원자들이 무엇을 하는지는 정확히 알 수는 없고, 할 수 없이 통계적인 설명에 의존해야만 한다. 양자역학도 똑같은 방식이어야 한다고 아인슈타인은 주장했다. 수면 아래는 전통 방식으로 결정론적이어야 한다. 확률을 도입하는 것은 물리적인 결정론을 근본적으로 폐기한다는 의미가 아니라 물리학자들이 아직 완전한 그림을 알아내지 못했다는 뜻이다.

반론의 방편으로, 보어는 아인슈타인의 사고실험에서는 전자에 관해 더 이상의 정보를 추출할 수 없음을 증명하기 위해, 산란 과정에서 회절 패턴을 파괴하지 않는 새로운 불확정성원리를 주조해 냈다. 즉, 전자가 스크린에 부딪히기 전까지의 각 전자의 궤적이나 회절 패턴 중 하나는 얻을 수 있지만 둘 다는 얻을 수 없다.

이 반응에 대한 아인슈타인의 분노를 쉽게 상상할 수 있다. 물론 양자역학은 모든 정보를 줄 수 없다. 그 점이 바로 아인슈타인이 지적하고자 한 문제였다. 보어는 어려움을 없애는 게 아니라 어려움을 더 강화시켰다. 양자역학이 이야기의 전부일 수는 없다.

솔베이 회합 바로 뒤에 쓴 에렌페스트의 편지는 그 사건을 열정적으로 전보 치듯이 전해준다. "한판의 체스 시합 같았다"라고 그는 기록했다. "아인슈타인은 새로운 주장에 즉각 대응할 준비가 되어 있었다. 보어는 언제나 철학적 연무 속에서 한 예가 끝나면 다음 예를 부쉬버릴 도구를 만들어냈다. 아인슈타인은 뚜껑을 열면 인형이 튀어나오는 도깨비 상자같이 매일 아침 새롭게 뛰어올랐다. 아주 볼만했다." 에렌페스트는 이전에 상대성을 비판하는 사람들이 그랬던 것처럼 아인슈타인이 양자역학에 대해 불합리하게 말하는 것을 보고 분개하고, 아인슈타인에게 직접 그렇게 말했다. 그러나 아인슈타인의 양자역학에 대한 불만에 자신도 불편함을 느꼈다고 인정하기도 했다. 비록 보어의 편을 들었지만 그도 "지독한 보어의 주문과 같은 용어. 어느 누구도 요약할 수 없는 말"[7]을 불평하지 않을 수는 없었다.

다른 참석자들은 그 회합을 그렇게까지 멜로드라마로 기억하지 않았다. 심정적으로 아인슈타인과 가까운 견해를 가졌던 디랙은 "나는 그들의 논쟁을 듣기만 하고 직접 가담하지 않았다. 크게 관심이 없었기 때문이다. 나는 정확한 방정식을 얻는 데 더 관심이 있었다"[8]라고 담담하게 말했다. 디랙은 다른 어디에선가 "상보성은 당신이 이전에 가져보지 못한 어떤 방정식도 제공하지 않는다"[9]라고 말했다.

제5차 솔베이 회합에서의 충돌에 아인슈타인과 보어도 즐겁지 않았다. 둘 다 자신의 견해를 상대에게 설득시키지 못했기 때문이다. 하이젠베르크와 파울리는 대체로 한쪽 편을 들었다. 한참 뒤에 하이젠베르크는 솔베이 회합이 양자역학에 대한 합의를 형성하는 데 매우 중요했다고 말했다. 물론 그 합의는 보어, 파울리, 하이젠베르크 자신의 합의였음을 인정했다. 1929년 시카고에서의 강연에서 하이젠베르크는 보어의 영향력과 코펜하겐 정신을 찬양했다. 지지자와 반대자 모두에게, 코펜하겐의 해석은 양자역학의 표준 견해로 구체화되어 갔다. 그것은 수십 년 동안 영향력을 크게 끼쳤으나 그만큼 정의하기도 어려웠다. 그것에 찬성하는 사람들은 그것의 심오함과 막강함에 대해 이야기하면서, 그것을 말로 하기 쉽지 않다고 털어놓는다. 비판자들은 바로 그게 문제라고 말한다. 누구도 그것이 무엇인지 제대로 말할 수 없음에도 불구하고 그것은 실질적인 권위를 획득했다.

아인슈타인은 누그러지지 않았다. 제5차 솔베이 회합이 있고 나서 1년 후, 아인슈타인은 경멸적으로 그러나 단념하는 투로 슈뢰딩거에게 "편안한 하이젠베르크-보어의 철학, 혹은 종교는 매우 잘 꾸며져 당장은 진지하게 믿는 사람들에게 편안한 베개를 제공한다네. 거기에서 강제로 일으키기는 쉽지 않으니 속게 내버려두세"[10]라는 내용의 편지를 썼다. 자신은 양자역학을 싫어하는 근거로 '신Old One'을 직접 언급했으면서 다른 사람들의 종교적인 원리에는 반대했다는 사실은 아이러니가 아닐 수 없다.

# 14

게임은 승리로 끝났다

　1928년 여름이 끝나갈 무렵 러시아 출신의 한 청년이 괴팅겐에서 열린 여름학교를 마치고 레닌그라드/현재 이름은 상트페테르부르크: 옮긴이/로 돌아가는 길에 보어를 만나기 위해 잠시 코펜하겐에 들렀다.[1] 오후 나절 시간을 내어, 보어는 키가 크고 호리호리한 청년 조지 가모브George Gamow가 어떻게 오랫동안 현안 문제로 남아 있던 수수께끼의 답을 우아하지만 괴팍하게 해결했는지에 귀를 기울였다. 보어는 가모브에게 코펜하겐에 얼마나 머물 생각인지 물었다. 가모브는 소련 정부에서 빠듯하게 지원해 준 여행 경비가 바닥나 그날로 떠나야 한다고 말했다.

　보어의 관심을 사로잡은 내용은 방사성 붕괴와 관련한 오래된 수수께끼에 대한 설명이었다. 그것은 퀴리 부인이 1898년부터 오랫동안 말해온 수수께끼로 러더퍼드와 소디가 1902년에 정량적으로 확인한 내용이다. 그들 모두가 관찰한 내용은 붕괴가 무작위로 일어난다는 것이었다. 불안정한 상태의 원자핵들은 주어진 시간에 분열되는 일정한 확률을 갖는다. 이것은 물리학계에서 예측 불가능한 현상으로 처음 목격된 것인데도 그 중요성은 물리학자들의 관심을 즉각 끌지 못했다. 1916년이 되어서 아인슈타인이 보어 원자모형에서 전자들의 뜀 현상이 똑같은 확률 법칙을 따른다고 발표했을 때에도 물리학자들은 새롭고 이상한 현상이 이론물리학의 영역에 뛰어들었음을 제대로 눈치 채지 못했다. 방사성과 전자의 이탈 사이의 연결 고리에 대해서도 전혀 인식하지 못했다.

가모브가 보어를 만났을 때, 핵물리학은 별로 이해되지 못한 상태였다. 양성자가 알려져 있었고, 양성자는 중성적인 짝을 가져야만 한다는 믿음이 커져가는 중이었다. 그 믿음은 1932년 중성자가 발견된 후에야 확인되었다. 물리학자들은 무엇이 핵을 하나로 묶어두는지에 대해서는 아는 바가 없었다. 양전기를 띠는 양성자들을 촘촘히 모아놓은 집단에는 중성적인 동반자가 있든 없든 양성자를 즉각 흩트려 놓는 정전기적 반발력이 작용해야 한다.

필연적으로 가모브는 알파 방사성을 설명할 아주 단순한 모형을 만들어냈다. 그는 헬륨 원자의 원자핵과 동일한 알파입자가 무겁고 불안정한 핵 내부에 이미 존재한다고 상상했다. 그는 핵을 하나로 묶어놓는 어떤 힘이 이 알파입자들이 튀어나가는 것도 막아 가둔다고 생각했다. 양자의 눈으로 이런 그림을 꿰뚫어 본 가모브는 놀랍고도 만족스러운 결론에 이르렀다.

고전적으로 말하자면, 알파입자들을 핵의 내부에 붙들어놓을 수 있는 강한 힘은 알파입자들을 영원히 붙들어둘 것이다. 얕은 그릇 안에서 굴러다니는 구슬을 생각해 보라. 구슬이 그릇의 가장자리를 넘어서 날아갈 정도로 충분한 에너지를 가졌다면 금방 그렇게 될 것이다. 그러나 구슬이 가장자리까지 굴러 올라갈 만큼 충분한 속력이 없다면 구슬은 영원히 그릇 밖으로 넘어가지 못한다. 이 두 가지 경우는 분명히 다르다.

그러나 가모브는 핵 내부의 알파입자들을 설명하는 데 알파입자들을 구식의 입자보다는 양자 파동으로 보고 슈뢰딩거방정식을 이용했다. 그는 수학적 이유에서 이 파동이 핵의 경계에서 갑자기 사라지지 않음을 알아냈다. 파동은 경계 너머까지 연장되어 먼 거리까지 잔재를 남겼다. 그러나 만약 파동이 핵 밖에까지 존재한다면, 알파입자들이 실제로 핵 밖에 존재할 확률이 있어야 함을 가모브는 깨달았다. 가모브의 양자 해석에 따르면, 알파입자는 오로지, 철저히 핵 안에만 존재할 수 없다.

다시 말해 알파입자는 핵 외부에 나타날 수 있는 정해진 일정한 확률을 갖는다. 일단 핵 외부로 나가기만 하면 전기적 반발력이 작용해 입자를 멀리 보내준다. 가모브의 단순한 생각에서 시작된 이 모형은 알파입자 붕괴가 일어나는 이유뿐만 아니라, 러더퍼드와 소디가 이미 4반세기 이전에 밝힌 확률 법칙에 대한 설명까지 제공했다.

가모브는 코펜하겐으로 옮겨갈 즈음 이미 이 논문을 제출해 놓은 상태였다. 실은 두 명의 미국 물리학자인 에드워드 콘던Edward Condon과 로널드 거니Ronald Gurney도 독자적으로 1928년 발표한 연구 결과에서 똑같은 생각을 내놓은 상태였다.

보통 이 알파붕괴alpha decay 모형은 투과tunneling로 알려진 일반적인 양자 현상의 첫 번째 예로 인용된다. 투과는 알파입자가 고전물리학 용어에서 말하는 뚫을 수 없는 장벽을 뚫고 빠져나가는 것이다. 장벽은 구속력에서 생긴다. 그러나 '투과'는 고전적으로 불가능한 현상을 익숙한 언어로 바꾼 것으로서 어색한 표현이다. 그것은 감옥 안에 갇혀 굴러다니던 입자가 자연적으로 어느 순간 벽을 통과해 사라져버리는 장면을 연상시킨다. 그러나 슈뢰딩거의 파동이나 하이젠베르크의 불확정성에 맞는 순수한 양자역학에서 알파입자는 고전적인 모형과는 달리 정확한 위치나 운동량을 결코 갖지 않는다. 대신에 그것은 핵의 경계 밖에서 일정한 값의, 부분적인 존재 가능성을 갖는다.

이것은 교묘한 의문을 자아낸다. 알파입자가 언제나 핵 외부에 존재할 특정 확률을 갖는다면, 알파입자는 왜 다른 때가 아닌 어느 한 순간에 빠져나가는가?

러더퍼드는 "전자가 어떻게 결정을 내리는가?"라는 질문을 보어에게 여러 해 동안 던져왔다. 그러나 전자가 다른 순간이 아닌 어느 한 순간에 새로운 궤도로 뛰어드는 이유를 찾을 길이 없었다. 이제 똑같은 질문이 알파붕괴에서도 제기되었다. 핵이 언제 쪼개질지 어떻게 결정하는가?

알파붕괴에 대한 가모브의 설명은 이 두 질문에 대한 답이 똑같음을 보여준다. 양자역학은 확률만을 제시할 뿐이다. 그게 전부다. 어떤 일이 언제 어느 곳에서 일어날지에 대한 특별한 예측을 묻는 일은 양자역학이 제공할 수 있는 이상의 것을 묻는 것이다. 고전역학에서는 어떤 일이 일어날 때에는 직접적인 원인이 있다. 양자역학에서는 시간과 관계되는 한, 명확해 보이는 규칙이 더 이상 적용되지 않는다. 아인슈타인이 왜 이것을 과학적 설명이라기보다는 실패를 자인하는 것으로 여겼는지 쉽게 알 수 있다.

당시 가모브는 레닌그라드 대학교를 막 졸업한 24세의 청년이었다. 하이젠베르크, 슈뢰딩거, 디랙, 그리고 몇몇 사람들이 보어의 엄한 지도와 아인슈타인의 회의적 주시 속에서 새로운 물리학을 창시하던 양자역학의 역사적인 시기에서 가모브는 몇 년 뒤처져 있었다. 같은 세대의 다른 모든 물리학자들이 느낀 것처럼 디랙 역시 양자역학이 이전에는 생각할 수도 없었던 모든 방식의 의문을 파고들 경이로운 도구를 제공함을 알았다. 핵물리학뿐만 아니라 결정체 및 금속 물리학, 열과 전기의 전도성물리학, 빛에 대한 투명성과 불투명성의 물리학 등 모든 물리학이 양자역학적 통찰을 따르기 시작했다. 물리학자들은 그들에게 방대한 영역의 실용적 문제들이 열려 있는데 철학적 걱정으로 시간을 허비할 이유가 없었다. 할 일은 무궁무진했고, 모든 일은 매우 재미있었다.

반대로 아인슈타인은 복잡하게 얽힌 양자 현상을 세세히 계산해 보지 않았으며 깊은 우려를 포기하지 않았다. 그의 마음속에는 아직 저항감이 남아 있었다.

 보어는 그답지 않게 딱 부러지는 표현을 써서 "1930년 솔베이 회합에서 아인슈타인을 다시 만났을 때, 우리의 토론은 극적인 전기를 맞이했다"[2]라고 회고했다. 이전과 같이 전 세계의 지도적인 물리학자 30명이 브뤼셀에 모였다. 이번 모임의 공식 주제는 자기학이었다. 그러나 공식 주제와 정식 의사록은 거의 대부분 역사책에서 사라졌다. 지금까지 기억되고 있는 일은 팽팽한 긴장감 속에서 또 한 번 진행된 보어와 아인슈타인의 격렬한 논쟁이었다.

 이전의 결론 없이 끝난 솔베이 토론회 이후, 아인슈타인은 형이상학적 관념 가지고는 아무것도 못한다는 것을 분명히 깨달았다. 그는 무언가 잘못이 있음을 구체적으로 정량적으로 보여줄 방법이 필요했는데, 브뤼셀에 도착할 무렵 한 가지 방법이 생각났다. 그는 보어와 제자들에게 오늘날 양자역학의 기본 원리로 인정받는 불확정성원리가 결과적으로 진리일 수 없다는 것을 증명하고 싶었다. 그는 하이젠베르크의 규칙이 허용할 수 있는 것보다 더 많은 정보를 실험에서 얻어낼 수 있는 우회적인 길을 찾았다.

 물론 그 실험은 실제 실험이 아니라 아인슈타인이 좋아하는 또 하나의 사고실험이었다. 그것은 아무리 상상력을 발휘해도 어느 실험실에서도 실행될 수 없으나, 물리법칙이 허용하는 실험이었다. 아인슈타인에 의하면, 그 실험은 하이젠베르크가 허용하는 결과보다 더 좋은 결과를 낳는다는 것을 물리법칙이 증명해 주었다. 그것은 너무 단순해서 논란이 될 것도 없었다.

아인슈타인은 광자들이 상자 안에 들어 있고, 상자 안에는 시계로 작동되는 셔터가 달려 있다고 상상해 보라고 주문했다. 정확하게 규정되는 어느 순간에 셔터를 잠깐 열어 광자 하나가 날아가게 한다. 광자

가 날아가기 전과 날아간 후의 상자 무게를 측정한다. $E = mc^2$의 공식으로부터 상자의 무게 차이가 날아간 광자의 에너지로 나타난다. 하이젠베르크 원리의 한 가지 해석은 어떤 양자 사건의 에너지를 보다 정확히 측정하려고 하면, 그 사건이 일어난 시간은 더 잘 알 수가 없다고 말한다. 아인슈타인은 자신의 새로운 주장에서는 그러한 제한이 적용되지 않는다고 믿었다. 그는 날아간 광자의 에너지를 측정할 수 있으며, 광자가 날아간 시간을 알 수 있고, 그러한 측정을 독립적으로 자신이 원하는 만큼 정확히 할 수 있다고 생각했다. 아인슈타인은 불확정성원리를 패배시킬 수 있다고 의기양양하게 선언했다.

이듬해 코펜하겐에서 보어의 조수가 된 벨기에 출신의 레온 로젠펠트Léon Rosenfeld는 공식적으로 솔베이 회합에는 참가하지 않았지만 논쟁을 관망하기 위해 브뤼셀로 갔다. 그가 참석자들이 머무르는 대학 클럽에 도착했을 때 마침 좀더 많은 얘기를 듣고 싶어 "뒤따르는 한 무리의 사람들"[3]과 함께 회합에서 돌아오는 희색이 만면한 아인슈타인을 보았다. 아인슈타인은 앉아서 하이젠베르크의 주장을 반박하는 자신의 사고실험을 "존경의 눈초리로 바라보는 사람들 앞에서" 기쁨에 들떠 설명했다.

그때 보어가 채찍 맞은 개와 같은 모습으로 고개를 떨구고 도착했다. 보어와 로젠펠트는 한 테이블에서 저녁 식사를 했는데 다른 물리학자들이 그 테이블에 들렀다. 보어는 "몹시, 매우 흥분하여" 아인슈타인이 절대로 옳을 수가 없으며, 만약 옳다면 그것은 양자론의 종말을 의미한다고 주장했다. 그러나 그는 즉시 오류를 잡아낼 수 없었다. 저녁 늦게 그는 이런저런 말로 아인슈타인을 설득해 보았으나 아인슈타인은 눈 하나 깜짝하지 않았다.

그러나 다음 날 아침 얼굴이 환하게 핀 사람은 보어였다. 밤사이 보어는 아인슈타인이 자신의 일반상대성이론의 결과 중 한 가지를 무시하는 어처구니없는 실수를 저질렀다는 사실이 불현듯 떠올랐다. 보어는 광자를 포함한 상자가 무게를 측정하는 용수철저울에 매달려 있다고 생각해 보라고 말했다. 광자가 탈출하는 순간 무게가 감소한 상자가 중력에 반해 살짝 튀어오를 것이다. 이 사실은 두 가지 중요한 의미를 함축한다. 첫째, 살짝 반동되는 상자는 질량의 측정에서 불확실성을 낳을 것이며, 그것이 탈출한 광자의 감소한 에너지의 불확실성으로 해석된다. 둘째, 보다 미묘한 것으로, 상자의 움직임이 시계가 작동하는 비율에 변화를 초래한다는 것이다. 이것은 15년 전에 아인슈타인이 증명한 것처럼 시계가 중력장 안에서 움직일 때는 변화된 비율로 가기 때문이다.

보어는 에너지와 시간, 이 두 불확정성의 곱은 하이젠베르크의 원리가 말하는 내용과 정확히 같다고 만족스럽게 설명했다. 아인슈타인은 하이젠베르크가 틀렸음을 증명하려다가 자신의 물리학을 간과

해버렸음을 깨닫고 원통해하며 패배를 인정할 수밖에 없었다. 보어는 득의양양하지 않았다. 보어는 훗날 이 사건을 설명하면서, 단순히 자신은 옳고 아인슈타인은 틀렸다고 말하지 않았다. 오히려 그는 고전물리학과 양자물리학이 가장 극적으로 갈라지는 지점들을 계속해서 정확히 집어내는 아인슈타인의 날카로움을 강조했다. 그는 양자물리학자들, 특히 자신에게 아직도, 새로운 물리학의 특성을 상세히 밝히고 수상한 점을 의심의 여지 없이 해결하도록 압력을 가하는 아인슈타인의 영향력을 칭송했다.

보어의 점잖은 찬사와는 별개로, 양자역학과 불확정성원리를 겨냥한 아인슈타인의 결정타가 아무런 손상도 흔적도 남기지 못하고 표적을 빗나갔다는 사실은 남는다. 하이젠베르크와 파울리, 그리고 다른 사람들은 이 두 지성의 대결에서 멀리 떨어져 있었으나 훗날 하이젠베르크는 "우리 모두는 매우 다행스럽게 생각했으며 이제 게임은 승리로 끝났다고 느꼈다"[4]라고 말했다.

양자역학이 잘못된 것이라는 주장을 증명하려 한 최근의 시도에서 패배한 아인슈타인은 초기의 근본적인 흠잡기로 돌아갔다. 양자역학은 논리적으로는 일관성이 있을지 모르지만 전반적으로 진실일 수 없다는 것이다. 우연성, 확률, 불확정성은 물리학자들이 자신들의 이론으로 설명하려는 세계에 대한 불충분한 이해에서 기인한다고 고집했다. 보어와 하이젠베르크를 비롯한 양자역학 지지자들의 심술궂은 주장은 어려움을 포장하는 것이며 진정한 해결책은 어딘가에 있을 것이라고 우겼다. 언젠가 더 완전한 큰 이론이 발견되어 양자역학은 실패한 수많은 다른 가설들과 함께 역사의 뒤안길로 사라질 것이라고 장담했다.

노벨 물리학상 위원회의 위원들은 양자론이 정말로 살아남을 수 있는 이론인가를 판단하기 위해 노력하면서, 1931년까지는 누구에게도 상을 주지 않았다. 그러나 이제 확신이 서서 1932년 하이젠베르크를 단독 수상자로 선정하여 노벨상을 수여했고, 1933년에는 슈뢰딩거와 디랙을 공동 수상시켰다. 양자론에서 확률의 역할을 명료하게 설명하며 일생을 바쳤지만 쓴맛을 본 보른은 1954년에야 그 업적을 인정받아 노벨상을 수상했다. 이것은 그를 더욱 씁쓸하게 했다.

1930년대 초반에 불안정한 정치에 의해 양자역학의 기초를 세운 물리학자들이 세계 도처로 흩어졌다. 1933년 초 아돌프 히틀러가 반대파가 자기만족에 빠져 있는 틈을 이용하여 바이마르헌법을 도입하고 독일의 권력을 장악했다. 곧바로 나치 정권은 유대인들을 공직과 대학에서 퇴출시키기 시작했다. 유대인 과학의 상징이자 독일 문화의 적으로 여러 해 동안 공격받아 이미 오랫동안 외유하고 있던 아인슈타인은 베를린을 영원히 떠나기로 결심했다. 옥스퍼드 대학교가 그를 초빙하고자 했으며, 캘리포니아 공과대학교와 새로 설립된 프린스턴 대학교의 고등연구소도 그를 초빙하려고 했다. 아인슈타인은 캘리포니아에 잠시 머무는 쪽으로 마음이 기울었다. 이전에 그곳을 방문한 적이 있었는데 캘리포니아의 기후와 경관에 반했었던 것이다. 그러나 대다수의 유럽 지성인들이 생각하듯이, 그도 아메리카는 환상적이고 생동적이며 본질적으로 야만적이라고 여겼다. 그는 자신의 방식으로 영광스러운 독일의 전통과 문화를 숭배했다. 프러시아 군국주의나 히틀러가 호언장담하며 오용한 아리아 전통이 아니라, 음악 철학 과학에 대한 심오하고 강인한 독일 문화를 동경했다.

히틀러가 정권을 장악했을 때 아인슈타인은 캘리포니아에 있었는데, 독일로 결코 돌아가지 않으리라는 결심을 분명히 했다. 그는 잠깐 유럽으로 가 독일 대사관까지 가서 독일 여권을 반납하고 독일 시민권을 포기했다. 1933년 가을, 아인슈타인은 프린스턴으로 가서 여생을 그곳에 머물렀다. 프린스턴 대학교는 그에게 강의 부담도 지우지 않고 거의 천국 같은 여건을 제공했다. 연구소의 설립자들은 유럽식의 고도로 정제된 지성의 중심지 같은 것을 지향하고 있었다.

독일의 언론들이 아인슈타인이 떠난 사실을 크게 기뻐하며 보도했다. 그가 독일을 저버렸다면, 그는 독일이 원하지 않는 사람임을 증명했던 것뿐이다. 가장 유명한 유대인을 색출해 내고 나자 나치들은 리스트를 만들기 시작했다. 1933년 후반에 보른은 "나는 신문에서 내 이름이 인종적인 이유로 퇴출자 명단에 든 것을 보았다"[5]라고 회고했다. 지구 여기저기를 다닌 후 결국 그는 에든버러에 정착했다. 조상이 유대인이기는 하지만 공식적으로는 유대인이 아닌 파울리는 이때 안전하게 취리히에 있었으며 그곳에서 삶을 마쳤다. 베를린 대학교의 교수이던 슈뢰딩거는 유대인은 아니지만 독일에서의 생활에 점점 염증을 느꼈다. 그는 몇 년간 옥스퍼드에서 보내다가 오스트리아 그라츠Graz에 자리를 얻었다. 고국에 돌아갈 수 있다는 이유이기도 했으나 더 큰 이유는 그의 정부와 함께 살기 위해서였다. 그녀는 다른 물리학자의 아내로, 옥스퍼드 시절 이미 두 사람 사이에 딸을 하나 두었다. 그의 본처는 비엔나에 살고 있었다.

그러나 1938년 나치 정부가 강제로 오스트리아를 합병하자 슈뢰딩거는 다시 도피했다. 그는 수학을 전공한 아일랜드의 에이먼 드 벌레라Eamon de Valera 수상의 선도하에 더블린에 설립된 새로운 고등 연구소에 자리를 얻었다.

많은 다른 유대인 물리학자들이 독일을 떠나거나 떠나려 했다. 다른 곳에 있는 동료들은 그들에게 일자리를 찾아주기 위해 노력했다. 그러나 독일 외부에서도 반유대주의가 알려져 있었기 때문에 쉬운 일이 아니었다. 더구나 탈출하고자 한 사람들 대다수는 좌파 성향이었다. 아인슈타인을 돕는 사람들조차도 그에게 정치적 견해는 혼자만 간직하고 있으라고 조언해 주었다. 아인슈타인은 스탈린과 소비에트 실험에 동정적인 말을 하고 글을 썼다. 종종 미국은 야만적이고 물질주의에 물들어 있다고 비아냥거리기도 했다. 많은 미국인들이 자기 나라에 유대인 공산주의 동조자들이 몰려오는 것을 좋아하지 않았다.

아리안 문화를 확산시키고 외래의 나쁜 영향으로부터 독일을 보호하는 데 열광한 히틀러가 물리학에서의 독일의 진보적인 위치를 무너뜨리는 데에는 불과 몇 년이 걸리지 않았다. 영어가 물리학의 주된 의사 교환 수단이 되었다. 일부 독일 물리학자들은 즉각적인 대가가 얼마나 크든 개의치 않고 공공연하게 자신들 분야의 인종 청소를 찬양하고, 일부는 내놓고 반대를 표명하지 못한 채 한탄만 했다. 나치를 두려워했던 플랑크는 베를린에 남아서 최선을 다해 조국의 위대한 과학 유산을 보존하기 위해 자신의 영향력을 이용할 수 있으리라 믿었다.

일찌감치 아인슈타인이 프로이센 과학학술원을 공식적으로 탈퇴하기 전 플랑크는 히틀러를 만나, 유대인 추방은 독일 과학에 큰 손해만 입힐 것이라고 설득하려 했다. 히틀러는 노발대발하며 위협적이었다. 하지만 플랑크는 히틀러가 유대인을 큰 위험에 처하지 않게 하겠다고 약속했다고 믿게 되었다. 그래서 플랑크는 보른과 다른 사람들에게 "시간이 흐르면 증오는 사라지고 더할 나위 없이 좋은 일들만 남을 테니까"[6] 떠나서는 안 된다고 설득했다. 아인슈타인이 돌아오지 않으리라는 사실이 분명해졌을 때, 플랑크는 편지를 보내 나치에 반대한 아인슈타인의 항의가 어떻게든 타협해 보려는 베를린 사람들의 삶을 더욱 어렵게 만들고 있다고 했다. 언제나 플랑크를 정직한 영혼으로 여기던 아인슈타인은 독일 국민의 고결함에 대한 자신의 믿음이 완전히 무너지는 것을 느꼈다. 아인슈타인은 플랑크가 이제 겨우 "60퍼센트 정도 고상하다"[7]라고 말했다.

독일을 방어하기 위해 제1차 세계대전의 저 악명 높은 탄원서에 서명한 것을 후회하며 살아온 플랑크에게 조심은 생각할 수 있는 유일한 전략이었다. 그는 조국을 등지고 떠나기에는 너무 늦었고, 너무 애국심이 강했으나 아주 작은 일에서도 나치에 반대하는 것은 점점 불가능해졌다. 여러 해 동안 공개적으로 아인슈타인을 감싸며 반유대주의를 조롱했던 프로이센계인 조머펠트는 플랑크와 함께 독일 과학 운동 지도자들로부터 '백색 유대인 white Jew'이라고 공격을 받았다. 백색 유대인들은 유전적인 연관성이 없음에도, 유대인 과학을 지지했기 때문에 실제로는 더욱 증오심을 불러일으켰다.

백색 유대인 리스트에 오른 유명인 중에 베르너 하이젠베르크가 있었다. 그는 언제나 그렇듯 정치적으로 침묵을 지켰으나, 아리안식 물리학의 복원을 열망하는 사람들의 최대관심사인 상대성과 양자론을 힘껏 옹호했다. 그러나 히틀러에 대한 그의 자세는 아무리 잘 봐줘도 애매모호했다. 그는 히틀러를 배우지 못한 패거리를 이끄는 천한 선동꾼이라고 생각하면서, 동시에 독일이 자부심과 힘을 회복하기 위해서는 강한 리더십이 필요하다는 사고에 동조 이상의 마음이 있었다. 히틀러 집권 초기에 독일을 방문한 후 보어는 코펜하겐으로 돌아와, 사태가 그렇게 나쁘게 돼가고 있지 않으며, 이제는 퓌러 Führer가 공산주의자들과 애국심이 없는 극단주의자들을 다스리고 있다는 하이젠베르크의 우호적인 견해를 사람들에게 전했다.[8]

어쨌든, 히틀러가 가봐야 얼마나 오래가겠는가? 하이젠베르크의 일생 동안 여러 독일 정부들이 탄생하고 사라졌으며, 각 정부는 전임 정부와 마찬가지로 위태위태하다가 분열되었다. 하이젠베르크는 혼란이 큰 피해를 주기 전에 저절로 사라질 것이라고 생각하는, 정치에 냉담한 보통 사람들과 크게 다르지 않았다.

정치를 멸시하는 듯한 하이젠베르크의 태도는 지금까지 그에게 유리했다. 괴팅겐 대학이 보른 대신 그를 초빙할 의사를 보였다. 조머펠트는 그를 뮌헨으로 데려가려고 했다. 그러나 두 경우 다 당국이 제동을 걸었다. 하이젠베르크는 그들 편이 아니었던 것이다. 그는 좋은 물리학자들이 나라를 떠나도록 강요받고 있다는 상당히 조심스러운 발언을 한 적이 있었다. 그러나 관료에 대한 그의 개인적인 항의는 어떤 정책 변화도 가져오지 않았으며 단지 공식적인 비난으로 끝났다. 이런 경험으로 단련된 하이젠베르크는 이후부터 말을 아꼈다. 1935년 하이젠베르크는 모든 공무원들에게 요구된 히틀러 정부에 충성을 서약하는 선언문에 서명했다. 플랑크에게는 히틀러 정부에 항의하는 뜻으로 사임하도록 자문하기도 했다. 이에 대해 플랑크는 하이젠베르크에게 그래봐야 골수 나치들과 실력 없는 물리학자가 자신의 자리에 임명되는 것밖에 안 된다고 응수했다. 플랑크 생각에 장기적으로 독일 과학을 위해서는 그 자리에 눌러앉아 할 수 있는 일을 하는 게 더 나았다.

그러나 그것은 별 성과가 없었다.

# 15

## 과학적 경험이 아니라 삶의 경험

    히틀러가 재능 있는 독일 과학자들을 전 세계로 분산시키는 일에 성공을 거둘 무렵 양자역학은 세계화되고 있었다. 유대인 지성인들의 탈출로 미국만큼 큰 이득을 본 나라는 없지만 미국의 과학은 이미 자체의 실력만으로도 세계적으로 떠오르고 있었다. 1914년 이전부터 유럽의 과학자들은 대서양을 건너가고 있었으며, 전쟁이 끝난 후 국제적인 긴장이 가라앉자 더욱 많은 사람들이 미국으로 건너갔다. 그들은 미국행 모험을 통해 주머니가 두둑하게 돈을 챙겨 집으로 돌아올 수 있었다고 솔직하게 인정했다. 그러나 그들은 미국 청중들의 수준이 해가 감에 따라 높아지는 것을 알 수 있었다. 젊은 미국인들은 새로운 물리학을 습득하기 위해 유럽으로 몰려갔다. 1926년 괴팅겐을 방문한 한 미국인은 이미 그곳에 스무 명 이상의 미국인이 와서 공부하고 있는 것을 볼 수 있었다. 그들은 언젠가 고국으로 돌아가 자신들의 연구소를 설립할 계획을 품고 있었다.[1]

19세기의 영예를 회복할 수는 없었지만 이론물리학 분야에서 영국의 존재감이 다시 커지고 있었다. 이론물리학의 국제적인 언어는 독일어에서 미국식 영어로 대치되고 있었다. 프랑스 물리학은 드브로이 한 사람 덕분에 양자역학에서 일정한 기여를 하고 있었으나 베크렐, 푸앵카레, 퀴리 부인 이래로 대체로 쇠퇴하고 있었다.

다시 말해 과학의 첨단은 국경을 넘어 이 나라에서 저 나라로 돌아다니고 있었다. 20세기 초반 그것은 영국에서 독일로 넘어가 뮌헨과 괴팅겐에 잠시 머무른 후 코펜하겐으로, 그리고 잠깐 케임브리지로 갔다. 곧바로 또 다른 케임브리지/보스턴의 MIT와 하버드 대학교가 있는 구역; 옮긴이/로 이동했다가 시카고, 프린스턴, 패서디나/캘리포니아 공과대학이 있는 도시; 옮긴이/로 옮겨갔다. 히틀러의 호된 간섭은 이미 대륙 간 활발하게 이루어지던 이동을 가속화시키는 결과를 가져왔다. 미술과 음악에서처럼 과학 학파들도 한곳에 오래 머물지 않았다.

그럼에도 불구하고 양자역학의 많은 부분이, 독일 역사상 가장 이상하고 당혹스러운 기간에 독일에서 생겨났음은 놀라운 일이다. 되돌아볼 때 바이마르 집권 기간은 이국적인 분위기가 풍기는 시기였다. 외국 정서가 둔감한 독일에 10년간 자리 잡았다가 빠져나간 것 같았다. 이 시기는 나이트클럽, 카바레, 베르톨트 브레히트Bertolt Brecht와 프리츠랑Fritz Lang의 광기의 예술 운동이 잠깐 성행하고, 사회주의자들의 현실주의와 기술 중심의 바우하우스Bauhaus/20세기 초 독일의 건축 조형 운동: 옮긴이/가 넘치는, 불만과 무질서의 시기였다. 그것은 광란과 부조화의 시기였다. 예술가들은 하나의 강박관념에서 또 다른 강박관념으로 떠돌며 과거, 심지어는 불과 6개월 전의 것을 격렬히 부정했다. 정치는 흔들렸고, 예술은 들끓었으며, 시민의 생활은 불확실하고 때로는 절망적이었다. 니체가 말한 대로 과잉의 근본은 즐거움이 아니라 즐거움 없음이었다.

물리학에서도 이 시기는 반역의 시기였다. 확률의 새로운 규칙이 결정론이라는 옛 질서를 뒤엎었다. 새로운 구상이 샘솟았다가 수년 후, 때로는 몇 달도 못 되어 사라졌다. 고전물리학은 양자론에 길을 내주고, 양자론은 양자역학을 낳고, 양자역학은 불확정성을 이끌어 냈다. 사회주의적 분석가들은 그 당시의 새로운 물리학의 부침과 사회적 지적 들끓음 사이에 단순한 일치 이상의 지적 연관 관계가 있다고 생각하게 되었다. 바이마르 정부 시절의 무질서하고 논쟁적인 독일의 분위기가 과학적 사고에 스며들어 불확정성의 탄생을 촉진시킨 것이 아닐까?

과학자들은 언제나 그러한 의견을 비웃는다. 그들은 물리학은 자체의 논리에 의해 진보한다고 말할 것이다. 불확정성은 운동론kinetic theory에서부터 물체의 스펙트럼으로 관찰되는 방사성에 이르기까지 다양한 분야에서 많은 뿌리와 기원을 찾을 수 있다. 이 문제에서 예술이나 정치의 영향을 찾아보기는 어렵다. 그리고 불확정성의 사상을 발전시킨 과학자들은 대부분 정치적으로 냉담했으며 예술적으로는 전통주의적이었다. 하이젠베르크와 보른은 피아노와 바이올린으로 베토벤을 연주하기를 좋아했다. 아인슈타인은 모차르트를 좋아했다. 보어는 음악에는 전혀 무관심했으며, 축구와 테니스를 즐기고 스키를 좋아했다. 파울리는 밤늦도록 밖에서 시간 보내기를 좋아했으나 미술가나 음악가와 어울린 것은 아니었다. 그리고 그는 신문을 읽지 않는 것을 자랑으로 여겼다.

그러나 당시 물리학자들이 아무리 노력해도 자신을 둘러싼 세상과 격리되어 순수한 수도승처럼 살 수는 없었을 것이다. 그들은 돈과 음식의 부족을 경험하고 거리에서는 폭력을 목격했을 것이다. 대학교의 일자리가 공무원들의 손에 달려 있었기 때문에 정부가 때때로 바뀌는 것을 모를 수 없었을 것이다. 정부가 연구와 교육에 영향을 미치는 서로 다른 정책들을 시도했기 때문이다. 그들의 머릿속은 다른 행성에 있었을지 몰라도 그들은 실제 세상에 살고 있었다.

그렇다고는 해도 과학사학자 폴 포먼 Paul Forman의 다음과 같은 기술은 충격적이다. "나는 확신한다. (…) 물리학에서 인과성을 불필요하게 만드는 운동이 1918년 이후의 독일에서 그렇게 갑자기, 그렇게 풍성하게 꽃피게 된 이유는 무엇보다도 독일 물리학자들이 지적 환경의 가치들에 과학 내용을 맞추려고 노력했기 때문이다."[2] 무엇보다도?

이 주장은 다음 몇 문장으로 축약될 수 있다. 제1차 세계대전에서 패전한 독일의 붕괴는 비스마르크 시대의 국가주의와 경직된 사회뿐만 아니라, 과학에 뿌리를 둔 결정론과 질서의 모든 풍조를 포함하는 과거의 환상에서 깨어나도록 이끌었다. 옛 방식에 반대하여 일종의 낭만적 부흥운동이 일어났다. 그리하여 기계보다 자연, 이성보다 열정, 논리보다 우연을 받아들였다. 과학처럼 역사도 결정론적이었다. 그 결정론이 독일의 몰락을 가져왔다면, 분명 새로운 다른 종류의 역사가 당장 요구되었다. 그리하여 과학자들 역시 신뢰가 떨어진 과거와의 관계를 끊고 새로운 지적 풍토를 선호하는 쪽으로 흐를 수밖에 없었다. 이렇게 하여 결정론을 포기하고 우연성, 확률, 불확정성의 깃발 아래에 모여 행군했다. 포먼에 따르면 "자신들의 과학의 기초를 재건하려는 독일 물리학자들의 신속함과 열망은 자신들의 부정적인 명성에 대한 반작용으로 해석된다."

물론 어떤 물리학자도 자기들이 지나가는 사회 풍조에 맞추어 혁신적인 새로운 이론을 제안한다고 절대 인정하지 않을 것이다. 만약 그런 영향이 있었다면, 그 영향은 무의식적이고 잠재의식적이라 관찰력이 예리하고 잘 훈련받은 역사가에 의해서만 식별될 것이다.

일부 과학자들은 분명히 독일의 붕괴로 초래된 변화하는 질서에 과도한 반응을 보였다. 플랑크는 조국이 잃어버린 영예를 회복하고 국제적인 명성을 되찾기 위한 하나의 방법으로 과학을 육성해야 한다고 촉구했다. 그러나 플랑크는 양자론의 깊은 의미에 대한 열정이 없는 과학자였다. 플랑크의 견해에 의하면 과학의 힘과 항구성은 정확히 19세기에 확립된 군건한 결정론적 기초 위에 놓여 있었다. 그리고 그 강건함을 강조함으로써 독일 과학은 그 가치가 증명될 것이라고 믿었다. 다시 말해 과학은 동시대의 압력에 저항하고 옛 기준을 유지함으로써 온화하고 조용한 영향을 미칠 수 있다. 이것은 끓어오르고 있는 세계에 과학의 원리를 조율해야 했다는 사고에 정반대된다.

전쟁 후 독일에는 합리성을 지나치게 추구하는 냉철한 과학적 세계관에 반대하는 격세유전적인 반주지주의 anti-intellectualism 의 흐름이 확실히 있었다. 그러나 바이마르 정부 시절 독일의 다른 많은 것들과 같이 이것은 일관성이 없는 철학이었다. 하나의 충동적 탐닉이었다. 하이젠베르크가 회원으로 활동했던 파드핀더 운동에 가담한 젊은이들은 계곡과 숲을 누비고 다니며 자연의 경이로움을 맛보고 삶의 의미에 대해 끝없이 토론했다. 이것은 하이젠베르크에게 아주 소중한 것이었다. 문화사학자 피터 게이 Peter Gay 는 "그러한 사고는 청소년기 자체를 이데올로기화하기로 한 결정 이상의 아무것도 아니었다"[3]라고 말한 적이 있다. 어쨌든 파드핀더들은 다양한 사람들의 모임이었다. 일부는 사회주의자로 새로운 평등주의 세계를 세우고자 했으며, 일부는 우파 성향으로 모두가 제자리에서 제몫을 다하던 옛 독일의 회복을 갈망했다. 하이젠베르크와 동료들은 동시대의 정치에 별 관심이 없었고 애석해할 뿐이었다. 새로운 수학과 불확정성원리를 정형화하던 초기 과학 경력 전반에 걸쳐 하이젠베르크는 때때로 친구들과 함께 산과 호수를 찾아 돌아다녔다. 그러나 그에게 그러한 여행은 순수한 기분 전환이었으며, 일상의 지리멸렬함으로부터의 탈출이었다. 이런 외유를 통해 그는 사회로부터 떨어져 있고 싶어 했지 사회를 개혁하고자 한 것은 아니었다.

낭만적 성향이 막 시작되던 이 시기에 지적 지도자 혹은 거의 구루 guru/힌두교 지도자: 옮긴이/에 가까운 인물이 있었다면, 그는 오스발트 슈펭글러Oswald Spengler다. 그는 1918년과 1922년 두 권으로 구성된 방대하고 치밀한 독학 작품『서구의 몰락The Decline of the West』(독일어로는『Der Untergang des Abendlandes』로, 영어보다 훨씬 울림이 크고 운명적으로 들린다)을 출판했다. 슈펭글러는 교사였는데 매일 저녁 자신의 의심할 바 없는 박학과 내공을 종합하여 세계사에 관한 모든 것을 망라하는 대이론을 구상했다. 그는 독학으로 전 세계 4대륙에서 전개된 잘 알려지지 않은 모든 고대 문명을 공부한 것 같다. 그는 그들의 예술, 철학, 음악, 수학을 연구해 자신의 것으로 만들었다. 그의 큰 주제는 운명이념Destiny-idea이었다. 역사는 큰 주기를 따른다고 슈펭글러는 말했다. 문명이 발생하고 쇠퇴하며 그에 따른 사고방식 역시 차고 기운다. 현대 과학, 합리성의 문화는 문명의 바퀴가 한 번 더 돈 것일 뿐 그것 역시 쇠퇴할 것이었다.

슈펭글러의 방법은 잘 알려지지 않은 사실들을 엄청나게 자세히 많은 분량으로 나열한 다음 독자들이 고개를 끄덕일 때쯤 이 모든 것이 도대체 무엇을 의미하는지 자신의 장대한 주장으로 솜씨 좋게 이끄는 것이다. 그의 암울하고 숙명적 성향의 저작은 대단한 베스트셀러가 되었다. 독일 독자들에게 그것은, 역사의 수레바퀴가 계속 돌아 몰락한 조국과 문명이 다시 일어설 것이라는 위안을 주었다. 그것이 독일의 운명이었다.

슈펭글러는 현재 진행되는 세계의 고질병은 과학의 탓으로, 과학이 고대 그리스 시대부터 논리학과 기하학을 운명적으로 포용했기 때문이라고 서술했다. 슈펭글러는 괴테를 자신의 영웅으로 생각했으며, 뉴턴은 최고의 악당이었다. 괴테는 "수학을 지긋지긋해했다 (…) 괴테에게는 기계적 세계world-as-mechanism와 유기체적 세계world-as-organism가 정반대에 서 있으며, 죽은 자연과 살아 있는 자연, 법칙과 형식이 대립했다."[4]

재미없고 얄팍한 과학적 인과성에 운명의 역사적 힘이 대립하여 서 있다. 전자는 단순한 우연인 반면 후자는 목적을 함축한다. 슈펭글러는 우리에게 말한다. "운명이념에 필요한 것은 과학적 경험이 아니라 삶의 경험이며, 계산의 힘이 아니라 보는 것의 힘이고, 지능이 아니라 깊이다. (…) 운명이념 속에서 영혼은 세계에 대한 갈구와, 빛과 상승, 자기 완성 및 실현에 대한 욕망을 드러낸다."[5]

이렇게 약간만 설명해도 긴데 『서구의 몰락』에서는 정말로 길어진다. 간단히 말하면, 슈펭글러는 세상의 현재 상태가 무엇인가 심각하게 잘못되었음을 포착했는데, 그래도 거기서 빠져나갈 방법이 있다고 생각했다. 그에 큰 역할을 할 수 있는 것이 이성주의, 과학, 그리고 특히 차디찬 결정론을 거부하는 일이다.

슈펭글러가 진짜 영향력이 있었는지, 아니면 단지 인기만 있었는지는 판단하기 어렵다. 나치주의자들은 현대성을 거부하는 그의 새로운 문화를 자신들의 논리로 삼았지만, 기회주의적인 방법으로 이용했기에 슈펭글러의 한탄을 샀다. 어떤 과학자도 슈펭글러를 진지하게 여길 수 없었다. 슈펭글러는 과거의 과학보다 새로운 과학, 보다 부드럽고 관대하며 덜 규범적인 것을 주문하는 게 아니었다. 그는 모든 형태의 과학의 현시manifestation에 반대했다.

포먼의 주장은, 슈펭글러가 예시한 사고에 푹 빠진 독일인들의 비위를 맞추기 위해 과학자들은 결정론과 인과성을 거부하고 불확실성과 확률을 받아들였다는 것이다. 그러나 포먼은 이에 대한 실질적인 증거를 제시할 수 없으며, 단지 불확실성의 태동이 시대의 경향과 맞았다는 주장만 할 수 있다. 적어도 아인슈타인은 슈펭글러에 주목하고, 보른에게 자신의 경험을 편지에 썼다. "저녁에 한 사람이 하나의 주장을 하고 아침에 그것에 대해 미소를 짓는다. (…) 그것들은 재미있다. 다음 날 누군가 그것과는 정반대로 매우 열렬하게 말하면 그것 역시 재미있다. 어느 쪽이 진실인지는 귀신만이 안다."[6] 이것이 아마도 보어가 새로운 사고를 접할 때 늘 말하는 "매우 흥미로우나"의 아인슈타인적 표현일 것이다.

보다 근본적으로 보자면, 불확정성은 1920년대 중반에 우연히 튀어나온 개념이 아니다. 당시에 그 개념은 이미 10여 년 가까이 차오르고 있었으며, 과학자들이 인식하지 않을 수 없었다. 확률과 불확정성이 양자역학에서 중심 역할을 맡았던 것은 구체적이고 확고한 이유에서였다. 이 이론들은 물리 이론의 구조에 일어난 변덕스러운 변화가 아니라, 여러 해 동안 물리학자들을 난처하게 해온 심오하고 난해한 문제에 대한 해답이었다.

양자역학은 전적으로 독일 과학자들의 산물이라는 것도 사실이 아니다. 리더십은 보어한테서 나왔다. 보어는 독일 과학을 존경하지만 독일 문화와 정신의 고고함에 전혀 물들지 않은 사려 깊은 덴마크인이었다. 케임브리지의 디랙, 코펜하겐에서 일한 네덜란드인 크라메르스, 비엔나 출신의 파울리와 슈뢰딩거, 파리의 귀족 출신인 드브로이도 중요한 기여를 했다.

정치 노선이나 양자역학의 선구자와 비판자를 구분하는 특성들이 그들의 과학적 신념과 정확하게 부합하는 것도 아니다. 반확률론적인 진영에는 슈타르크와 같은 나치 지지자들, 빈과 같은 구식 우파주의자들, 플랑크와 같은 온건 보수주의자, 공공연히 알려진 사회주의자인 아인슈타인과 슈뢰딩거가 있었다. 끝의 두 사람은 사생활 면에서 가장 자유분방한 물리학자에 속했으며, 그런 면에서는 바이마르 정권 시절의 정신과 가장 조율이 잘되어 있었다. 그러나 물리학에서 그들은 옛 질서의 회복을 이끌었다. 한편 불확정성의 원조인 하이젠베르크는 정치적으로는 전통적이며 유연한 편이었으나 오히려 사석에서는 꼼꼼하고 소심한 편으로, 말하자면 명실공히 부르주아였다. 그러나 과학에서 하이젠베르크는 형식적인 엄격함보다는 자신의 통찰력을 주저함 없이 따랐다. 파울리는 그와는 정반대였다. 그는 명성 같은 것을 중시하지 않았으며, 사회적 대우에도 거의 관심이 없었으나 스스로도 인정했듯이 때때로 모르는 것에 대한 조바심과 두려움으로 자신의 과학적 상상력을 억눌렀다. 말년에 파울리는 한 인터뷰에서, 자신이 젊은 시절 자유로운 사상가였다고 생각했는데 돌이켜 보니 "나는 여전히 고전주의자였지 혁명적이지는 않았다"[7]라고 한탄한 적이 있다.

요약하면, 이 모든 일들은 정확하게 맞추어지지 않는 퍼즐 조각들과 같다. 19세기 영국 수리물리학자들의 실용적 학풍과는 반대로 독일에서는 엄격하게 수학적인 이론이 발생했고, 덕분에 양자물리학의 태동기에 독일인들은 탁월함을 보일 수 있었다. 그러나 운명적이라기보다는 임의적으로 보이는 이유를 찾기가 더 쉽다. 초기에 운명적인 사건이 하나 있었다면 그것은 조머펠트가 원자 내부의 전자궤도에 대한 보어의 초기 체계를 보고 즉시 매료된 일이었다. 조머펠트는 그리하여 파울리, 하이젠베르크, 다른 많은 우수한 물리학자들을 길러냈다. 이와는 대조적으로 디랙은 10여 년 후 케임브리지로 가기 전까지는 보어 원자모형에 대한 이야기를 들어본 적도 없었다. 독일을 양자역학의 원산지로 만든 것은 바이마르공화국의 사회 정치적 특성이 아니었다. 그러나 많은 다른 물리학자들이 황당하게 생각하거나 거부한 보어 원자모형에 조머펠트가 이끌린 것에 대해서는 어떤 심리적, 사회적, 정치적 설명을 할 수 있을까?

다시 말하자면, 독일에서의 불확정성의 탄생에는 분명히 할 수 있는 지적 경향 외에도 환원불가능한irreducible/더 작게 쪼개볼 수 없는; 옮긴이/ 우연의 요소도 있었다. 이런 면에서 과학의 역사는 일반 역사와 같다. 슈펭글러가 생각한 것처럼 모든 것이 운명이념에 의해 펼쳐지는 것이 아니라면.

비이성적 힘이 과학자들에게 불확정성을 물리학에 도입하도록 한 게 아니라면, 불확정성의 사고가 과학과 논리와는 거리가 먼 한 저명인사에 의해 재빨리 받아들여졌다는 사실은 주목할 만하다. 하이젠베르크가 자신의 원리를 들고 나온 후 불과 일이 년 후 D. H. 로런스 D. H. Lawrence는 다음의 짧은 시를 한 수 썼다.

> 나는 상대성과 양자론을 좋아한다네.
> 그것들을 이해 못하기 때문이라네.
> 양자론은 공간이 마치 정착할 수 없는 백조처럼
> 흘러 다닌다는 느낌이 들게 하지.
> 가만히 앉아서 측정되는 것을 거부하고,
> 원자는 마치 충동적 감정을 가진 것처럼
> 끊임없이 마음을 바꾼다네.

로런스는 이성보다는 충동 impulsiveness을 훨씬 동경했기 때문에 과학자들이 자기들 스스로 판 함정에 빠진 것처럼 보여서 몹시 즐거웠다. 완벽한 법칙과 규칙으로 세상을 이해하고 예측하려는 과학자들의 노력은 스스로를 곤경에 빠뜨렸다. 이제 그들은 과학자들이 모든 것을 알 수는 없다고 말하는 법칙을 가졌다. 시간과 공간은 그들이 생각했던 것과 일치하지 않았다. 로런스는 고문헌에 둘러싸여 지내는 깡마른 학자 슈펭글러를 측은하고 살아 있는 사람도 아니라고 여겨, 그의 지나치게 이론화된 역사 체계와 거래하지 않았다. 하지만 전혀 반대 타입의 두 사람이 과학에 대해 가진 어렴풋한 견해는 연관성이 있었다. 슈펭글러는 19세기의 오만한 지적 결정론을 거부했다. 로런스는 차가운 기술과 산업 세계를 조롱했다(영국의 험악한 탄광촌에서 자라 그럴 만한 이유가 있었다). 다른 방식이었지만 그들에게 과학은 비인간적이고 인간을 쇠약하게 하는 무엇, 이제는 전복되었거나 적어도 흔들리고 있는 무엇을 의미했다.

과학자들조차도 옛날의 완벽한 결정론이 사라졌다고 동의해야만 했다. 보른도 그렇게 말했다. 하이젠베르크는 그 점을 확대시켰다. 그러나 과학은, 세상의 슈펭글러나 로런스 같은 사람들의 열망과는 반대로, 갑자기 멈추지 않았다. 이 점이 보어가 특히 연구했던 더 흥미로운 퍼즐이다. 그의 상보성이론은 과학자들이 한 일에 대해 이성적이며 일관성 있게 말할 수 있는 수단을 제공하기 위한 것이었다. 그들의 과제를 지지해 주는 것 중의 하나가 금이 가기 시작하기는 했지만.

그리고 이것이 과학 바깥에 있는 많은 사람들에게 불확정성의 질문이 그렇게 매력적으로 보이는 중요한 이유다. 과학이 치명적으로 불구가 되었나? 그럼에도 불구하고 과학이 지속될 수 있을까? (이것이 대다수 젊은 물리학자들의 소망이다. 그들은 계산을 할 수 있는 한 언제나처럼 과학을 계속할 수 있다고 경쾌하게 확신한다.) 아니면 과학은 변할까? 변한다면 어떻게 변할까?

그러한 의문들은 시인과 철학자에게는 매혹적이었지만 실무에 종사하는 절대다수의 물리학자들의 재능에는 불을 붙이지 못했다. 보어와 아인슈타인은 언제나 그랬듯이 예외적이었다. 보어는 불확정성을 도입해도 물리학이 분별력 있게 지속될 수 있음을 보이고자 했다.

아인슈타인은 그렇게 될 수 없음을 보이고자 했다. 그리고 그는 양자역학이 궁극적인 답이 아님을 밝히는 궁극의 마술을 소맷자락에 숨겼다.

# 16

## 모호하지 않은 해석의 가능성

프린스턴 대학교에서 종신직을 맡기 전에 아인슈타인은 주로 벨기에와 영국에 머무르며 유럽에서의 마지막 몇 달 동안을 배회했다. 1933년 6월 10일 옥스퍼드 대학교의 한 강연에서 아인슈타인은 이론물리학 전반에 대해, 특히 양자역학에 대해 그의 견해를 피력했다. 그는 이론학자들은 관찰된 증거와 실험적 현상에 면밀한 주의를 기울여야 하지만 이것은 첫 단계에 지나지 않는다고 말했다. 이론을 창안하는 데 있어서 과학자는 사실들을 수학과 논리학의 엄밀한 규칙을 따르는 조화로운 조직 체계와 연결하는 상상력을 발휘해야 한다. 그런 과정을 통해 그 자신도 여러 해 전에 특수상대성이론과 일반상대성이론을 창안했다고 말했다.

자신의 우선 원칙은, 자연은 항상 가장 단순한 답을 선택한다는 확신이라고 아인슈타인은 말했다. 그는 "그러므로 어떤 의미에서 나는, 옛 선현들이 꿈꾸었던 대로 순수한 사고 pure thought로 실체를 이해할 수 있음을 믿는다"[1]라고 말을 이었다. 그러나 이 말은 위험한 뜻으로 선회한다. 젊은 시절 아인슈타인은 자신의 상상력의 도약대는 면밀히 조사된 사실들에 닻을 내리고 있다고 주장했다. 나이가 50이 넘은 지금, 아인슈타인은 조잡한 현실적 여건과 결별하고 통찰력과 이성만으로도 자연법칙을 결정할 수 있다고 말하는 듯했다.

과학의 이론화 과정에서 단순성은 종종 우아함이나 아름다움으로 특징지어진다. 심미적으로 옳다는 느낌은 무엇이라 불리든, 좋은 지침인 동시에 속임수도 될 수 있다. 이 점에 대해 보어는 "진실이 아니라면 이론이 아름답다는 게 무슨 의미가 있는지 이해할 수 없다"[2]라고 했다.

아인슈타인은 옥스퍼드에서 양자역학에 대한 자신의 불편한 심기를 이야기했다. 양자역학이 "순수한 사고"가 자신에게 말해주는 대로 마땅히 작동해야 하는 방식과 일치하지 않기 때문이었다. 보른의 양자 파동에 대한 확률 해석은 "일시적인 중요성"밖에 없다고 아인슈타인은 주장했다. 양자역학보다 더욱 만족스러운 이론에서는, 물리 사건이 자체만으로 전통적인 객관성을 재확보하여, 단순히 가능성을 끌어다 모아놓은 것처럼 보이지는 않으리라고 주장했다. 다른 한편 그는 하이젠베르크의 불확정성원리에 따라 입자의 위치가 어느 특정한 절대적 의미를 가질 수 없다는 사실은 받아들였다. 그는 어떻게 이 두 가지 상반되는 설명이 타협되는지는 말하지 않았다.

일단 프린스턴에 정착한 후에도 아인슈타인은 양자역학에 계속 시비를 걸었다. 새로운 물리학에는 실제적인 결함을 지적해 낼 아무런 증거가 없었다. 하지만 그의 내면의 목소리, 혹은 '신Old One'의 목소리가 새로운 이론에 뭔가 중대한 결함이 있음을 말해준다고 아인슈타인은 말했다. 그는 전에도 그 소리에 귀를 기울인 적이 있었다. 이번이라고 그러지 말란 법 있는가?

1935년 아인슈타인은 프린스턴의 젊은 동료 보리스 포돌스키Boris Podolsky, 네이선 로젠Nathan Rosen과 함께 양자론에 대항한 마지막이자 가장 유명한 돌풍을 몰고 온 논문을 발표했다. 「물리적 실체에 대한 양자역학적 설명은 완전하다고 할 수 있는가?Can Quantum-Mechanical Description of Physical Reality Be Considered Complete?」3라며 논문은 제목부터 질문을 던졌다. 이 질문은 수사의문문이었다. 아인슈타인, 포돌스키, 로젠/세 사람의 이름의 첫 글자를 따서 EPR이라 부름: 옮긴이/에 따르면 그 대답은 명백히 '아니오'였다.

EPR의 주장은 1927년 제5차 솔베이 학회에서 아인슈타인이 애를 태우던 내용을 정교하게 다듬은 것이었다. 솔베이 학회에서 아인슈타인은, 양자 파동함수가 입자의 한 위치 또는 다른 위치에 있을 확률을 기술할 뿐이라는 보른의 주장을 공격했다. 아인슈타인은, 다 좋은데, 어느 한 시점에서 확률은 확정성으로 변해야 한다고 말했다. 그가 선택한 예에서, 화면에 부딪히는 전자는 어느 한 장소에 안착해야만 한다. 그리고 전자가 안착할 때, 그것을 기술하는 양자 파동은 스크린 전체에 걸쳐 순간적으로 변해야 하지 않는가?

그 당시 어느 누구도 그가 무슨 말을 하는지 알지 못한 것 같다. 그 주장은 공허하고 형이상학적이었다. 그러나 아인슈타인, 포돌스키, 로젠은 이제 양자역학에 대한 반대를 정확하게 만들어, 구체적으로 보여줄 수 있는 문제로 만들어놓았다고 주장했다. 그들은 양자역학이 어떻게 상식적으로 맞지 않는지 구체적으로 집어낼 수 있다고 장담했다.

우선, 그들은 옛날의 정통 아인슈타인의 방법을 따라 상식적으로 보아 흠잡을 데 없이 완벽해야 했다. 그들은 소위 '물리적 실체의 요소elements of physical reality'를 다루는 이론만을 받아들여야 한다고 선언했다. 이것은 물리학자들이 물리 세계에 관해 논란의 여지가 없는 정보로 오랫동안 습관적으로 다루어온 물리량인 위치와 운동량을 의미한다.

아주 좋다. 그러나 실제에서 물리적 실체의 요소를 구성하는 것은 무엇인가? 그것은 과학자들이 시간을 들여 고민해 본 적이 없는 문제였다. 따라서 아인슈타인과 그의 동료들은 정식 정의를 제안했다. 이 정의는 후에 유명해진, 혹은 보기에 따라서는 악명 높아진 것이다. 만약 "어쨌든 계를 교란하지 않고 물리량의 값을 확실히 예측할 수 있다면, 이 물리량에 상응하는 물리적 실체의 요소가 존재한다"라고 그들은 정의했다.

예를 들어 전자의 위치와 운동량을 생각해 보자. 만약 무슨 방법으로든 전자의 행로나 거동에 영향을 미치지 않으면서 둘 중 하나를 결정할 수 있다면, 전자의 위치나 운동량을 확실한 사실, 부인할 수 없는 자료라고 자신 있게 말할 수 있다. 즉 그것은 물리적 실체의 요소다.

자신들의 마음에 들게 논증을 구성한 후 아인슈타인과 동료들은 양자역학이 어떻게 문제에 봉착하게 되는지 예시해 나갔다. 그들은 한 점에서 동시에 똑같은 속력으로 반대 방향으로 멀어지는 두 개의 입자를 고안했다. 이 경우 한 입자의 위치와 운동량을 측정하면 자동으로 다른 입자의 위치와 운동량을 알게 된다.

그들은 한 입자를 측정하는 관찰자는 불확정성원리에 위배되는 문제를 갖는다고 인정했다. 운동량을 측정하면 입자의 위치에 대한 정보를 잃게 되고 그 반대의 경우도 똑같이 되는 것은 하이젠베르크가 예측한 대로다. 그러나 지금 아인슈타인과 포돌스키, 로젠은 자신들의 비장의 카드를 뽑았다. 핵심은 한 입자에 대한 관찰이 다른 입자에 대해 말해줄 수 있다는 점이며, 바로 여기에서 이상한 일들이 일어나기 시작한다.

첫 번째 입자의 위치를 측정하라. 그러면 직접 보지 않고도 즉시 두 번째 입자의 위치를 알 수 있다. 또는 첫 번째 입자의 운동량을 측정하면 역시 보지도 않고 두 번째 입자의 운동량을 알 수 있다. 이는 두 번째 입자의 위치와 운동량은 모두 '물리적 실체의 요소'라는 의미라고 저자들은 열성적으로 결론 내렸다. 이 값들은 대상 입자를 교란하지 않고 결정될 수 있기 때문에 명확하고 이미 존재하는 값이어야만 한다. 그들은 첫 번째 입자에 대한 측정이 바로 그 동일한 시각에 두 번째 입자의 특성을 양자 안개로부터 물질화되도록 할 수는 없다고 주장했다. 두 번째 입자에게는 실제로 아무 일도 일어나지 않았기 때문이다.

그리고 더 큰 함축된 의미는, 하이젠베르크의 대담한 불확정성원리가 결국은 물리 성질이 측정될 때까지는 근본적으로 불명확하다는 뜻이 아니라고 주장했다. 오히려 입자들은 명확한 성질을 가졌고, 불확정성원리는 입자들의 그러한 성질을 충분히 설명할 수 없음을 인정하는 것이다. 이 말은 아인슈타인이 오랫동안 주장해 온 것처럼 양자역학이 전체적인 애기를 하지 않는다는 의미라고 아인슈타인과 그의 젊은동료들은 결론지었다. 양자역학은 부분적인 이론일 뿐, 물리적인 진리를 완전하게 설명하지 못한다.

코펜하겐에 있던 보어의 조수 로젠펠트는 이렇게 회고했다. "마른 하늘에서 날벼락이 떨어진 것 같았다. 다른 모든 업무에서 손을 떼고 우리는 즉각 그러한 오해를 일소해야 했다."[4] 보어 스스로도 그 논문의 "명쾌함과 이론의 여지가 없음에 (…) 물리학자들은 동요했다"[5]라고 말했다. 슈뢰딩거는 아인슈타인의 최근의 반격에 박수를 보냈다. 그러나 다른 모든 사람들은 매혹되기보다는 지겨워했다. 파울리는 그러한 내용을 들고 찾아오는 어린 학생들을 "매우 똑똑하고 유망하다"라고 여길 만큼 관대한 사람이었지만 하이젠베르크에게 편지를 보내 아인슈타인, 포돌스키, 로젠의 논문은 "재앙"이라고 말했다.

파울리는 하이젠베르크에게 대응하라고 격려해 주면서 한편으로 문제를 평정하기 위해 자기까지 "소모적인 논쟁"[6]에 말려들어야 할 것인가 고민했다. 《뉴욕 타임스》에 「아인슈타인이 양자론을 공격하다」라는 표제의 기사가 실렸을 때, 기자는 이 어려운 문제에 대해 단서를 줄 미국 물리학자를 찾아냈다. 에드워드 콘던은 "물론, 논란의 많은 부분이 '실체'라는 단어의 의미를 어떻게 쓰느냐에 달려 있다"[7]라고 보았다.

하이젠베르크는 답변 내용을 작성했으나 보어 역시 답변을 작성하고 있음을 알고는 발표를 유보했다. 불확정성원리에 관한 문제에 대한 발표는 보어에게 우선권이 있다고 인정하고 양보한 것이다. (놀랄 일은 아니지만, 몇 년 후 보어는 하이젠베르크가 준비한 내용에는 어찌 되었든 오류가 있다고 주장했다.)[8]

당연히 보어는 시간을 끌었다. 자신의 조수 로젠펠트와 아인슈타인, 포돌스키, 로젠의 논문을 세세히 따져보고 제안된 반박문을 하나하나 보다가 되돌아가서 또다시 보고 힘겨운 토론 중 잠시 멈추고 '그들이 의미하는 내용이 무엇일까? 당신은 그것을 이해하는가?'[9]와 같은 질문을 던졌다. 보어는 여느 때처럼 초안을 썼다, 고쳤다, 다시 썼다 하는 방식으로 고심 끝에 EPR에 대한 답변을 작성해 5개월 뒤 발표했는데, 이것은 덴마크 거장의 최고로 장황하고, 어색하고, 분통 터지는 글이었다. 골자는 아인슈타인과 그의 동료들이 화려한 형이상학에도 불구하고 불확정성원리를 물리칠 실제적인 방법을 찾아내지 못했다는 것이었다. EPR 실험에서도 여전히 입자들 중 하나의 위치와 운동량을 직접적이든 간접적이든 동시에 알 수는 없다. 어떤 실제적인 의미에서도 하이젠베르크의 원리는 확고하다.

보어는 EPR 주장이 물리적 실체의 특정 정의에서 시작하고, 그러고 나서 양자역학이 이치에 맞지 않음을 보여준다고 설명했다. 혹은 보어의 말대로 하자면 "사실 명백히 상충됨은 우리가 양자역학에서 관심을 갖는 물리 현상을 이성적으로 설명하는 익숙한 자연철학적 견해와는 잘 맞지 않음을 드러내 보일 뿐이다."[10] 풀어서 이해해 보자면 아인슈타인, 포돌스키, 로젠은 부적절한 기준으로 양자역학을 실험했고, 당연히 원하는 것을 찾았다는 뜻이다.

한편 EPR 실험에서는 무엇인가 괴상한 일이 일어나고 있는 것 같았다. 보어는 그 괴상한 일이 무엇인지 정확하게 언급하지 않는 조심성을 보였다. 그는 특히 첫 번째 입자에 대한 측정이 즉각 두 번째 입자가 적절한 값을 취하게 하는 성질의 원인임을 함축하는 내용은 모두 피해갔다. 대신에 그는 저 유명한 흐릿한 표현으로 "계의 미래 거동에 관한 가능한 예측 양상을 정의하는 바로 그 조건에 미치는 영향에 대한 의문이 필연적으로 존재한다"라고 말했다. 이것은 측정하려는 내용에 대한 관찰자의 선택이, 아직 실행이 안 되었는데도, 입자들이 나중에 스스로를 어떻게 드러낼지에 영향을 미칠 수 있다는 뜻인 것 같다.

보어는 양자역학이 불완전하다는 비난에 대해서는, 관찰자가 고전 물리학자들이 원하는 만큼의 많은 정보를 얻을 수 없음을 인정했다. 그러나 그럼에도 불구하고 양자역학이 "측정을 모호하지 않게 해석할 수 있는 모든 가능성을 합리적으로 이용할 수 있게 해준다. 이것은 양자론에서 발생하는 대상과 측정 도구 사이의 유한하고 제어할 수 없는 상호작용과 양립한다"라고 주장했다. 다시 풀어보면, 양자역학이 제공하는 내용이 우리가 얻을 수 있는 전부라는 의미다.

15년이 지난 후, 아인슈타인과 교환한 내용을 정리하여 회고록 한 권을 내게 되었을 때 보어는 자신이 더 명료하게 말할 수도 있었음을 깨달았다. 보어는 EPR에게 보낸 최초의 답변에서, "이 문장들을 다시 읽어본 결과, 나는 이 문장이 스스로 주장하는 것을 다른 사람에게 이해시키기 매우 어렵게 비효율적으로 표현되어 있음을 충분히 알고 있다…"[11]라고 서술했다. 다른 사람이었다면 '매우 어렵다'라고 한마디 할 것을 보어는 간단한 것을 말할 때에도 매우 조심조심 문장의 끝을 될 수 있는 대로 뒤로 미루고 중간에 함께 엮을 수 있는 최대한 많은 간접적인 내용을 집어넣었다.

EPR의 주장에서 무엇이 잘못되었는지를 말하는 것은 그것을 이해하는 것보다 확실히 쉽다. 드물게 보어는 단정적인 문장으로 양자역학이 "인과성에 대한 고전적인 사고와의 최종 단절"[12]을 요구한다고 말했다. 그러나 만약 고전적인 인과성과 실체가 사라져 버린다면 물리학자들은 어떻게 생각할 것인가? 보어는 분명한 대답을 하지 않고, 사실상 모순을 해결하려 하지 말고 감싸 안으라는 뜻을 가진 자신의 상보성의 철학을 추천하기만 했다.

한편 아인슈타인은 보어의 나중 요약문에 대한 반응으로 "보어의 상보성원리, 내가 그토록 많은 노력을 쏟아부었음에도 불구하고 달성할 수 없었던 것에 대한 빈틈없는 이론"[13]이라며 오랫동안 느껴온 어려움을 표현할 뿐이었다. 그 점에서 아인슈타인은 보어를 이해할 수 없다고 생각하는 대다수의 물리학자들과 같은 편이었다. 하지만 대다수는 그런 염려를 속으로만 간직하고 있었다. 물리적 실체의 본질에 관해 철학적으로 크게 걱정하지 않고도 양자역학을 잘 활용하는 것은 어렵지 않았다.

보어를 납득시키지 못하고 하이젠베르크, 파울리, 그 밖의 물리학자들이 보이는 무관심, 하물며 적개심에 낭패를 느낀 아인슈타인은 양자역학에 대한 자신의 관심사를 자신에게 동정적이었던 슈뢰딩거하고만 서신으로 교환했다. 한 편지에서 그는 어떤 예측 불가능한 양자 사건에 반응해 폭발하도록 장치한 폭탄 문제를 고안했다. 이 사건이 일어날 확률과 일어나지 않을 확률을 합친 양자 상태의 의미를 이해하기 어렵다면, 폭발하기도 하고 폭발하지 않기도 하는 두 가지 상태를 갖는 폭탄의 상태를 생각해 보는 게 무슨 의미일지 아인슈타인은 물었다.

1935년에 출판된 평론에서 슈뢰딩거는 아인슈타인의 고안을 살짝 비틀어서 유명하게 만들었다. 아인슈타인의 폭탄은 슈뢰딩거의 고양이가 되었다. 이 가련한 피조물이 무기력하게 앉아 있는 닫힌 상자 안에, 조그만 방사성 물질 샘플과 가이거계수기가 망치에 매달려 있다. 망치는 독약이 든 병을 내리쳐 깨뜨리게 된다. 슈뢰딩거는 한 시간 동안 방사성 물질 샘플이 가이거계수기를 작동시켜 고양이를 죽일 확률이 50퍼센트가 되도록 설정했다. 양자역학의 입장에서는 이 방사성 원자들을, 두 가능성을 합쳐 반은 온전하고 반은 붕괴되었다고 기술해야 한다. 그러면 이 원자와 연결된 고양이 또한, 마찬가지로 양자 용어로 기술하자면, 반은 죽은 고양이고 반은 살아 있는 고양이라는 것이 슈뢰딩거의 주장이었다. 이게 난센스가 아니고 달리 뭐란 말인가?

양자역학의 관점에서 볼 때, 슈뢰딩거의 고양이 수수께끼는 EPR의 주장보다 심오한 퍼즐이거나 엉뚱한 길로 들어섰다. 이 무렵 원자 내부의 전자에 대한 슈뢰딩거의 파동은 전자가 핵 주위의 한 장소 또는 다른 장소에 있을 확률을 나타내는 개념으로 잘 이해되고 있었다. 그러나 코펜하겐의 사고를 지지하는 사람들은 이것은 전자가 같은 시간에 조금은 여기에 있고 조금은 저기에 있다고 말하는 것과 전혀 같지 않다고 주장했다. 마찬가지로 슈뢰딩거의 절반은 죽고 절반은 살아 있는 고양이 이야기는 언어의 오용이라고 말했다. 양자적 설명은 상자를 열어 고양이를 볼 때 당신이 보게 될 것을 말하는 것으로 고양이는 50퍼센트의 확률로 죽어 있거나 살아 있을 것이다. 절반은 죽어 있고, 절반은 살아있는 고양이 같은 것은 없다는 의미다.

문제는 언제나 확률에 대한 양자역학적 설명을, 결과에 대한 고전 물리학적 설명으로 해석하는 데 있다. 코모에서 열린 학술회의에서 강연한 이래로, 보어는 관찰자가 해석을 결정할 때 일정량의 자유를 가진다는 점에 동의했으나, 어디까지나 경험과 상식이 실제적인 지침이 되어야 한다고 강조했다. 예를 들어 양자역학적 용어로 고양이 한 마리를 설명하는 것이 불법은 아니지만 확실히 그것은 도움이 되지도 현명하지도 않다. 누가 왜 그런 일을 하려 하겠는가? 보어가 한 주장의 핵심은 과학자들은 경험으로부터, 측정된 전자들이 여기나 저기에 있음을 알고, 관찰된 고양이는 죽었거나 살았음을 안다는 것이다. 그럼 되지 않았는가? 관찰하지도 않은 고양이에 대해 물리적으로 불가능한 상태를 설명하면서 상관도 없는 용어를 사용하는 이유가 무엇이란 말인가?

물론 아인슈타인과 슈뢰딩거가 보기에 핵심을 놓치고 있는 사람은 보어였다. 1936년 봄, 잠시 런던에 있던 보어에게 달려갔던 슈뢰딩거는 아인슈타인에게 다음과 같은 소식을 전했다. 일부 비판적인 사람들이 양자역학에 악착같이 반대하는 것을 보고 보어가 "간담이 서늘한" 행위이자 "대역죄"[14]라고 주의 깊고 점잖은 어조로 말했다는 소식이었다. 보어의 반대는 구체적이었다. 보어는 아인슈타인과 슈뢰딩거가 양자역학이 무엇을 말하려는지 들으려 하지 않고, 양자역학에 자신들의 의지를 부과하려고만 애쓴다고 말했다. 다른 자리에서는 이러한 내용을 강하게 표현하기도 했다. "물리학의 과제가 자연이 어떻게 작용하는지를 밝히는 것이라는 생각은 잘못이다. 물리학은 우리가 자연에 대해서 말할 수 있는 것들을 다룬다."[15] 이 내용은 저 유명한 비트겐슈타인Wittgenstein의 "말할 수 없는 곳에서는 침묵해야만 한다"라는 마지막 귀절과 그리 다르지 않다. 보어가 비트겐슈타인의 간결하고 은유적인 작품을 읽어보았다는 증거는 찾아볼 수 없지만.

슈뢰딩거 고양이의 애처로운 울음소리는 적어도 한 가지 중요한 의제로 물리학자들의 주의를 환기시켰다. 어떻게 불확실한 양자 상태가 고전물리학적인 질문에 확고한 답을 줄 수 있을까? 이 수수께끼에 대한 한 가지 반응은 인간의 개입이 필요하다는 주장이었다. 즉 관찰자가 고양이를 볼 때에만 고양이는 명백히 죽어 있거나 살아 있게 된다는 주장이었다. 양자역학적 사건에 대한 이러한 해석은 이상하게 대중적이었지만 재고할 가치도 없는 생각이었다. 원자 내부의 전자 띔 현상과 방사성 핵 붕괴 과정은 양자역학적 불확실성에 지배받는 두 가지의 명백한 과정으로서, 관찰자가 주목하든 하지 않든 간에 일어나는 현상이다.

보어에 따르면, 언제나 그랬듯 그런 일에 대한 우려는 본질적으로 무의미하다. 오랜 경험을 통해 물리학자들은 언제 측정이 일어났는지 정확하게 안다. 현실적으로 고양이는 얼토당토않은 것이다. 대다수 물리학자들은 깊이 파고들고 싶어 하지 않았으며 이것으로 충분했다. 1930년대 초 하이젠베르크는 보어에게 "본질적인 질문에 관여하는 것이 저에게는 너무 힘들기 때문에 포기했습니다"[16]라고 말했다. 1955년 스코틀랜드의 성 앤드루스 대학교에서 한 일련의 강의에서 하이젠베르크는 대체로 보어의 설명을 이야기하며, "우리는 이러한 개념을 다른 어떤 것으로도 대체해서는 안 되며 할 수도 없다"[17]라고 단호하게 말했다.

하이젠베르크의 태도는 여러 해 동안 물리학자들 사이에서 표준이었다. 양자역학에서 야기되는 형이상학적이고 해석적인 의문에 대해 염려하는 일은 시시하고 창피한 일로 비쳐졌다. 그러나 1964년 물리학자 존 벨John Bell이 아인슈타인, 포돌스키, 로젠의 주장으로부터,

어렵긴하지만 실험이 가능한 기발하게 간단한 방법을 생각해 냈다.[18] 그는 적절히 배열된 입자들의 짝으로 반복 시험하면 양자역학이 규정한 것과, EPR이 '물리적 실체의 요소'로 정의한 것이 사실이라고 했을 때 나타날 것 사이에 측정 가능한 차이가 생김을 보였다. 20여 년이 지나 기술적으로 어려움이 많은 실험 과정이 가능해지자 양자역학이 전적으로 옳음이 증명된 것이다. 물리적 실체의 형상에 대한 아인슈타인의 심증은 이번에는 그를 잘못된 길로 접어들게 했다.

그러나 이것이 그동안의 불화를 말끔히 씻어내지는 못했다. 보어의 주장은 궁극적으로, 반쯤 죽고 반쯤 살아 있는 이상한 양자 고양이를 말하는 것은 바보 같은 짓이라는 것이다. 하지만 슈뢰딩거는 아인슈타인의 동의를 업고, 전형적인 양자론에서 양자 고양이를 생각하는 것은 아무 문제가 없으며, 여기서 무슨 일이 일어나고 있는지 이해하지 못한다면 양자역학이 어떻게 작동하는지 이해한다고 말할 수 없다고 주장했다.

이 난해한 문제에 최근 이론적, 실험적으로 서광이 비쳤다. 전자와는 달리 고양이는 근본 입자가 아니다. 고양이를 구성하는 수없이 많은 원자들과 전자들은 어떤 단일 양자 상태에 조용히 머물러 있지 않다. 그것은 19세기에 유명한 기체 운동 이론이 다룬 것과 같이 상호작용하며 충돌한다. 이론의 측면에서 볼 때, 고양이의 양자 상태를 말하는 것은 고양이를 구성하는 모든 개별 원자와 전자들이 특정 순간에 무엇을 하고 있는지를 정확히 명시하는 것이다. 이 상태는 한순간에서 다음 순간으로 상상할 수 없을 정도로 빠르게 변화한다. 따라서 고양이의 양자 상태는 변덕스러워 종잡을 수 없다.

한편 실험 쪽에서는, 실험물리학자들이 원자들의 집합체를 하나의 순수한 양자 상태에 가두어 고정시켜 놓고 변화하지 않게 하는 방법을 고안해 냈다. 오직 적은 양의 원자들을 오직 짧은 시간 동안만 그렇게 할 수 있다. 이러한 상태는 그 상태가 유지되는 한 진정한 양자 거동을 보여준다.

오늘날의 이해에 따르면 고양이의 양자 상태에 대한 슈뢰딩거의 이야기는 너무 경박했다는 게 결론이다. 만약 고양이 전체를 구성하는 모든 원자들을 단 하나의 고정된 양자 상태로 유지하는 것이 가능하다면, 반은 살아 있고 반은 죽어 있는 양자 고양이를 말할 수 있을 것이다. 그러나 현실적으로 고양이를 구성하는 입자들의 헤아릴 수 없이 복잡한 끊임없는 상호작용은, 알아챌 수 없을 정도로 휙 지나가는 한순간을 제외하고는, 그러한 양자 상태가 존재할 수 없음을 확신시켜 준다. 오히려 우리가 고양이에서 관찰하는 것은, 내부 양자 상태는 이리저리 흔들리더라도, 고양이의 고정된 특성이다. 이들 고정된 특성들은 우리가 '고전적classical'으로 고양이의 속성이라고 생각한, 예를 들어 죽어 있거나 살아 있는 것과 같은 특성이다.

그러나 고양이의 양자 상태를 말하는 것이 의미 있다고 생각하는 슈뢰딩거가 틀렸다면, 그것이 가능은 하지만 불합리하다고 생각한 보어도 틀렸다. 사실 고양이 양자 상태는 두 사람이 파악한 것보다 더 미묘한 개념이다. 그래도 실제 고양이가 양자역학적 방식으로 행동하지 않는다고 본능적으로 느꼈던 보어가 진실에 더 근접했다고 볼 수는 있다. 하지만 전형적인 의미에서는, 보어 또한 이에 대해 설득력 있는 주장을 내놓지는 못했다.

어찌 되었든 확률은 사라지지 않았다. 슈뢰딩거의 고양이는 아직도 상자를 열면 산 채로 발견될 확률이 50퍼센트다. 그 이상은 더 할 말이 없다. 궁극적으로 아인슈타인을 곤혹스럽게 한 것이 바로 그 점, 물리적 결과는 결코 예측할 수 없다는 생각이었다. 그러한 곤혹스러움에 동감하는 오늘날의 물리학자들은 아인슈타인, 포돌스키, 로젠이 말했듯이, 양자역학은 불완전하고 무엇인가가 빠져 있음이 분명하다는 느낌을 떨쳐버리지 못한다. 다른 한편, 어떤 실험도 지금까지 양자역학에서 잘못된 점을 찾아내지 못했으며, 어떤 이론학자도 더 나은 이론을 들고 나오지 못했다.

17

논리학과 물리학 사이 중간 영역에

디랙은 언젠가 철학은 "이미 이루어진 발견에 대해 논하는 하나의 방법일 뿐이다"[1]라고 말했다. 이 말은 물리학자들이, 이론이 무엇을 의미하는지 이야기해 주는 철학자들, 더 심하게는 감히 물리를 어떻게 해야 하는지 말해주고 싶어 하는 철학자들에 대한 적의를 표현한 것이다. 그런데도 하이젠베르크는 말년에, 보어는 물리학자라기보다는 내심으로는 철학자에 더 가까웠다[2]고 말했다. 이 말이 비난인지 단지 관찰한 대로 말한 것인지는 알 수 없다. 하이젠베르크 자신도 한때 파드핀더 형제들과 함께 존재론적 산책으로 청춘기를 보내기도 했지만, 양자 세계에 대한 유익한 철학을 세우려는 노력에는 별 흥미가 없었다.

그러나 보어는 여느 물리학자들과 달랐다. 수학적이지 않았던 그는 전형적인 물리학자들이 보기에는 아마도 철학으로 보였을 개념, 원리, 난문제의 거미줄 속에서 앞으로 나아갔다. 하이젠베르크는 자신의 노벨상 수상 기념 강연에서 양자역학은 "보어의 동등성원리를 완벽한 수학 체계로 확장시켜 나가는 과정에서" 탄생했다고 겸손하게 말하며 스승에게 공을 돌렸다. 양자역학이 고전물리학과 큰 마찰 없이 부드럽게 연결되어야 한다는 보어의 동등성은 하이젠베르크에게는 넓게 봐서 철학적 주장이었다. 그는 현실성 있는 이론을 낳기 위해서는 보어의 동등성을 정량적이고 수학적인 형식으로 다듬을 필요가 있다고 보았다. 마찬가지로 하이젠베르크가 아는 한 보어의 또 다른 위대한 원리인 상보성원리(파동과 입자의 거동이 상충하지만 똑같이 필요하다는 생각) 역시 크게 보아 철학적 개념인데, 이것이 때때로 물리학 문제에 빛을 비추어주었다. 그러나 보어에게는, 그답게도, 원리가 우선이었다. 특히 상보성은 보어 자신에게 강박관념이 되었으며, 보어는 그것을 어디에서나 점점 더 웅장한 형태로 보기 시작했다.

양자역학의 개척자들 중에서 거의 유일하게 보어는 확률과 불확정성의 의미에 대해 열심히 강연하고 저술했다. 또한 물리학자들의 사고의 변화가 어떻게 다른 과학 분야에도 영향을 미치게 할 수 있을까를 곰곰이 생각했다. (아인슈타인이 이런 폭넓은 화제에 대해 글을 쓰고 강연한 것은 그 개념을 확장하는 게 아니라 반대로 그것의 치명적인 영향력의 고삐를 잡으려고 한 것이었다.)

1932년, 코펜하겐에서 열린 다양한 의학 문제에 대한 광선 치료를 주제로 하는 학술회의에서 보어는 「빛과 생명」이라는 강연을 했다.[3] 몇 년 후에는 18세기 후반 개구리 근육에 낮은 전압을 연결하여 뒤틀리게 한 실험으로 생체 전류 현상을 발견한 이탈리아 과학자 루이지 갈바니 Luigi Galvani를 기리는 모임에서 「생물학과 원자물리학」을 논했다. 1938년에는 인류학자와 민족학자들 앞에서 「자연철학과 인류 문명」을 강연했다. 보어는 보통, 일개 물리학자에 지나지 않는 자신이 전문 분야를 뛰어넘어 주제넘게 이야기하게 된 것에 용서를 구하며 말문을 열었다. 그러고는 곧장 본론으로 들어갔다.

그는 자신의 위대한 상보성이론을, 그것이 빛에 대한 입자성과 파동성의 상충을 어떻게 해결했는가 간략하게 설명함으로써 소개했다. 이제 물리학은 다른 방식의 관찰이 다른 과학 그림을, 심지어는 모순된 설명을 낳기도 한다고 가르친다. 그는 모든 과학자들이 이 말을 새겨들어야 한다고 강조했다. 예를 들어 그는 생명에 관해 얘기하면서 생명체를 물리학의 기본 법칙을 따라 기계적으로 맡은 임무를 수행하는 복잡하게 얽힌 분자들의 복합체로 생각할 수도 있고, 의지나 의도라고 부르는 속성을 가지고 기능하는 전체로 생각할 수도 있다고 말했다. 이것이 상보적인 견해인데, 그것들이 단지 서로 다른 전망을 제공하기 때문이 아니라, 동시에 성립되는 것이 불가능하기 때문에 상보적이다. 생명체를 복잡한 기계로 이해하여 유기체를 이루는 분자들로 분해하여 어떻게 작동하는지 알려고 하면, 분해하는 과정을 통해, 전체로서의 조직이 나타내는 생명의 질적인 요소를 볼 수 없게 된다. 한편 생명을 유기체적으로 전체로 이해하려 하면 각 분자들의 역할은 뜯어볼 수 없다.

  이러한 관찰로부터 보어는 "목적이라는 개념은 기계적 분석에서는 생소하지만 생물학에서는 다소 적용된다"[4]라는 극적인 주장으로 비약했다. 그는 상보성은, 저변의 분자적 과정과 생화학에서는 목적이 무의미하지만 유기체 전체의 특성으로서는 목적이 존재할 수 있음을 의미한다고 말했다. 물론 이것은 과학적으로 말해 목적이 어디에서 오는가 하는 어떤 질문도 배제한다. 이러한 발뺌에 아인슈타인은 분통을 터뜨렸는데, 보어가 물리학적 실체의 성질에 관한 문제에 그것을 적용할 때도 똑같았다.

  심리학에서 보어는 사람이 이성과 감정이라는 두 측면의 피조물이라는 사실과 관련하여 상보성의 실마리를 찾았다. 우리는 냉정하고 논리적으로 분석할 수 있다. 동시에 우리는 느낌과 합리적인 설명이 불가능한 정서에 따라서 선택을 한다. 동일한 두뇌가 두 가지 선택을 한다. 그 당시 보어는 우리의 이성 능력과 감성 능력을 연결하는 두뇌 기능에 대한 어떠한 모형도 알지 못했으나, 상보성에 따라 동일한 원천에서 논리와 비논리가 생겨난다고 분명히 믿었다.

  보어가 이러한 주장을 문자 그대로 말했는지 아니면 은유적으로 말했는지는 불분명하지만, 묻는다면 그는 아마도 의미와 은유는 언제나 염두에 두어야 할 언어의 상보적 측면이라고 미소를 띠며 답했을 것이다. 로젠펠트에 따르면 보어는 "당신이 무엇에 대해서든 단정적으로 말할 때마다 상보성을 위배한다"[5]라고 말한 적이 있다. 보어가 도를 지나쳐 그런 얄궂은 농담을 한 것이라고 생각할 수도 있으나 그런 것 같지는 않다.

　보어는 점점 더 다양한 주제에 대해 점점 더 수수께끼 같은 말을 하게 되었고, 사람들은 어떤 일이든 짧고 간결히 말하지 않겠다고 했던 보어의 결심을 거의 병적인 것으로 보기 시작했다. 물리학자들은 대부분 서글픈 당혹감에 머리를 절레절레 흔들었다. 물론 보어도 위대한 다른 과학자들처럼 어느 정도 자아도취에 빠질 권리가 있었다. 아인슈타인도 그러했지만, 적어도 아인슈타인은 대부분 물리학의 특정 문제에만 국한했으며, 이제 더 이상 그의 말을 진지하게 듣는 사람은 거의 없었지만, 자신의 반대 의견을 평이하게 말했다. 보어는 자신의 세계 안에 들어가 있었다. 생물학자, 심리학자, 인류학자들과 같은 청중들이 의심의 여지 없이 물리학의 대가를 보는 것을 영광스럽게 여기고 보어의 심오한 말들을 좋아했지만 보어의 견해가 물리학의 영역을 넘어 큰 영향을 미쳤다는 증거는 거의 없다.

　한편 물리학자들이 좋아하든 싫어하든, 전문 철학자들은 양자역학 개척자들이 물리학에 주입한 이상한 사상에 주목하지 않을 수 없었다. 철학자들에게 물리학의 불확정성은 큰 불확실성의 시대에 찾아왔다. 그들은 자신들이 공부할 요점에 대한 다양한 견해에 따라 여러 파로 나뉘었다. 양자역학을 대하는 일반적인 태도, 특히 하이젠베르크의 원리에 대한 태도 역시 이데올로기에 따라 편이 갈렸다.

　원자의 실체에 대한 싸움에서 패자 편에 있었음에도 불구하고 실증주의 사고는 살아남았을 뿐 아니라 논리실증주의로 알려진 학파에서 더욱 발전하여 1920년대에 비엔나 서클 Vienna Circle/다양한 지적 배경을 가진 학자들이 비엔나에서 정기적으로 모여 토론하던 것에 붙여진 명칭: 옮긴이/에 둥지를 틀었다. 논리실증주의자들은 과학 자체를 위한 일종의 철학 계산법을 구축할 것을 제안했다. 그 체계는 실험적 사실과 자료에서 시작하여 가장 엄중한 철학 분석을 견뎌낼 수 있는 건실한 이론을 어떻게 창안해 내는지 알려줄 것이다. 과학이 논리적으로 보증될 수만 있다면 과학에 대한 신뢰성은 의심의 여지가 없을 것이다.

마흐와 연로한 실증주의자들은 이론을, 측정할 수 있는 현상의 정량적 관계 체계에 불과하다고 믿어왔다. 이론은 자연에 관한 내적인 진리를 얻는 방법이 아니었다. 대체로 논리실증주의자들은 이런 생각으로 갔지만, 과학이 심오한 의미를 열망할 수 없다면 적어도 신뢰성을 얻기를 희망할 수는 있다고 주장했다. 따라서 과학의 언어는 순수하고 증명할 수 있는 논리 안에서 쓰여야 했다. 당시의 실증주의자들의 글은 기호논리학과 수학적 확률 공식으로 가득한 대단한 것이었다. 그 글들은 이론 A가 우리가 가지고 있는 자료를 설명하는 데 이론 B보다 정확히 얼마나 더 신뢰성이 있는지 계산하여 결정 내릴 수 있음을 보이기 위해 쓰였다. 나아가서 새로운 자료 D가 얻어지면 이런 체계를 한 번 더 돌려 D가 이론 A에 더 부합하는지 B에 더 부합하는지 확인해 볼 수 있었다.

물론 이것은 과학자들이 실제로 하는 일과는 전혀 상관이 없지만 그것은 문제가 안 된다. 과학자들은 줄기차게 이론을 창안하고, 우연적이고 발견 학습적이고 직관적인 방법으로 실험하고, 철학자들은 이를 심판한다. 그러나 심판의 규정집은 저자들이 희망하는 만큼 잘못이 없지 않은 것으로 드러났다. 비엔나 서클 회원인 카를 헴펠Carl Hempel이 교묘한 난제를 들고 나왔다. 모든 까마귀는 흑색이라는 이론을 생각해 보자고 헴펠은 말했다. 어떤 다른 색깔의 까마귀를 발견해도 그 이론이 잘못되었음을 증명하게 된다. 당연히 그럴 것이다. 검은 까마귀의 발견은 그 이론을 일정량 뒷받침해 준다. 그러나 논리적으로 기이함이 나타난다. 모든 까마귀는 검다는 말은 필연적으로 검지 않은 것은 까마귀일 수가 없음을 내포한다. 따라서 검지 않은 것, 까마귀가 아닌 것, 즉 흰 코끼리, 푸른 달, 붉은 청어 같은 것은 검은 까마귀 이론을 미량이나마 지지하는 것이 된다. 이것은 논리적으로 피할 수 없지만 과학을 닮은 어떤 것으로부터도 한참 떨어져 있어 보인다.

똑같이 중요한 것으로, 논리실증주의자들의 작업은 어떤 의미에서는 19세기 결정론적 사고의 훈련인데, 물리학자들이 그들의 작업에서 결정론을 처분한 것과 같은 일이 여기서도 시작되고 있었다. 불확정성원리는 확고한 과학적 방법을 고안하려는 철학적 목표가 막바지에 달했을 때 도래했다.

자연을 객관적으로 설명하려는 것이 망상에 지나지 않는다고 진작부터 믿어온 일부 철학자들은 하이젠베르크의 원리를 과학이 스스로의 의구심을 확인한 증거라고 생각했다. 그렇다면 과학 이론이 세상의 사실들과 연관되어 무슨 의미를 갖는가를 논하는 것은 더 이상 무의미했다. 대신, 과학자들이 어떻게 그들의 이론에 합의를 도출해 내는지, 어떤 믿음과 편견이 여기에 작용하는지, 어떻게 과학자 사회가 공동의 지혜를 미묘하게 강화하는지 등에 관심을 갖게 되었다. 그러한 연구는 철학과 독립적으로 진화하여 이제는 사회과학이라는 이름으로 연구되고 있다. 이러한 사고의 한 좋은 예가, 불확정성은 바이마르 정부 시대 독일의 상황에 대한 정치적 반응으로 생겨났지 물리학의 시시콜콜한 문제들하고는 아무 상관이 없다는 포면의 주장이다.

다른 한편, 보다 전통적인 철학자들 사이에서는 물리 세계를 합리적으로 설명하는 것이 그렇게 타당성이 없는 목표는 아니라는 믿음이 유지되었다. 그러한 사람들에게 불확정성원리는 그리 달갑지 않은 뉴스였다. 카를 포퍼 Karl Popper는 1934년 출판한 『과학적 발견의 논리 The Logic of Scientific Discovery』에서 어떤 이론이 참이라고 증명될 수 있다는 논리실증주의의 야망을 일시에 폐기시키고, 우리는 단지 이론이 거짓이라는 것만 증명할 수 있다는, 지금은 상식이 된 개념을 소개했다. 이론은 보다 많은 시험을 통과하면 할수록 신뢰도가 높아지지만, 아무리 잘 통과해도 언제나 새로운 실험으로 거짓임이 드러날 가능성이 남는다고 그는 주장했다. 이론은 결코 진리임을 보장받을 수 없다. 과학은 자연에 대한 점점 더 완벽한 그림을 그려나가지만 가장 귀중한 과학 법칙들조차도 새로운 다른 증거가 나타나면 폐기될 처지에 놓이게 된다.

포퍼는 이론을 시험할 능력에 크게 무게를 두었기 때문에, 실험은 언제나 일관성 있는 객관적이고 신뢰할 만한 답을 내놓는다고 주장해야 했다. 이론은 어떤 근절할 수 없는 이유 때문에 불신할 수도 있지만, 실험과학은 절대적으로 믿을 만해야 했다. 그 점에서 포퍼는 양자계의 모든 가능한 시험의 종합이 반드시 일련의 일관성 있는 결과를 낳을 필요는 없다는 하이젠베르크의 원리와 부딪치게 된다. 철학적 분석을 위해서는, 특정 행위는 완전히 예측할 수 있는 방식으로 특정한 결과를 낳는다는 옛 인과성의 논리가 필요하다고 포퍼는 믿었다. 양자역학에 대한 포퍼의 반응은 간단했다. 하이젠베르크는 분명히 틀렸다.

그것이 그가 『과학적 발견의 논리』 독일어 초판에서 말한 내용이다. 그는 물리학 문제를 다루는 데 감히 철학의 방법을 사용하는 무례에 대해 약간의 사과를 하고는, 물리학자들부터가 어쩔 수 없이 철학 영역을 탐구해 왔으므로 그가 해결책이 "논리학과 물리학 사이에 있는 이도 저도 아닌 영역"[6]에 있다고 생각할 근거도 있다고 말했다.

포퍼는, 불확정성원리를 흠집 낼 실험이 가능하더라도 양자역학은 여전히 옳을 수 있다는 애매한 주장을 하고 스스로 생각해 낸 바로 그러한 실험에 착수했다. 이 일은 EPR 논문이 발표되기 전해의 일이다. 그의 『과학적 발견의 논리』는 1959년이 돼서야 영어판으로 나왔으며, 이때는 부록으로 다른 사람이 아닌 바로 아인슈타인의 편지가 포함되어 있었다. 아인슈타인은 자기 역시 양자역학의 불편한 의미를 타파해 보려 했지만 포퍼가 제안한 실험으로는 불가능하다고 말했다. 그런데도 불구하고 포퍼는 여러 가지 이유를 들어 하이젠베르크의 불확정성원리가 물리학자들이 생각하는 만큼의 철석같은 규칙이 될 수 없음을 주장하는 부록을 하나 더 덧붙였다.

물리학자들의 견해를 진지하게 받아들이는 몇 안 되는 현대 철학자들 중의 한 사람으로 모리츠 슐리크Moritz Schlick가 있다. 슐리크는 비엔나 서클 창립자의 한 명으로, 플랑크의 지도 아래 물리학 박사학위를 받았다. 슐리크는 진지하게 하이젠베르크와 교신하여 불확정성원리가 진짜로 의미하는 게 무엇인지 찾으려 노력했다. 1931년에는 「현대물리학의 인과성Causality in Contemporary Physics」이라는 에세이[7]를 썼는데, 이 글에서 그는 모든 것을 잃어버린 것은 아니라고 했다. 그는 인과성의 고전 개념을 분석해 보고는, 그것이 과학자들이 이론을 세울 때 안내가 될 만한 지침이나 믿음이 될 만큼의 정확한 논리적 원리는 아니라고 결론을 내렸다.

슐리크는 불확정성의 중요성은 그것이 과학자들의 예측 능력을 부분적으로만 흩트려놓는 데 있다고 주장했다. 양자역학에서 한 사건은 다른 여러 가지 결과를 낳을 수 있고 각각은 계산 가능한 확률을 갖는다. 그렇다 하더라도 물리학에는 여전히 일련의 사건에 관한 규칙들이 있다. 어떤 일이 일어나면 이것이 다른 일이 일어날 무대를 만들고, 그 결과에 따라 또 다른 가능성이 관여하게 된다. 이것은 인과관계에 기초한 설명이며, 단지 이제 그 인과성이 확률적이 되었을 뿐이라고 말했다. 일이 자연적으로 일어날 수 있다는 사실이, 아무 일이 아무 때나 일어난다는 뜻은 아니다. 아직도 규칙이 있다.

슐리크의 설명은 보어로부터 시작된 코펜하겐 정신과 내심 잘 맞는 일종의 철학적 타협안이다. 슐리크의 분석의 강점은 물리학이 어떻게 계속해 나가야 하는가에 대해 느슨한 논리를 제공한다는 점이었다.

그러나 대부분의 철학자들에게 느슨한 것은 안 통한다. 오늘날 양자역학의 기술적인 문제에 대해 저술하려는 사람들이 가장 떠나보내고 싶어 하는 것이 고의적으로 애매해 보이는 코펜하겐 해석이다. 그들은 1950년대에 데이비드 봄$^{David\ Bohm}$이 했던 양자역학에 대한 색다른 해석[8]에 큰 애착을 보인다. 그것은 숨은 변수$^{hidden\ variable}$로 불리는 방법을 통해 결정론을 회복시킨다고 주장한다. 숨은 변수는 양자 입자들에 관한 여분의 정보를 가지며, EPR 사고실험과 같은 예에서 측정 결과가 어떻게 나타날지를 사전에 결정한다. 문제는, 그 숨은 변수들이 항상 숨어 있다는 것이다. 봄의 체계는 근본적으로 결정론을 은폐하게 된다.

어떤 실험도 불확정성원리를 이길 수 없거나, 아니면 표준 양자역학이 허용하는 것 이상을 관찰자가 알 수 있게 해주는 여분의 정보를 제거해 버린다. 일부 철학자들은 왜 그런지 설명할 수 없지만 (보어와 상보성에서와 같이) 이 방식에 매우 흡족해했다. 아인슈타인은 양자역학에 대한 봄의 재해석의 어거지적인 면에 그다지 감명을 받지 않았다. 그는 보른에게 쓴 편지에서 "그 방법은 너무 천해 보이네"[9]라고 말했다.

수십 년간 철학자들, 역사가들, 사회학자들이 양자역학, 특히 불확정성에 대해 수많은 글을 써왔지만 이러한 노력의 많은 부분이 핵심을 놓치고 있다. 역사가들과 사회학자들은 거의 대부분 애초에 코펜하겐 해석이 어떻게 공모되었는지에 대하여, 또 보어와 그의 추종자들이 어떻게 순진한 과학 청중들에게 이해할 수 없는 사고를 강요했는지에 관해 글쓰기를 좋아했다. 코펜하겐 해석을 액면 그대로 받아들여 그것의 장점과 난해함을 평가하려 애쓴 슐리크의 예를 따른 철학자들은 거의 없었다. 그들은 그것이 자명하게 불합리하다고 보고 곧장 다른 것을 찾는 것 같다.

  그동안 물리학자들은 행복한 무지함 속에서 양자역학을 이용하고 응용하여 큰 성과를 거두었다. 일부는 분명히 아인슈타인의 뒤를 따라, 자연에 대한 이론은 그 근본이 확률적이라면 궁극의 답이 될 수 없다고 주장한다. 그러나 그러한 과학자들이 양자역학의 표준 해석의 새로운 방식을 찾는 법은 절대로 없다. 오류와 부족한 부분을 보완하여 이론을 변화시키려 할 뿐이다. 철학적 태도는 물리학이 옛 현실주의에 동참해야 한다는 초보적인 생각을 넘어, 이런 일을 하는 데 별 도움이 되지 않는다.

  1920년대 이래로 해석과 철학의 문제가 양자역학에 정열을 쏟아붓는 말없는 대다수의 물리학자들에게 관심사로 떠오르지 못하는 것은 사실이다. 19세기 후반에는 특히 독일에서 교육을 받은 과학자들 중에 이론물리학의 발전과 함께 철학도 진화해야 한다고 느끼는 사람들이 있었다. 오늘날 대부분의 물리학자들은 앵글로색슨 식으로 교육되기 때문에 플라톤과 칸트를 회피하고, 철학자들이 자신들의 이론을 가지고 무슨 생각을 하는지에 대해 적대적이며 무관심하다.

# 18

결국에는 혼란 상태

　보어의 신비한 상보성원리가 물리학을 지배하는 데 실패하고 과학의 영역 밖으로는 아무 파급효과를 일으키지 못했다면, 하이젠베르크의 역설적으로 정확한 불확정성원리는 놀랄 만큼 그 지적 명성이 상승했다. 2003년 사담 후세인 이후의 혼란 시기에, 한 영리한 논설위원이 기자들이 큰 사건을 다룰 때 실수하는 이유를 설명하면서 하이젠베르크를 인용했다. 기자들이 군대 안에 깊이 들어가서 파손된 탱크, 식량과 연료의 부족, 지역 주민의 적대감, 군대 내부의 통신 실수 같은 모든 주변 문제들을 자세히 메모한다. 그리고 이런 당장의 문제점으로부터 전체 작전 자체가 침몰하고 있다고 추론하게 된다는 것이다. 해설자는 불확정성원리로 해석해 보자면 "언론이 전쟁 중의 개별 사건을 정확히 보도하면 할수록 전쟁은 더욱 흐릿하게 보인다"[1]라고 말했다. 세부에 초점을 맞추면 맞출수록 그림은 점점 희미하게 보인다(이것은 불확정성보다는 상보성에 더 가깝지만, 신경 쓸 일은 아니다).

그렇지만 정말 일상의 보도, 특히 전쟁 지역에서의 보도가 단편적이고, 불완전하며, 일관성이 없기 쉽고, 큰 주제가 세부 내용에 파묻힐 수 있다는 점을 이해하기 위해 하이젠베르크가 필요할까? 여기에 똑같이 적용될 수 있는 상투적인 표현이 적어도 두 가지가 있다. "언론은 역사의 다듬지 않은 초고다"가 그 하나이고 "나무를 보면 숲을 볼 수 없으며, 숲을 보면 나무를 볼 수 없다"가 두 번째다. 여기에 양자역학과의 관련성은 없다.

문학적 해체주의자deconstructionist들은 불확정성원리에 열광해왔다. 그들은 텍스트 자체는 절대적이고 내재적인 의미를 갖고 있지 않으나 읽히면서 의미가 획득된다고 주장한다. 따라서 누가 읽느냐에 따라 다른 의미가 된다. 양자역학의 측정에서도 결과는 관찰자와 관찰 대상의 상호작용을 통해서 나타나므로 한 문학작품의 의미가 독자와 책 사이의 상호작용을 통하여 나타난다고 생각하는 것도 무리는 아니다(이 방정식에서 저자는 사라져버린다).

1976년 《뉴욕 서평The New York Review of Books》에 기고한 에세이에서 고어 비달Gore Vidal은 "칠판과 분필을 갖춘 교실에서 가르친 결과인, 공식과 도표"[2]에 의지하는 문학이론가들을 조롱했다. "물리학자들의 권위의 상징인, 칠판에 반쯤 지워진 정리를 선망하는 영어

선생들은 이제 자신들의 정리와 이론을 분필로 경쟁적으로 써 내려간다"라고 말했다. 특히 비달은 일부 비평가들이 어떻게 하이젠베르크의 "문화적으로 혼란을 초래하는 유명한 원리"를 자신들의 공리를 정당화하는 수단으로 사용하는지 이야기했다. 그것은 마치 문학비평가들이, 논리실증주의자들이 반세기 전에 실패한 방법을 뒤늦게 완성하려고 애쓰는 것과 같다고 했다. 실증주의자들은 과학 철학 자체가 과학적이 되도록 만들려 했다. 비평가들은 소설을 비평하는 심미적 업무를 정형화된 분석 작업으로 전환시키고 싶어 한다.

불확정성원리를 "문화적으로 혼란을 초래한다"라고 한 비달의 주장에 대해 물리학을 아는 독자들이 반발했다. 그들은 하이젠베르크의 말은 특정 종류의 측정에 관한 과학적 정리이며, 정해진 범주를 넘어서 불확정성원리를 적용하는 일은 바보 같은 짓이라고 항의했다. 그러나 비달이 옳았다. 물리학자들이 좋아하거나 말거나, 하이젠베르크의 원리는 널리 멀리 퍼져나가 문화적 혼란을 초래했다. 이것은 양자역학적 불확정성이 과연 광범위한 지적 영역에서 어떤 의미를 갖는가 하는 문제와 관련된 혼란이 아니라 하이젠베르크가 특정 종류의 사상과 사고에서 시금석, 권위의 상징이 된 방식과 관련이 있다.

텔레비전 연속극 〈더 웨스트 윙 The West Wing〉[3]은 워싱턴 정가 최상류층의 말발 좋고 두뇌 회전이 빠른 정치 공작 전문가들을 보여주는 드라마다. 한 에피소드에서 이들 가상의 등장인물들은 백악관에서의 생활에 관한 다큐멘터리용 필름을 제작하는 또 다른 가상의(메타픽션적) 카메라맨들에 의해 뒤를 밟힌다. 가상 인물들의 행동을 기록하는 가짜 영화 제작자들의 활동을 찍는 진짜 영화 제작자, 그들이 만들고자 한 것은 가상 세계 속의 진짜 논픽션 영화다. 흡족한 포스트모던 시도였다.

극 중에서 한번은 보이지 않는 제작자가 대통령과 연방수사국장이 참석하는 고위급 회의를 염탐하기 위해 백악관의 공보 비서관 C. J. 크레그를 기다리고 있었다. 제작자가 크레그에게 지금까지 이것이 전형적인 하루 일과였냐고 묻는다.

"'예'이기도 하고 '아니요'이기도 합니다"라고 크레그가 대답했다.

"우리가 여기 있기 때문인가요?"

"하이젠베르크의 원리에 대해 말해줄 필요는 없겠죠…."

"현상을 관찰하는 행동이 행동을 변화시킨다는 겁니까?"

"그렇소"라고 크레그는 대답하고 서둘러 회의실로 들어갔다.

에피소드 내내, 등장인물들은 카메라를 피하여 조용한 모퉁이에 모여서, 제작자일 수 있는 사람들에게 영향을 끼치지 않기 위해 서로 끊임없이 속삭였다. 사람들이 보고 있을 때는 정치적 계략을 쓰기 어렵다. 이것은 이해하기 쉬운 일이다. 긴장된 상황에 여러 대의 카메라를 설치하면 사람들이 이상하게 행동할 것이다. 결혼식이나 가족 모임에서 사진을 찍거나 녹화를 해본 사람은 이런 것에 놀라지 않을 것이다. 왜 하이젠베르크를 끌어들이는가?

이들 예에서 공통 요소는 절대적인 진리 같은 것은 없다, 내가 무엇을 찾고 있는가에 따라 보이는 게 달라진다, 누가 행동하고 말하는가는 물론 누가 시청하는가에 따라 이야기가 좌우된다는 개념이다.

하이젠베르크가 측정 활동에 대해 말한 것과 적어도 은유적 연관은 있다. 이러한 의미에서 만약 우리가 현대의 사고(사회학자들이 즐겨 말하듯이, 어느 누구의 이야기도 다른 어느 누구의 이야기 위에 군림하는 '특별한' 것이 아니며, 모든 견해는 똑같이 가치가 있다)를 괴롭히는 상대성의 저주를 누군가의 탓으로 돌려야 한다면, 아마도 아인슈타인보다는 하이젠베르크를 더욱 탓해야 할 것이다. 시간과 공간의 과학 이론인 상대성이론은 다른 관찰자는 사건을 각각 다른 방식으로 보게 됨을 말하지만, 동시에 다른 관점들이 일관성 있고 객관적인 설명으로 타협될 수 있는 틀도 제공한다. 상대성은 절대적인 사실이 있음을 부인하지 않는다. 불확정성원리는 그것을 부인한다.

그러나 물리학에서도 불확정성원리가 결코 항상 연관되어 있는 것은 아니다. 상보성에 대한 보어 프로그램의 전체적인 요점은, 우리가 살고 있는 관찰과 현상의 세계, 즉 실제 세계가 그 근저에 양자역학의 특이한 불확정성이 있음에도 불구하고 꽤나 확고해 보인다는 사실을 물리학자들이 다룰 수 있게 도와준다는 것이다. 만약 하이젠베르크의 원리가 평균적인 물리학자의 사고에 그다지 자주 들어가지 않는다면, 어떻게 언론, 문학비평이론, 또는 텔레비전 연속극의 대본에서는 중요할 수 있겠는가?

이미 우리는 사람들이 카메라 앞에서는 어색하게 행동한다는 것을 알고 있으며, 신문기자와 이야기할 때는 편한 친구와 이야기하듯 말하지 않는다는 사실을 알고 있다. 우리는 오지의 마을을 우연히 방문한 인류학자는 관심의 초점이 되고 마을 사람들이 일상적으로 생활하는 것을 관찰하기 힘들다는 것을 알고 있다/인류학자 마거릿 미드의 경우를 이야기함: 옮긴이/. 우리는 시나 소설 또는 한 소절의 음악이 모든 독자와 청중에게 똑같은 의미를 갖지 않음을 알고 있다.

이런 이야기들은 간단하고 쉽고 완벽하게 이해될 수 있기 때문에 하이젠베르크를 끌어들인다고 더 잘 이해될 것은 없다. 정말 흥미로운 것은 과학 지식과 다른 형태의 지식 사이에 깔려 있는 공통점, 연결성, 유사성이다. 에둘러서 우리는 상대성이론과 양자론에 대한 로런스의 조롱으로 돌아왔다. 로런스가 상대성이론과 양자론을 좋아한 것은 이 이론들이 과학의 객관성과 진실성이라는 딱딱한 모서리를 부드럽게 했기 때문이다. 이들 이론에 매력을 느끼기 위해 로런스처럼 과학에 문외한이어야 하는 것은 아니다. 하이젠베르크 이후 세계에서, 과학적 사고는 이전만큼 어려운 게 아닌지도 모른다.

과학 지식이 과학의 경계 너머로 외삽될 때마다 경종을 울리는 것은 절대적인 과학 지식, 엄격한 결정론, 정확한 인과율을 지키려는 고전적 꿈이었다. 완벽한 예측성에 대한 라플라스의 이상, 즉 현재 상태를 정확히 알면 미래 상태를 완벽하게 예측할 수 있다는 생각은 인류를 자동으로 움직이는 무기력한 기계 같은 존재로 만들었거나, 만들고 있는 것으로 보인다. 인류의 역사가 불변의 법칙에 따라 전개된다는 마르크스와 엥겔스와 과학적 사회주의의 주장을 생각해 보라. 인류가 자연선택보다는 강압적 선택을 통해 얼마나 개량될 수 있는지에 대한 계산된 선언과 우생학 운동을 생각해 보라. 기술주의적 이상에 반대하는 슈펭글러와 로런스 같은 다양한 사상가들의 항거는 반드시 합리적인 것은 아니었고 과학의 과잉에 대한 근거 없는 두려움에서 나온 것일지도 모른다.

그러나 우리가 봐온 것처럼 과학적 결정론은 절정의 시기에도 결코 모든 것을 압도했던 것 같지는 않다. 하이젠베르크가 태어나기 훨씬 전 물리학에 도입된 통계 추론은 이미 완벽한 예측 가능성을 성취할 수 없는 것으로 만들었다. 그 점에서 우리의 예리한 관찰자 헨리 애덤스는 막강하고 섬뜩한 새로 형성된 과학의 힘이 산산이 부서져 아무것도 남지 않게 되지 않을까 걱정했다.『헨리 애덤스의 교육』의 말미에서 저자는 "그는 자신이 어느 누구도 통과한 적 없는 땅에 있음을 깨달았다. 질서가 무례하게도 자연과 우발적 관계인 곳, 움직임에 인공적인 강제가 부과되며, 우주의 모든 자유 에너지로부터 배반당하는 곳, 다만 이따금 결국에는 혼란 상태로 귀착되고 마는, 그런 곳에."[4]

애덤스가 자신의 회고록을 내놓은 지 20여 년 후에 나타난 양자역학의 불확정성원리는 이 지성적 충돌의 와중에 양측을 안심시키는 조치가 되었다. 그것은 엄격한 고전적 결정론 위에 묘비를 세웠다. 동시에 그것은 모든 의미에서 과학을 전복시키는 데 실패했다. 불확정성원리는 과학이 막강한 힘과 가능성을 가지나 한계도 있음을 시사했다. 냉정한 합리성이 결코 다른 모든 형태의 지식을 대체할 수는 없다고 했다.

거기에 하이젠베르크의 불확정성원리의 은유적인 매력이 있다. 불확정성원리는 언론, 인류학 또는 문학비평을 과학적으로 만들어주지 않는다. 오히려 그것은 과학 지식이 우리가 거주하고 있는 세계의 일상에 대한 일반적인 이해와 마찬가지로 이성적인 동시에 돌발적일 수 있고, 의도적인 동시에 우발적일 수 있다고 말해준다. 과학 진리는 강력하지만 만능은 아니다.

애덤스의 혼란에 대한 두려움은 과장되었다. 현실적으로 물리학자들은 확률과 불확정성이 자신들의 주제를 오염시킨 것에 큰 형이상학적 불안감을 느끼지 않고 물리학을 해나간다. 그들은 대부분 양자역학의 의미와 관련된 심오한 문제들은 피해간다. 벨과 그의 동료 마이클 나우엔버그Michael Nauenberg가 이것을 한마디로 잘 요약한 적이 있다. "전형적인 물리학자들은 그런 의문들이 오래전에 해결되었으며, 20분 정도만 시간을 들이면 완전히 이해할 수 있다고 생각한다."5

보어는 무엇보다도 그것에 대해 너무 많이 생각할 필요가 없다고 추천했다. 보어는 양자 세계가 실제로 어떤 모습일지 질문하는 것은 아무런 의미가 없다고 주장했다. 왜냐하면 모든 시도가 불가피하게 양자 세계를 익숙한 용어, 즉 고전적인 용어로 설명해야만 하는데, 그것은 원래의 의문을 다시 언급하는 일에 지나지 않기 때문이다. 양자 진리를 고전 언어로 설명하는 일은 필연적으로 타협이 되고, 보어에 따르면 그것이 우리가 할 수 있는 최선이다.

아인슈타인이 아니더라도 누구나 이것은 불만족스러울 뿐 아니라 과학의 진정한 정신에 위배된다는 것을 알 수 있다. 물어서는 안 될 의문이 있고 끄집어내서는 안 될 주제가 있다고 이 세상 어디에 써

있단 말인가.

사실 지난 2세기에 걸친 과학의 진보는 이전에는 자연철학자들에게 접근이 금지된 영역에까지 가차 없이 확장되어 나갔다. 19세기 후반 이전에는 태양과 지구의 기원에 대한 의문은 신학자들의 영역이었다. 그러나 과학자들이 에너지와 열역학의 새로운 지식으로 무장하여 이 영역을 흡수해 버렸다. 오늘날 물리학자들은 우주의 기원에 대해 밀도 있는 난해한 논문들을 쓰고 있다. 그런 엄청난 사건을 다루기 위해서 물리학자들은 중력, 입자물리학, 양자역학 모두를 동시에 이해해야만 한다. 그러나 아직까지도 그들이 직면한 어려움을 해결한 통합 이론을 갖지 못했다. 일반상대성이론에서 중력은 매끄럽고, 연속적이고, 시간과 공간에서 인과성을 가지며, 본질적으로 고전적인 형태로 남아 있다. 양자역학은 개별성과 불연속성에서부터 불확정성으로 나아갔으며, 빅뱅에서 두 가지 사고방식은 충돌했다.

물리학자들은 아직까지 우주가 어떻게 시작되었는지를 재구성하려는 노력을 이끌어줄 양자중력이론을 세우지 못했다. 그럼에도 불구하고 우주의 탄생이 양자적 사건임은 틀림없어 보인다. 따라서 우리의 존재 자체가 궁극적으로, 이해할 수 없는 양자 전이가 어떻게 견고하게 확실하게 보이는 현실을 만들어내는가 하는 곤란한 의문에 의지하고 있다.

그러한 의문들이 해답은 고사하고 절대로 만족스럽게 공식화조차 될 수 없다는 것이 보어의 입장이라면, 그는 우주의 탄생에 대한 질문은 과학의 범주를 뛰어넘는 것이라고 말하는 듯하다. 오늘날 물리학자들이 보기에, 그건 아니다.

오늘날 최고 수준의 이론물리학 학술지는 양자역학과 중력을 결합시키려는 시도로 가득 차 있다. 초중력, 초끈, 여분의 시공간 차원, 그리고 다른 많은 것에 기초한 신비한 이론들이 포함되어 있다. 오늘날 과학자들은 엠 이론M-theory과 막brane 우주론과 같이 거의 이해하는 사람이 없는 난해한 수학 구조를 얘기하고 있다. 그것들이 정말 존재하는지 완전히 밝혀지지 않았을 뿐 아니라 어쨌든 그것들이 요구된 일을 할 수 있는지도 증명되지 않았다.

그러한 노력들은 대부분 문제의 미시적인 측면에 초점을 맞추어 왔다. 즉 물리학자들은 두 개의 기본 입자들 사이의 중력 상호작용을 양자역학 방식으로 설명할 이론을 원한다. 그러나 일반상대성이론은 단지 중력에 대한 이론이 아니다. 그것은 또한 공간과 시간 및 인과성에 관한 이론이다. 그것은 아인슈타인의 근본 원리, 즉 모든 다른 물리적 영향처럼 중력 영향 역시 한 장소에서 다른 장소로 빛의 속도보다 빠르게 전파될 수 없다는 조건을 포함한다.

그것이 아인슈타인이 양자역학이 옳을 수 없다는 깊은 암시를 주기 위해 EPR 실험을 한 이유다. 왜냐하면 그런 상황에서는 알 수 없는 순간적인 힘이, 두 입자가 아무리 멀리 떨어져 있더라도 두 입자의 행동을 연결시키는 것으로 보이기 때문이다. 양자역학에서 이상하게 보이는 다른 많은 일들처럼 께름칙한 장거리 연결성은 불확정성의 불가피성 때문에 일어난다. 한 입자에 대한 측정 결과를 완벽하게 예측할 수 없기 때문에 두 번째 입자는 모종의 방법으로 연결된 채 있어야 한다. 그래야 그것의 측정이 첫 번째 입자의 관측과 일치하게 된다.

따라서 불확정성은 우리가 개별 기본 입자를 찾아낼 수 있는 가장 작은 축적에서뿐만 아니라, 방대한 거리를 가로질러 인과성과 확률이 연결된다는 점에서 우주 규모에서도 옛 질서를 교란시킨다. 진정한 양자중력이론은 아마도 이 모든 어려움을 이치에 닿게 해줄 것이다.

현재의 상태를 보면 양자중력이론에서 불확정성이 사라져버릴 것이라고는 생각하기 힘들다. 모든 증거가 불확정성이 존속할 것임을 시사하고 있다. 라플라스가 바란 대로 현재의 지식이 과거와 미래에 대한 완벽한 지식을 제공한다는 절대적 결정론으로 되돌아가는 일은 없을 것이다.

우주로 봐서도 그것은 좋은 일이다. 라플라스의 우주는 탄생의 순간을 가질 수 없다. 왜냐하면 어떤 물리 조건이든 이전 상황으로부터, 또 그 이전 상황으로부터 논리적으로 불가피하게 무한히 계속되어 일어나야 하기 때문이다. 원인이 없는 일은 일어날 수 없다.

그러나 양자 우주는 다르다. 퀴리가 방사성 붕괴의 자연 발생에 경악한 이래로, 러더퍼드가 보어에게 원자 내부에서 왜 전자가 한 위치에서 다른 위치로 뛰어넘는지를 물어본 이래로, 양자 사건은 궁극적으로 아무 이유 없이 일어난다는 인식은 이제 널리 퍼졌다.

따라서 우리는 막다른 골목에 이르렀다. 고전물리학은 우주가 생겨난 까닭을 말해줄 수 없다. 이전 사건이 원인으로 작용하지 않는 한 어떤 일도 일어날 수 없기 때문이다. 양자물리학은 왜 우주가 생겼는지를 말할 수 없다. 확률의 문제로 자연적으로 일어났다고 말하는 것 말고는 달리 할 말이 없기 때문이다. 다시 말해, 양자역학이 단지 물리 세계의 불완전한 모습을 제공할 뿐이라고 비판한 아인슈타인은 옳았다. 그러나 어쩌면 불완전성은 피할 수 없을 뿐만 아니라 실제로 필요하다고 믿은 보어가 더 옳을지도 모른다. 우리는 보어가 좋아하는 역설에 직면했다. 우리의 우주가 생겨나게 된 것은 오로지 초기의 설명할 수 없는 양자역학적 불확정성의 작용을 통해서다. 그로부터 사건들의 연쇄적 촉발로 우리가 무대에 등장했고, 우리가 존재하도록 이끈 태초의 힘이 무엇이었을까 지금 궁리를 하고 있는 것이다.

지은이 후기

감사의 말

주석

참고 문헌

옮긴이 후기

## 지은이 후기

아인슈타인은 서거하기 전해인 1954년에 프린스턴에서 단 몇 시간 동안 하이젠베르크의 방문을 받았다. 노학자는 확연히 쇠약해 있었다. 그는 75세로 몇 년 동안 복부 동맥류가 서서히 부어오르고 있다고 알려져 있었다. 수술은 위험했으나 아인슈타인은 피할 수 없는 질병을 지연시킬 다른 방도가 없었다. 그는 수술 후 한 차례의 빈혈로 고생한 끝에 회복했다. 하이젠베르크가 들렀을 때, 그들은 점잖게 담소를 나누었다. 전쟁에 관한 이야기도 아니었고, 양자역학에 대한 이야기도 아니었다. 아인슈타인은 "나는 자네가 하는 유의 물리학을 좋아하지 않네.[1] 일관성이 있지만, 나는 좋아하지 않아"라고 손님에게 말했다.

전쟁은 이미 멀어진 두 사람의 관계를 더욱 긴장시켰다. 물론 아인슈타인은 원자폭탄 가능성의 윤곽을 밝힌 루스벨트 대통령에게 보낸 유명한 서한에 사인을 했지만, 원자폭탄을 개발하고 제조하는 일에는 참여하지 않았다. 보어는 왕립 공군의 공격으로 거의 혼이 빠져나가기 전까지 가능한 오랫동안 독일 점령하의 코펜하겐에 머물렀다. 핵분열에 관한 물리학 논문을 발표하기는 했지만, 보어는 맨해튼 계획에서 간접적인 역할만 했다.

한편 하이젠베르크는 독일에 남아 있었다. 보어와 하이젠베르크의 우정이 완전히 깨진 것은 1941년 하이젠베르크가 보어를 방문했을 때다. 이 방문은 마이클 프레인의 날카롭고 우울한 연극 『코펜하겐』의 중심 소재가 되었다. 독일이 핵력을 이용하려는 계획을 진행 중이었고 하이젠베르크도 여기에 가담했다. 하이젠베르크는 필요한 물리학의 몇 가지 측면에 대해 보어의 의견을 구했다.

보어의 아내는 보어와 하이젠베르크의 관계는 언제나 소원하고 거리감이 있었다고 말했다. 남편은 하이젠베르크와 서먹서먹한 시기도 있었으나 "두 사람 사이에서 하이젠베르크는 유쾌한 사람이었다. (…) 그는 말하자면 가정교육을 잘 받았다. 매너가 좋고 그 점에서 유쾌했다는 뜻이다. 그러나 보어와 하이젠베르크와의 사이에는 갈등이 있었다"[2]라고 그녀는 말했다. 보어는 언제나 부끄러움을 타며, 소심하고 딱딱한 사람으로, 다른 사람들과 결코 다정하게 지내지 못했다. 그다지 사교적이라고는 할 수 없는 디랙은 보어와 친하게 지냈다. 그는 성미가 급한 파울리가 매우 붙임성이 있다고 생각했고, 하이젠베르크는 다소 불편해했다.

독일의 전시 핵 프로그램이 달성한 것, 또는 달성하려 한 것이 무엇인지는 전반적으로 분명하게 밝혀지지 않았다. 국가의 자원이 고갈되었고 지적 자원도 고갈되었다. 많은 물리학자들이 독일 밖으로 쫓겨났다. 이론물리학 분야의 위대한 창안자의 한 사람인 하이젠베르크는 실용적인 핵물리학이나 핵공학을 연구한 사람은 아니었다. 그는 폭탄이 어떻게 작용하는지 결코 정확히 알지 못했으며, 원자폭탄을 만드는데에 1톤의 우라늄이 필요하다고 생각한 듯하다. 훗날 불미스럽게도 이 실패는 독일인들이, 특히 하이젠베르크가 원자무기를 개발하는 일에 도덕적으로 반감이 없었다는 이야기로 변질되었다. 또는 원자무기의 타당성에 대해 정치 지도자들을 고의로 잘못된 길로 인도했다는 것이다. 하이젠베르크는 결코 이렇게 말한 적이 없다. 그러나 그것을 딱히 부인하지도 않았다.

많은 물리학자들은 전쟁이 끝난 후 하이젠베르크를 피했다. 보어는 적어도 우호적이려 애썼다. 하이젠베르크는 과학자 사회로 서서히 돌아와, 마침내는 뮌헨에 있는 막스 플랑크 연구소의 소장이 되었다.

아인슈타인은 이미 오래전인 1955년에 세상을 떠났고, 파울리는 1958년에 갑자기 사망했으며, 보어는 1962년에 사망했다. 하이젠베르크는 1976년 뮌헨에서 세상을 떠났다.

## 감사의 말

나는 여러 해에 걸쳐서 내가 할 수 있는 것보다 훨씬 상세하게 양자역학의 역사를 정리한 수없이 많은 저자들에게 큰 빚을 졌다. 나는 설명을 정리하면서 그들의 성과에 크게 의존했다. 특히 파이스와 데이비드 캐시디David Cassidy의 노력에 감사한다. 물론 그들과 다른 사람들은 내가 쓴 역사의 어떤 오류나 독특한 표현에 책임이 없다.

또한 메릴랜드 칼리지파크에 있는 미국 물리연구소의 물리학역사 센터의 닐스 보어 도서관을 활용하지 않고는 이 책을 쓰지 못했을 것이다. 언제나 기꺼이 도움을 준 도서관 직원들에게 많은 감사의 마음을 전한다. 또한 의회도서관, 메릴랜드 대학교 도서관, 조지 메이슨 대학교 도서관, 미국 역사국립박물관의 스미소니언 디브너 과학기술

역사도서관의 도움에도 감사한다.

  나는 보스턴 대학교의 애브너 시모니와 EPR 논문에 대해 즐겁게 이야기를 나누었다. 랄프 칸은 독일어 번역에 많은 도움을 주었다.

  나의 대리인인 수전 라비너는 내가 이 책의 집필을 시작하기 전에 의도한 것보다 더욱 명료하게 일을 해내도록 (강압적이라 느낄 정도로) 격려해 주었다. 그녀의 도움이 없었다면 언제나 그랬듯이 시작도 못 했을 것이다. 더블데이 출판사의 편집자 찰리 콘래드의 예리한 안목 덕분에 책을 더욱 얇고, 윤곽이 선명하고, 보다 목적이 뚜렷한 책으로 만들 수 있었다. 두 사람 모두에게 많은 감사를 드린다.

  특히 이 과제를 하나로 엮어내는 초기의 불확실한 상태에서 도덕적 지원을 아끼지 않은 페기 딜론에게 감사의 마음을 전한다.

## 주석

여기서 나는 본문에 나오는 모든 정보의 조각들에 주석을 달 의도는 없다. 본문 내용에 등장하는 주요 인물들의 삶과 연구 업적의 상세한 내용은 대체로 참고문헌의 저서들에서 인용했다. 덜 중요한 인물들은 C. C. 길리스피 C. C. Gillispie가 편집한 『과학 자서전 사전 Dictionary of Scientific Biography』이 기본 출처이다.

양자역학의 출현에 대한 나의 이해는 참고 문헌에 든 파이스의 세 권의 책에 주로 의존했다. 캐시디가 쓴 하이젠베르크 자서전과 드레스덴이 쓴 크라메르스 자서전도 유용했으며, 바에르덴Waerden의 중요 논문 모음집의 긴 소개글도 큰 도움이 되었다. 메라Mehra와 레헨베르크Rechenberg가 저술한 여러 권으로 구성된 역사서는 많이 이용하지 않았는데, 그 이유는 내가 이야기를 전개하는 데 필요한 것 이상으로 훨씬 더 기술적으로 깊이 들어간 내용이기 때문이다.

AHQP 대담은 1960년에 시작된 미국 철학학회와 미국 물리학회가 공동으로 추진한 프로젝트인 양자물리학 역사자료집의 일부로서 매우 소중한 음성 역사자료다(보다 상세한 내용은 웹 사이트 www.amphilsoc.org/library/guides/ahqp를 찾아보라). 나는 이 대담의 녹취록을 메릴랜드 칼리지파크에 있는 미국 물리연구소 물리학역사센터의 닐스 보어 도서관에서 구했다. AHQP 대담에서 대부분의 경우 미국 태생이 아닌 사람도 영어로 말했기 때문에 몇 군데 어설픈 표현이 있기도 하다.

나는 가능한 한 본문에 인용된 말의 독일어 원본을 찾으려 노력했으며, 따라서 몇몇 부분에서 영어로 출판된 다른 책의 내용과 조금 다르게 표현하기도 했다.

Bohr, CW는 보어의 『연구 업적 모음 Collected Works』을 가리킨다.


## 1. 흥분한 입자들

### 1 걸어다니는 세상 모든 책 목록 (p. 20)
후에 북극 탐사가가 된 에드워드 패리Edward Parry의 표현으로, 다음 책에서 패트릭 오브라이언Patrick O'brian에 의해 인용되었다. *Joseph Banks: A Life* (Chicago: University of Chi-cago Press, 1987), 300.

### 2 찰스 다윈은 결혼하기 (…) 않았다고 했다 (p. 20)
N. Barlow, ed., *The Autobiography of Charles Darwin* (London: Collins, 1958), 103-4.

### 3 1827년 6월, 브라운은 (…) 연구하기 시작했다 (p. 21)
이 부분에서 나는 브라운이 자신의 유명한 두 논문에서 사용한 표현과 관찰결과를 섞어 썼다. 논문들은 다음 학술지에 발표되었다. *Philosophical Magazine* 4 (1828): 161 and 6 (1829): 161.

### 4 물속의 미소 동물들의 (…) 경이로웠다 (p. 22)
1974년 9월 7일 레덴후크가 왕립학회Royal Society 사무장 헨리 올덴버그Henry Oldenburg에게 보낸 편지에서. 편지는 C. Dobell, ed., *Antony van Leeuwenhoek*

*and His "Little Ani-mals"* (New York: Dover, 1960), 111에 실려 있다.

**5 특히 브라운의 (…) 보여주겠다고 했다 (p. 28)**
George Eliot, *Middlemarch*, ch. 17. Nelson 2001, 9이 내가 참고한 출처이다.

**6 올바른 답을 (…) 찾기 힘들었다 (p. 29)**
다음을 참고하라. J. Delsaulx, *Monthly Microscopical Journal* 18 (1877): 1 및 J. Thirion, *Revue des Questions Scientifiques* 7 (1880): 43.

**7 지속적인 불안정한 상태의 특성 (p. 30)**
L.-G. Gouy, *Comptes Rendus* 109 (1889): 102.

## 2. 엔트로피는 최댓값을 향해 끝없이 증가한다

**1 이 현상은 (…) 것처럼 보인다 (p. 35)**
L.-G. Gouy, *Comptes Rendus* 109 (1889): 102.

**2 우리는 우주의 (…) 펼쳐질 것이다 (p. 37)**
라플라스가 1812년 *Théorie Analytique des Probabilités*에서 쓴 유명한 선언으로, 다음 책에서 찾을 수 있다. J. H. Weaver, ed., *The World of Physics* (New York: Simon & Schuster, 1987), vol.1, 582.

**3 기체 속의 (…) 일어나는 현상이다 (p. 42)**
Lindley, 212. 이 구절은 체르멜로E. Zermelo의 비판에 대한 볼츠만의 응답에 나온다.

**4 여기에서 논하는 (…) 확언할 수는 없다 (p. 45)**
A. Einstein, *Annalen der Physik* 17 (1905): 549.

**5 흔히 통일성이라 (…) 과학적 분석과정이었다 (p. 48)**
Adams, 431.

## 3. 불가사의이자 경악의 대상

**1 태양 광선의 (…) 새로운 것이다** (p. 57)
Adams, 381.

**2 방사능은 원자의 성질이다** (p. 57)
Pais 1986, 55, 퀴리 부부와 베몽 G. Bémont의 1898년 논문을 인용하며.

**3 방사선의 자발성은 불가사의이자 경악의 대상이다** (p. 58)
Quinn, 159, 퀴리 부부가 1900년 파리 국제 회의International Congress에 제출한 보고서를 인용하며.

**4 러더퍼드보다 독창적인 (…) 본 적이 없다** (p. 60)
The Rutherford collection at Cambridge University Library, MS.Add.7653:PA.296

**5 러더퍼드와 소디가 제안한 것** (p. 61)
E. Rutherford and F. Soddy, *Philosophical Magazine* 4 (1902): 370 and 569.

**6 원자가 원자보다 (…) 있을지도 모른다** (p. 63)
A. Debierne, *Annales de Physique* 4 (1915): 323. 유사한 제안이 다음에 실려 있다. F. A. Lindemann, *Philosophical Magazine* 30 (1915): 560.

## 4. 전자가 어떻게 결정을 내릴까?

**1 생각에 골똘하다 보니 (…) 물리학자는 말했다** (p.68)
J. Franck AHQP interview.

**2 보어는 영국식 (…) 어려움이 있었다** (p. 68)
보어의 케임브리지 시절에 대해서는 닐스 보어와 마르그레테 보어의 AHQP 대담이 출처다;보어의 편지들, Bohr, *CW*, vol. 1; Pais 1986, 194-95.

**3 내 인생에서 (…) 없는 일이었다** (p. 70)
E. de Andrade, *Rutherford and the Nature of the Atom* (New York: Doubleday, 1964), 11. 수없이 인용된 이 표현은 러더퍼드가 강연에서 한 말로, 더 이상의 상세한 내용은 알려져있지 않다. Eve, 197에서 러더퍼드는 총알이 종이에서 튕겨 나왔다고 비유한다.

**4 에너지 양자 개념은 허공에 떠 있었다** (p. 74)
Bohr AHQP interview.

**5 역학의 기반을 제공할 수 없다** (p. 77)
Bohr, *CW*, vol. 2, 136.

**6 그래, 나도 (…) 내 방식은 아니야** (p. 77)
레일리 경이 아들인 스트럿R. J. Strutt에게 한 말로, 다음 책에 나온다. *Life of John William Strutt, Third Baron Rayleigh* (Madison: University of Wisconsin Press, 1968), 357.

**7 한 가지 (…) 할 것으로 보이네** (p. 78)
1913년 3월 20일 러더퍼드가 보어에게 보낸 편지, Bohr, *CW*, vol. 2, 583.

**8 통계 법칙은 (…) 지나지 않는다** (p. 79)
Pais 1991, 191, 아인슈타인의 1916년 논문을 인용하며. 여기서 아인슈타인이 분석한 간단한 사고실험은 놀라울 정도로 생산적이다. 이 논문에서 아인슈타인은 들뜬 상태에 있는 원자들의 자발적인 방출은 물론, 동일한 진동수를 갖는 외부에 존재하는 방사선에 의해서 원자가 빛의 양자를 방출할 확률이 높아지는, 소위 자극 방출이라고 불리는 과정이 일어남을 증명했다. 이 관찰은 50년 뒤 메이저maser와 레이저의 이론적인 기초가 되었다.

**9 인과성에 관한 (…) 혼란스럽게 하네** (p. 80)
1920년 1월 27일 아인슈타인이 보른에게 보낸 편지, Born, Born, and Einstein, *Briefwechsel*.

## 5. 전대미문의 뻔뻔함

**1 어떤 숫자를 (…) 할 수 있다** (p. 84)
1913년 가을 하랄드가 보어에게 보낸 편지, Bohr, *CW*, vol. 1. 567

**2 완전히 난센스로 (…) 지나지 않는다** (p. 84)
이 표현과 다음 보른의 말 모두 란데의 AHQP 대담에 들어 있다.

**3 의심의 여지가 없는 대단한 성과** (p. 85)
1913년 10월 4일 조머펠트가 보어에게 보낸 편지, Bohr, *CW*, vol. 2, 603.

**4 독일인은 관례적으로 군사적인 일에 열광한다** (p. 85)
Pais 1991, 165, AHQP 자료에는 들어 있지 않은 1961년 대담에서.

**5 보어는 복잡한 (…) 확인할 수 있었다** (p. 88)
Heisenberg 1989, 40.

**6 나는 여태까지 (…) 읽어본 것이 없습니다** (p. 89)
1916년 3월 19일 보어가 조머펠트에게 보낸 편지, Bohr, *CW*, vol. 2, 603.

**7 두 번째 아버지나 다름없는 분** (p. 90)
Rutherford Memorial Lecture 1958, Bohr, *CW*, vol. 10, 415.

**8 나는 지금 (…) 매우 낙관적입니다** (p. 90)
1917년 12월 27일 보어가 조머펠트에게 보낸 편지, Bohr, *CW*, vol. 3, 682.

**9 기호를 갖고 놀지만 (…) 사실을 밝혀낸다** (p. 91)
Eve, 304.

**10 독일의 과학이 (…) 없는 일이다** (p. 94)
Heilbron, 88.

**11 이론물리학 분야에 (…) 보인다** (p. 97)
Pais 1991, 88, 플랑크의 1910년 논문을 인용하며.

**12 1916년 시카고 (…) 세심하게 측정하여** (p. 98)
Millikan, *Physical Review* 8 (1916): 355.


## 6. 무식이 성공을 보증하지는 않는다

**1 가톨릭 성직자치고는 (…) 세례를 받았다** (p. 102)
Von Meyenn and Shucking. 이 말은 1953년 3월 31일 파울리가 카를 융Carl Jung에게 보낸 편지에 나온다.

**2 파울리가 너무 (…) 기대였다고 덧붙였다** (p. 102)
Heisenberg AHQP interview.

**3 물리학의 양심** (p.103)
이것은 파울리의 널리 알려진 별명으로, 엔즈Enz 등 많은 이들에 의해 언급되었다. 누가 최초로 말했는지는 알아낼 수 없었다.

**4 뮌헨은 극도의 혼란 상태에 있었다** (p.104)
Heisenberg 1971, 8.

**5 기막히게 뛰어난 녀석** (p.105)
1919년 1월 14일 조머펠트가 기틀러J. von Gietler에게 보낸 편지. Enz, 49가 인용.

**6 우리가 스펙트럼 (…) 원자 음악이다** (p. 106)
조머펠트가 자신의 저서 *Atombau und Spektrallinien* (Braunschweig: F. Vieweg and Sohn, 1919) 초판 서문에 쓴 구절.

**7 파울리는 조머펠트의 (…) 불렀지만** (p. 107)

Heisenberg 1971, 24 및 AHQP interview.

**8 최첨단 과학에 (…) 일종의 시장터** (p. 108)
Heisenberg AHQP interview.

**9 고전물리학의 기막힌 (…) 더 쉽다네** (p. 109)
Heisenberg 1971, 26.

**10 나는 원래 (…) 이론물리학자가 되어 있었다** (p. 110)
Heisenberg 1989, 108.

**11 누가 나는 (…) 부풀린 것이다** (p. 110)
Cassidy 1992, 13.

**12 우리 가족이 (…) 한참 지났을 때** (p. 111)
하이젠베르크의 뮌헨에서의 청년 시절에 대해서는 다음을 참고하라. Heisenberg 1971, ch. 2 및 AHQP interview.

**13 평화로운 시절에 (…) 의미를 발견했다** (p. 112)
Heisenberg 1971, 1.

**14 지적 추구를 (…) 일종의 희극이다** (p. 112)
존 우즈John E. Woods가 번역한 『파우스투스 박사』(New York: Vintage International, 1999)의 14장에서.

**15 그렇다면 자네는 수학을 하나도 모르겠군!** (p. 113)
Heisenberg 1971, 16.

**16 이론을 머리로는 (…) 파악하지 못했다** (p. 114)
Heisenberg 1971, 29.

**17 몇 년 후 란데가 (…) 말했다** (p. 116)

Landé AHQP interview.

**18 그것은 잘 (⋯) 불분명합니다 (p. 116)**
1922년 1월 11일 조머펠트가 아인슈타인에게 보낸 편지, Einstein and Sommerfeld, *Briefwechsel*.

**19 제기랄, 그건 분명히 옳은데 (p. 117)**
Heisenberg AHQP interview.

## 7. 어떻게 행복할 수 있겠는가?

**1 아인슈타인과 보어는 (⋯) 교환했다 (p. 122)**
1920년 5월 2일 아인슈타인이 보어에게 보낸 편지; 1920년 6월 20일 보어가 아인슈타인에게 보낸 편지; Bohr, *CW*, vol. 3, 634.

**2 말하는 문장 (⋯) 연쇄적으로 불러일으켰다 (p. 123)**
Heisenberg 1971, 38-39.

**3 보어의 손에서는 (⋯) 필요하다 / 보어는 그런 (⋯) 해나갔을 것이다 (p. 126)**
Pais 1986, 247, 첫 번째는 크라메르스와 홀스트 H. Holst의 책을, 두 번째는 자신의 논평을 인용하며; Segrè, 125.

**4 일반성과 취향의 문제 / 매우 흥미롭다 (p. 127)**
Cassidy 1992, 130, 하이젠베르크가 부모님에게 보낸 편지에서.

**5 젊은 파울리는 (⋯) 못할 것입니다 (p. 129)**
1921년 11월 29일 보른이 아인슈타인에게 보낸 편지, Born, Born, and Einstein, *Briefwechsel*.

**6 나는 처음부터 (⋯) 그는 옳았다 (p. 129)**
Born AHQP interview.

7 나는 그의 개념이 (…) 결심했다 (p. 130)
Born 1968, 30.

8 하이젠베르크는 매우 (…) 좋음을 발견했다 (p. 130)
Born AHQP interview.

9 나는 언제나 (…) 공식화해야 한다 (p. 131)
Ibid.

10 보른은 어떤 (…) 별로 없었다 (p. 131)
Heisenberg AHQP interview.

11 비정상 제이만효과나 (…) 행복할 수 있겠는가? (p. 132)
Pauli, *Science* 103 (1946): 213.

12 우리 중에는 (…) 생기기 시작했다 (p. 133)
Heisenberg 1971, 35.

## 8. 차라리 구두 수선공이 되겠다

1 Nils Bohr 박사가 (…) 받아들여지고 있다 (p. 137) 및 그 뒤의 인용
*New York Times*, Nov. 7 and 16, 1923.

2 우리의 공식과 (…) 양자 현상이다 (p. 140)
A. H. Compton, *Physical Review* 21, (1923): 483.

3 초창기 독일에서는 (…) 읽지 않았다 (p. 140)
Heisenberg AHQP interview.

4 보어는 알라신이고, 크라메르스는 그의 예언자다 (p. 141)
널리 이야기되는 표현. 다음을 참고하라. Enz, 36.

| 주석                                                                                           331

**5 최근에 발굴해 낸 내용** (p. 142)
Dresden. 292.

**6 슬레이터는 자신의 (…) 감격했다고 말했다** (p. 145)
Pais 1991, 235.

**7 우리는 정상 상태에 (…) 생각한다** (p. 146)
Waerden에 수록된 BKS 논문에서.

**8 보어는 자신의 (…) 사람처럼 말한다** (p. 146)
Pais 1991, epigraph.

**9 결코 보어가 (…) 이해시키지 못했다** (p. 147)
Rosenfeld AHQP interview.

**10 상당히 인위적이군** (p. 147)
1924년 10월 2일 파울리가 보어에게 보낸 편지, Bohr, *CW*, vol. 5, 418.

**11 나는 차라리 (…) 일꾼이 되겠다** (p. 148)
1924년 4월 29일 아인슈타인이 보른에게 보낸 편지, Born, Born, and Einstein, *Briefwechsel*.

**12 BKS 이론이 (…) 없는 것이오** (p. 148)
Born HQP interview.

**13 가장 중요한 (…) 인정한 적이 없습니다** (p. 150)
1924년 2월 21일 파울리가 보어에게 보낸 편지, Pauli, *Briefwechsel*.


## 9. 굉장한 일이 일어났다

**1 7월에 열린 (…) 답하지 못했다** (p. 154)

Heisenberg AHQP interview.

### 2 보른은 '양자역학'이라는 (…) 논문을 발표했다 (p. 155)
「양자역학」이라는 논문은 Waerden에 포함되어 있다.

### 3 게으름을 피울 줄 (…) 권했다 (p. 157)
Pais 1991, 261, 1924년 7월 18일 러더포드가 보어에게 보낸 편지를 인용하며.

### 4 지금 물리학은 (…) 구해주는 것이네 (p. 157)
1925년 5월 21일 파울리가 크로니히R. Kronig에게 보낸 편지. Pauli, *Briefwechsel*에 실려 있다. 아이러니하게도 파울리가 한 이 한탄스러운 말은 그가 물리학에서 가장 기억에 남을 업적을 이룬 시기에 나왔다. 특정한 원자 전이를 다루기 위해 란데와 하이젠베르크가 고안한 반양자수에 관해 숙고한 끝에, 파울리는 반양자수가 전자 자체의 모호성 또는 이중값과 틀림없이 관련되었다는 결론을 내렸다. 사실 파울리는 전자궤도의 성질이라기보다는 전자 자체에 내재한 두 개의 값을 갖는 제4의 양자수를 제안했다. 이때 파울리는 자신의 유명한 배타 원리 exclusion principle를 이끌어냈다. 배타 원리에 의하면 원자 내부의 각 원자는 독특하게 조합을 이루는네 개의 양자수로 명시되어, 어느 두 전자도 동일한 상태에 있을 수 없다. 얼마 뒤 호우트스미트S. Goudsmit와 윌렌베크G. Uhlenbeck는 파울리가 모호성Zweideutigkeit이라고 했던 개념을 전자의 스핀spin으로 해석했다. 스핀이란 어떤 전자의 궤도각 운동량과 비교하면 1/2이 된다.이러한 우여곡절 끝에, 하이젠베르크의 반양자수는 아직 예상이 빗나간 것이 아님이 판명되었다.

### 5 난관에서 벗어나는 (…) 손에 달렸습니다 (p. 157)
F. C. Hoyt AHQP interview.

### 6 언제나 모든 면에서 (…) 신사였다 (p. 158)
Heisenberg AHQP interview.

### 7 큰 충격을 받았고, 몹시 화가 났다 (p. 158)
Ibid.

**8 그가 하는 일은 (…) 좋겠지요** (p. 159)
1924년 2월 11일 파울리가 보어에게 보낸 편지, Pauli, *Briefwechsel*.

**9 좋은 생각이 (…) 적어야 한다** (p. 160)
Heisenberg 1958, 39.

**10 아, 굉장한 일이 일어났다** (p. 164)
하이젠베르크가 헬고란트에서 보낸 기간에 대한 이야기는 주로 그의 AHQP 대담에서 가져왔다.

**11 하이젠베르크는 스스로 (…) 논문을 완성했다** (p. 165)
하이젠베르크의 이 말은 보른의 AHQP 대담에서 보른이 회고한 바에 따른 것이다.

**12 형식적이고 (…) 이해가 될 것이다** (p. 165)
1925년 7월 9일 하이젠베르크가 파울리에게 보낸 편지에서, Pauli, *Briefwechsel*.

**13 하이젠베르크의 성과가 (…) 의견도 덧붙였다** (p. 166)
1925년 7월 15일 보른이 아인슈타인에게 보낸 편지에서, Born, Born and Einstein, *Briefwechsel*.

**14 아마 크라메르스가 (…) 죄를 저질렀습니다** (p. 166)
1925년 8월 31일 하이젠베르크가 보어에게 보낸 편지에서, Bohr, *CW*, vol. 5, 366.

**15 오로지 원칙적으로 (…) 수립하려고 한다** (p. 166)
Heisenberg, *Zeitschrift für Physik* 33 (1925): 879. Waerden에 번역되어 실려 있다.

**16 나에게 새로운 (…) 있게 되었네** (p. 167)
1925년 10월 9일 파울리가 크로니히에게 보낸 편지, Pauli, *Briefwechsel*.

**17 하이젠베르크가 커다란 (…) 나는 아니다** (p. 167)
1925년 9월 20일 아인슈타인이 에렌페스트에게 보낸 편지. Dresden, 51이 인용.

## 10. 고전 체계의 정신

**1 안개가 걷히기 시작했다** (p. 173)
Moore, 187에서는 아인슈타인이 랑주뱅P. Langevin에게 보낸 편지를 인용하는데, 이 편지에서 아인슈타인은 다음과 같이 말했다. "Er hat eine Ecke des grossen Schleiers gelüftet." 이를 문자 그대로 옮기면 "그(드브로이)는 거대한 장벽의 한 귀퉁이를 걷어올렸다"이다. 하지만 Schleier는 대기의 흐릿한 안개라는 의미도 있으며, 동사 lüften은 '일소하다dispel'로 옮겨야더 낫지 않을까 하는 것이 나의 느슨한 해석이다.

**2 이면에 있는 파동의 장의 '흰 물결'** (p. 175)
Moore, 187, 슈뢰딩거의 1926년 논문을 인용하며.

**3 슈뢰딩거 생애의 뒤늦은 애정 행각** (p. 176)
Moore, 191, 헤르만 바일Hermann Weyl의 표현이다.

**4 자네 논문의 (…) 천재적이네 / 나는 자네가 (…) 확신하네** (p. 177)
1926년 4월 16일과 26일에 아인슈타인이 슈뢰딩거에게 보낸 편지, Przibram.

**5 선생님이 (…) 망치려고 하고 있어요** (p. 179)
Born 1978, 218.

**6 기막히게 영리한 하이젠베르크** (p. 179)
Born AHQP interview.

**7 즉각 해야 (…) 구하는 일이다** (p. 180)
1925년 10월 9일 파울리가 크로니히에게 보낸 편지, Pauli, *Briefwechsel*.

**8 자네의 그칠 줄 모르는 (…) 멍청이일세** (p. 180)
1925년 10월 12일 하이젠베르크가 파울리에게 보낸 편지, ibid.

**9 새로운 수소 이론에 (…) 필요도 없네** (p. 181)

1925년 11월 3일 하이젠베르크가 파울리에게 보낸 편지, ibid.

**10 나에게 너무나 (…) 기가 죽었다 (p. 182)**
Schrödinger, *Annalen der Physik* 79 (1926): 735.

**11 극도로 복잡하고 (…) 우리를 구해주었다 (p. 182)**
Cassidy 1992, 213, 조머펠트의 1927년 논문을 인용하며.

**12 슈뢰딩거도 양자역학이 (…) 해결할 게 틀림없다 (p. 183)**
Heisenberg 1971, 72.

**13 내가 받은 (…) 보인다는 점이네 (p. 184)**
1926년 7월 26일 조머펠트가 파울리에게 보낸 편지, Pauli, *Briefwechsel*.


## 11. 나는 결정론을 포기하는 쪽이다

**1 독일 물리학의 요새 (p. 188)**
Heisenberg 1989, 110.

**2 괴팅겐에서 하이젠베르크를 (…) 같다고 했다 (p. 189)**
Born 1978, 212; Pais 1991, 297.

**3 강의가 끝난 후 (…) 집까지 갔다 (p. 189)**
주로 Heisenberg 1971, ch. 5에서.

**4 나도 그런 (…) 똑같이 난센스네 (p. 190)**
Ibid., 63.

**5 양자 법칙에 대한 (…) 문제입니다 (p. 192)**
1926년 8월 21일 아인슈타인이 조머펠트에게 보낸 편지, Einstein and Sommerfeld, *Briefwechsel*.

**6 아인슈타인은 베를린에서 (…) 느끼지 못했다** (p. 192)
Frank, 113.

**7 생각하면 할수록 (…) 않았으면 좋겠어** (p. 193)
1926년 6월 8일 하이젠베르크가 파울리에게 보낸 편지, Pauli, *Briefwechsel*.

**8 특히 하이젠베르크는 (…) 알고 있었다고 말했다** (p. 195)
Heisenberg AHQP interview.

**9 우리는 통계적으로 (…) 보이지 않았다** (p. 196)
Born AHQP interview.

**10 여기서 결정론의 (…) 포기하는 쪽이다** (p. 196)
Born, *Zeitschrift für Physik* 37 (1927): 863.

**11 양자역학은 매우 (…) 않는다고 확신한다** (p. 197)
1926년 12월 4일 아인슈타인이 보른에게 보낸 편지, Born, Born, and Einstein, *Briefwechsel*. '진짜the real McCoy'는 오늘날도 독일 일부 지방에서 사용되는 '진실한 야곱der wahre Jakob'이라는 아인슈타인의 단어를 내가 번역한 것이다. 아마 야곱이 늙고 눈이 어두운 아버지 이삭으로부터 축복을 받기 위해 형 에서인 것처럼 속인 성서 이야기를 참고한 듯하다.

**12 보어의 부인은 다과로 (…) 듯하다** (p. 198)
Rozental과 Heisenberg 1971, ch. 6에 나오는 하이젠베르크의 회고를 참고하라.

**13 우리는 진정 (…) 보다 근접했는가?** (p. 199)
1926년 11월 28일 아인슈타인이 조머펠트에게 보낸 편지, Einstein and Sommerfeld, *Briefwechsel*.

## 12. 적절한 단어가 없다

**1 우리의 대화는 (…) 알 수 없게 된다네** (p. 203)
Moore, 228, 1926년 10월 21일 슈뢰딩거가 빈에게 보낸 편지를 인용하며.

**2 마법에 걸린 듯 구는** (p. 204)
Pais 1991, 295.

**3 나는 불어로 (…) 어린 시절의 일이다** (p. 204)
Dirac AHQP interview.

**4 방정식의 해석을 (…) 더 어렵다** (p. 204)
Pais 1991, 295.

**5 코펜하겐에서 (…) 함께 보냈다** (p. 205)
Rozental에 나오는 하이젠베르크의 이야기를 참고하라.

**6 때때로 나는 (…) 생각난다** (p. 207)
Heisenberg AHQP interview.

**7 자네는 p의 (…) 미치고 말 것이네** (p. 208)
1926년 10월 19일 파울리가 하이젠베르크에게 보낸 편지, Pauli, *Briefwechsel*.

**8 적절한 단어가 없다** (p. 213)
Heisenberg AHQP interview.

**9 논문의 모든 (…) 보이고 있다** (p. 213)
1927년 5월 16일 하이젠베르크가 파울리에게 보낸 편지, Pauli, *Briefwechsel*.

**10 양자론 정역학과 (…) 대하여/…의 물리적 내용에 대하여/직관적인** (p. 214)
Cassidy 1992, 226; Pais 1991, 304; Beller, 69 and 109.

## 13. 보어의 주문과 같은 용어

**1 이 이론에 대한 (…) 희망한다/감각에서 빌려온 (…) 적응시키고 있다** (p. 224)
*Nature* 121 (1928). supp.: 579 (editorial comment) and 580 (Bohr). Bohr. *CW*, vol. 6, 52에 재수록됨.

**2 일종의 파동이론과 (…) 도입해야 한다** (p. 227)
Pais 1982, 404, 아인슈타인의 1909년 논문을 인용하며.

**3 볼츠만의 마지막 (…) 칠판에 써넣었다** (p. 230)
Marage and Wallenborn, 154.

**4 하이젠베르크와 파울리는 (…) 태도였다** (p. 230)
Pais 1991, 318, 오토 슈테른Otto Stern의 회고를 인용하며.

**5 보어는 사석에서 (…) 토로하기도 했다** (p. 230)
Ibid.; 보어의 수기 원고에서.

**6 아쉽게도 아인슈타인과 (…) 유일한 설명** (p. 231)
보어의 회고록은 쉴프Schilpp의 편간 수록용으로 쓰였고 Bohr 1961에 재수록되었다.

**7 한판의 체스 (…) 요약할 수 없는 말** (p. 233)
1927년 11월 3일 에렌페스트가 호우트스미트, 윌렌베크, 디케Dieke에게 보낸 편지, Bohr, *CW*, vol. 6, 38 (English), 415 (German).

**8 나는 그들의 논쟁을 (…) 관심이 있었다** (p. 233)
Dirac in Holton and Elkana, 84.

**9 상보성은 당신이 (…) 제공하지 않는다** (p. 233)
Dirac AHQP interview.

10 편안한 하이젠베르크-보어의 (…) 내버려두세 (p. 234)
1928년 5월 31일 아인슈타인이 슈뢰딩거에게 보낸 편지, Przibram.


## 14. 게임은 승리로 끝났다

1 1928년 여름이 (…) 들렀다 (p. 237)
Gamow, 54-55.

2 1930년 솔베이 회합에서 (…) 맞이했다 (p. 242)
Bohr in Schilpp, 224.

3 뒤따르는 한 무리의 (…) 사람들 (p. 243) 및 그 뒤의 인용들
Rosenfeld AHQP interview.

4 우리 모두는 (…) 끝났다고 느꼈다 (p. 245)
Heisenberg AHQP interview.

5 나는 신문에서 (…) 든 것을 보았다 (p. 247)
Born 1968, 37.

6 시간이 흐르면 (…) 남을 테니까 (p. 249)
Heilbron, 154.

7 60퍼센트 정도 고상하다 (p. 249)
Fölsing, 668, 1933년 8월 8일 아인슈타인이 하버 F. Haber에게 보낸 편지를 인용하며.

8 히틀러 집권 초기에 (…) 전했다 (p. 250)
Rosenfeld AHQP interview.

## 15. 과학적 경험이 아니라 삶의 경험

**1 젊은 미국인들은 (⋯) 품고 있었다** (p. 256)
K. Compton, *Nature* 139 (1937): 238.

**2 나는 확신한다 (⋯) 노력했기 때문이다** (p. 258)
이것과 다음 표현은 Forman에 나온다.

**3 그러한 사고는 (⋯) 아무것도 아니었다** (p. 260)
Gay, 79.

**4 수학을 (⋯) 형식이 대립했다** (p. 262)
Spengler, vol. 1, 25.

**5 운명이념에 필요한 (⋯) 욕망을 드러낸다** (p. 262)
Ibid., 117.

**6 저녁에 한 사람이 (⋯) 귀신만이 안다** (p. 263)
1920년 1월 27일에 아인슈타인이 보른에게 보낸 편지, Born, Born, and Einstein, *Briefwechsel*.

**7 나는 여전히 (⋯) 혁명적이지는 않았다** (p. 264)
Mehra and Rechenberg, vol. 1, xxiv.


## 16. 모호하지 않은 해석의 가능성

**1 그러므로 어떤 (⋯) 있음을 믿는다** (p. 272)
아인슈타인의 표현은 그의 강의록 *On the Method of Theoretical Physics* (New York: Oxford University Press, 1933)에 나온다. 강의록은 독일어로 쓰였으며, 서문에 나오듯 옥스포드 물리학자들의 도움을 받아, 썩 우아하지는 않지만 영어로 번역되었다. 어색한 "진실을 충분히 이해할 수 있다" 대신에 나는 Fölsing, 674의 영어판에서 "실체를 이해할 수 있다"라는 구절을 빌려왔다.

**2 진실이 (…) 이해할 수 없다** (p. 272)
Rosenfeld in Rozental, 117.

**3 물리적 실체에 (…) 할 수 있는가?** (p. 273)
A. Einstein, B. Podolsky, and N. Rosen, *Physical Review* 47 (1935): 777. Toulmin에 재수록됨.

**4 마른 하늘에서 (…) 일소해야 했다** (p. 276)
Rosenfeld in Rozental, 128.

**5 명쾌함과 이론의 (…) 동요했다** (p. 276)
Bohr in Schilpp, 232.

**6 재앙/소모적인 논쟁** (p. 276)
1935년 6월 15일 파울리가 하이젠베르크에게 보낸 편지, Pauli, *Briefwechsel*.

**7 물론, 논란의 (…) 달려 있다** (p. 277)
*The New York Times*, May 4, 1935.

**8 놀랄 일은 (…) 있다고 주장했다** (p. 277)
Bohr AHQP interview.

**9 그들이 의미하는 (…) 이해하는가?** (p. 277)
Rosenfeld in Rozental, 129.

**10 사실 명백히 (…) 보일 뿐이다** (p. 278) 및 그 뒤의 인용들
*Physical Review* 48 (1935): 696.

**11 이 문장들을 다시 (…) 알고 있다** (p. 279)
Bohr in Schilpp, 234.

**12 인과성에 대한 고전적인 사고와의 최종 단절** (p. 279)
EPR에 대한 보어의 답변에서, *Physical Review* 48 (1935): 696.

**13 보어의 상보성원리 (…) 빈틈없는 이론** (p. 279)
Einstein in Schilpp, 674.

**14 간담이 서늘한/대역죄** (p. 282)
Moore, 314, 1936년 3월 23일 슈뢰딩거가 아인슈타인에게 보낸 편지를 인용하며.

**15 물리학의 과제가 (…) 것들을 다룬다** (p. 282)
Bohr in Schilpp, 234.

**16 본질적인 질문에 (…) 포기했습니다** (p. 283)
Cassidy 1992, 290, 1931년 7월 27일 하이젠베르크가 보어에게 보낸 편지를 인용하며.

**17 우리는 (…) 할 수도 없다** (p. 283)
Heisenberg 1958, 44.

**18 그러나 1964년 (…) 생각해 냈다** (p. 284)
벨의 저명한 정리가 담긴 논문으로, 1964년에 첫 발표되었고 Bell에 두 번째 순서로 실린 논문이다.


## 17. 논리학과 물리학 사이 중간 영역에

**1 이미 이루어진 (…) 방법일 뿐이다** (p. 289)
Dirac AHQP interview.

**2 보어는 물리학자라기보다는 (…) 가까웠다** (p. 289)
Heisenberg in Rozental, 95.

**3 1932년 코펜하겐에서 (…) 강연했다** (p. 291)
이 강연과 뒤의 강연들은 모두 Bohr 1961에 실려 있다.

**4 목적이라는 (…) 다소 적용된다** (p. 292)
「빛과 생명」 강연에서.

**5 당신이 무엇에 (…) 상보성을 위배한다** (p. 292)
Rosenfeld AHQP interview.

**6 논리학과 물리학 (…) 영역** (p. 297)
Popper, 215.

**7 「현대 물리학의 인과성」이라는 에세이** (p. 298)
슐리크의 1931년 글로, Toulmin에 재수록되었다.

**8 양자역학에 대한 색다른 해석** (p. 299)
Bohm, *Physical Review* 85 (1952): 166 and 180. 보다 최근의 주장에 대해서는 다음을 참고하라. Bohm and B. J. Hiley, *The Undivided Universe* (New York: Routledge, 1993). 벨러Beller는 봄의 해석이 코펜하겐 해석보다 뛰어나다는 생각을 은연중에 종종 보이는 반면, 골드스타인S. Goldstein은 다음 책에서 비이성과 반과학주의를 포용하는 측면에서 코펜하겐을 지지한다. *The Flight from Science and Reason*, ed. P. Gross, N. Levitt, and M. Lewis (New York: New York Academy of Sciences, 1996), 119. 다음의 내 책에서 나는 봄의 이론 또한 그렇게 놀랄 만한 것이 아니라는 몇 가지 이유를 들고 있다. *Where Does the Weirdness Go?* (New York: Basic Books, 1996), 111-21.

**9 그 방법은 너무 천해 보이네** (p. 299)
1952년 5월 12일 아인슈타인이 보른에게 보낸 편지, Born, Born, and Einstein, *Briefwechsel*.

## 18. 결국에는 혼란 상태

**1 언론이 전쟁 중의 (…) 흐릿하게 보인다 (p. 304)**
Tony Blankley, *Washington Times*, April 3, 2003.

**2 칠판과 분필을 (…) 공식과 도표 (p. 304)**
Gore Vidal's essay, *New York Review of Books*, July 17, 1976. 또한 10월 28일호의 편지들도 참고하라.

**3 〈더 웨스트 윙〉 (p. 305)**
Season 5, episode 18, "Access".

**4 그는 자신이 (…) 그런 곳에 (p. 309)**
Adams, 457-458.

**5 전형적인 물리학자들은 (…) 생각한다 (p. 310)**
다음을 참고하라. Bell, 28n8. 나우엔버그와 공저한 논문.

## 저자 후기

**1 나는 자네가 (…) 좋아하지 않아 (p. 317)**
Heisenberg AHQP interview.

**2 두 사람 사이에서 (…) 갈등이 있었다 (p. 318)**
Gore Vidal's essay, *Ne*

## 참고 문헌

- Adams, H. *The Education of Henry Adams*. Boston: Houghton Mifflin, 1961.
- Bell, J. S. *Speakable and Unspeakable in Quantum Mechanics*. Cambridge, U. K.: Cambridge University Press, 1987.
- Beller, M. *Quantum Dialogue: The Making of a Revolution*. Chicago: University of Chicago Press, 1999.
- Bohr, N. *Atomic Physics and Human Knowledge*. New York: Science Editions, 1961. (Includes "Discussion with Einstein on Epistemological Problems in Atomic Physics," from Schilpp 1949.)
- ___. *Collected Works*. Ed. L. Rosenfeld. 11 vols. Amsterdam: NorthHolland, 1972-87.
- Born, M. *My Life and My Views*. New York: Charles Scribner's Sons, 1968.
- ___. *My Life: Recollections of a Nobel Laureate*. New York: Charles Scibner's Sons, 1978.
- Born, M., H. Born, and A. Einstein. Briefwechsel, 1916-1955. *Kommentiert von Max Born*. Munich: Nymphenburger, 1969. In English: *The Correspondence Between Albert Einstein and Max and Hedwig Born*, 1916-1955, *with Commentaries by Max Born*. Trans, I. Born. New York: Walker, 1971.
- Cassidy, D. C. "Answer to the Question: When Did the Indeterminacy Principle Become the Uncertainty Principle?" *American Journal of Physics* 66 (1998): 278.

- ___. *Uncertainty: The Life and Science of Werner Heisenberg.* New York: W. H. Freeman. 1992.
- Dresden, M. *H. A. Kramers: Between Tradition and Revolution.* New York: Spring-er-Verlag, 1987.
- Einstein, A., and A. Sommerfeld. *Briefwechsel.* Ed. A. Hermann. Basel, Switzerland: Schwabe, 1968.
- Enz, C. P. *No Time to Be Brief: A Scientific Biography of Wolfgang Pauli.* New York: Oxford University Press, 2002.
- Eve, A. S. *Rutherford.* Cambridge, U.K.: Cambridge University Press, 1939.
- Fölsing, A. *Albert Einstein.* New York: Viking, 1997.
- Forman, P. "Weimar Culture, Causality, and Quantum Theory, 1918-1927: Adapta-tion by German Physicists and Mathematicians to a Hostile Intellectual Environ-ment." *Historical Studies in the Physical Sciences* 3 (1971): 1.
- Frank, P. *Einstein: His Life and Times.* New York: A. A. Knopf, 1953.
- Gamow, G. *Thirty Years That Shook Physics: The Story of Quantum Theory.* New York: Dover, 1985.
- Gay, P. *Weimar Culture: The Outsider as Insider.* New York: Harper & Row, 1968.
- Gillispie, C. C., ed. *Dictionary of Scientific Biography.* New York: Scribner, 1970-89.
- Greenspan, N. T. *The End of the Certain World: The Life and Science of Max Born.* New York: Basic Books, 2005.
- Heilbron, J. L. *The Dilemmas of an Upright Man: Max Planck as Spokesman for German Science.* Berkeley: University of California Press, 1986.
- Heisenberg, W. *Encounters with Einstein.* Princeton, N.J.: Princeton University Press, 1989.
- ___. *Physics and Beyond: Encounters and Conversations.* New York: Harper & Row, 1971.
- ___. *Physics and Philosophy.* New York: Harper, 1958.
- Hendry, J. "Weimar Culture and Quantum Causality." *History of Science* 18 (1980): 155.
- Holton, G., and Y. Elkana, eds. *Albert Einstein: Historical and Cultural Perspec-*

*tives*. New York: Dover, 1997.
- Kilmister, C. W., ed. *Schrödinger: Centenary Celebration of a Polymath*. New York: Cambridge University Press, 1987.
- Kragh, H. "The Origin of Radioactivity: From Solvable Problem to Unsolved Non-problem." *Archive for the History of the Exact Sciences* 50 (1997): 331.
- ___. *Quantum Generations: A History of Physics in the Twentieth Century*. Princeton, N.J.: Princeton University Press, 1999.
- Kuhn, T. S. *Black-Body Theory and the Quantum Discontinuity, 1894-1912*. Chicago: University of Chicago Press, 1978.
- Laqueur, W. *Weimar: A Cultural History*. New York: G. P. Putnam's Sons, 1974.
- Lindley, D. *Boltzmann's Atom: The Great Debate That Launched a Revolution in Physics*. New York: Free Press, 2001.
- Marage, P., and G. Wallenborn. *The Solvay Councils and the Birth of Modern Physics*. Boston: Birkhäuser, 1999.
- Mehra, J., and H. Rechenberg. *The Historical Development of Quantum Theory*. 6 vols. New York: Springer, 1982-2001.
- Meyenn, K. von, and E. Schucking. "Wolfgang Pauli." *Physics Today*, Feb 2001.
- Mommsen, H. *The Rise and Fall of Weimar Democracy*. Trans. E. Forster and L. E. Jones. Chapel Hill: University of North Carolina Press, 1996.
- Moore, W. *Schrödinger: Life and Thought*. New York: Cambridge University Press, 1989.
- Nelson, E. *Dynamical Theories of Brownian Motion*. Princeton, N.J.: Princeton University Press, 1967. (Second edition, 2001, available at www.math.princeton.edu/~nelson/books.html.)
- Nye, M. J. *Molecular Reality: A Perspective on the Scientific Work of Jean Perrin*. New York: History of Science Library, 1972.
- ___, ed. *The Question of the Atom: From the Karlsruhe Congress to the Frist Solvay Conference, 1860-1911*. Los Angeles: Tomash, 1984.
- Pais, A. *Inward Bound: Of Matter and Forces in the Physical World*. New York: Oxford University Press, 1986.

- ___. *Niels Bohr's Times in Physics, Philosophy, and Polity*. New York: Oxford University Press, 1991.
- ___. *Subtle Is the Lord …: The Science and the Life of Albert Einstein*. New York: Oxford University Press, 1982.
- Pauli, W. *Wissenschaftlicher Briefwechsel mit Bohr, Einstein, Heisenberg u. A*. Ed. A. Hermann and K. von Meyenn. Vol. 1, 1919-1929. New York: Springer, 1979.
- Peterson, A. "The Philosophy of Neils Bohr." *Bulletin of the Atomic Scientists*, Sept. 1963, 8.
- Petruccioli, S. *Atoms, Metaphors, and Paradoxes: Niels Bohr and the Construction of a New Physics*. New York: Cambridge University Press, 1993.
- Popper, K. *The Logic of Scientific Discovery*. New York: Basic Books, 1958.
- Przibram, K., ed. *Brief zur Wellenmechanik: Schrödinger, Planck, Einstein, Lorentz*. Vienna: Springer, 1963. In English: *Letters on Wave Mechanics*. Trans. M. J. Klein. New York: Philosophical Library, 1967.
- Quinn, S. *Marie Curie*. Reading, Mass.: Addison-Wesley, 1995.
- Rozental, S., ed. Niels Bohr: *His Life and Work as Seen by His Friends and Colleagues*. Amsterdam: North-Holland, 1968.
- Schilpp, P. A., ed. *Albert Einstein: Philosopher-Scientist*. Evanston, Ill.: Library of Living Philosophers, 1949.
- Segrè, E. *From X-Rays to Quarks: Modern Physicists and Their Discoveries*. San Francisco: W. H. Freeman, 1980.
- Spengler, O. *The Decline of the West*. Trans. C. F. Atkinson. 2 vols. New York: A. A. Knopf, 1926-28.
- Stachura, P. D. *Nazi Youth in the Weimar Republic*. Santa Barbara, Calif.: Clio, 1975.
- Stuewer, R. K. *The Compton Effect: Turning Point in Physics*. New York: Science History Publications, 1975.
- Toulmin, S., ed. *Physical Reality: Philosophical Essays on Twentieth-Century Physics*. New York: Harper & Row, 1970.
- Waerden, B. van der, ed. *Sources of Quantum Mechanics*. New York: Dover, 1967.

**옮긴이 후기**

"현대과학의 본질에 대해 묻다"

현대물리학을 공부하기 시작하여 오늘날까지 지난 30여 년 동안 물리학자로 종사해 오면서 마음 한구석에 늘 불안감이 있었다. 나와 같은 불안감을 경험해 본 사람들을 위해 양자역학에 대한 이해를 도울 수 있는 책이 없을까 그동안 여러 종류의 책을 검토해 보았다. 그러던 중 발견한 데이비드 린들리David Lindley의 『불확정성Uncertainty』은 그간의 답답했던 마음을 한결 가볍게 해주었다. 이 책을 소개하면 적어도 현대과학의 본질에 대한 이해에서 무언가 부족함을 느끼는 사람들에게도 도움이 될 것 같아 출판사의 권유로 번역을 시작했다.

이 책에는 양자역학이 과학적인 실체로 모습을 갖추며 과학자 세계에 받아들여지는 과정이, 보어와 하이젠베르크를 축으로 하는 양자론 지지자들과 확고한 결정론적 가치관을 견지한 아인슈타인과 슈뢰딩거를 축으로 하는 회의론자들 사이의 격렬한 논쟁을 통해 잘 소개되어 있다.

과학의 역사에서 새로운 과학 패러다임이 태동해 확고히 자리 잡아가는 길고도 험난한 과정을 엿보는 것도 재미있지만, 인류 역사상

최고의 지능을 가졌다는 아인슈타인이 결정론적 가치관에 사로잡혀 죽는 순간까지도 양자역학을 받아들이지 않았던 것을 보면 생각하는 갈대라는 인간 지능의 한계를 목격하는 쓸쓸함도 느끼게 된다.

한편 학문의 권위에 용기 있게 도전하는 하이젠베르크의 천재적 창의성을 보면서, 새삼 나 자신과 우리나라 교육 풍토가 반성하고 배울 점이 크다는 생각이 든다. 또한 제1차 세계대전의 패전으로 황폐화된 독일의 혼란하고 불안한 상황에서 새로운 창의력이 샘솟았다는 역사적 사실은 열린사회만이 창조의 가능성을 담보한다는 진리를 재확인시켜 준다. 기성세대의 보수성과 신세대의 진보성이 대립과 타협을 겪는 상황에서 이를 아우르는 보어의 통찰력도 놀랍다.

국경과 이념을 초월한 과학자들의 교류와 과학자 개개인의 성장 배경과 성격을 간략히 잘 소개한 저자의 글솜씨 덕에 과학계에서 큰 성과를 거둔 대가들이 이웃사촌처럼 가까이 다가온다.

20세기의 과학 문명을 견인해 온 현대물리학의 본질, 즉 양자역학의 본질을 알고 싶은 독자들, 과학적 가치관에 대해 왠지 모를 불안감을 안고 과학기술에 종사하는 사람들, 과학기술을 전공하고자 하는 학생들, 철학적 가치관에 회의를 느끼는 사람들에게 이 책을 권하고 싶다. 또 양자역학을 배우기 시작했거나, 배우고도 마음이 편하지 않은 사람들도 읽어보면 큰 도움이 될 것이다.

백세 청년의 꿈을 품고<br>박배식

# 양자컴퓨터의 미래, 불확정성
Uncertainty

초판 1쇄 펴낸 날 2025년 4월 30일

| | |
|---|---|
| 지은이 | 데이비드 린들리 |
| 옮긴이 | 박배식 |
| 펴낸이 | 장영재 |
| 펴낸곳 | 마루벌 |
| 자회사 | 시스테마 |
| 전 화 | 02)3141-4421 |
| 팩 스 | 0505-333-4428 |
| 등 록 | 2012년 3월 16일(제313-2012-81호) |
| 주 소 | 서울시 마포구 성미산로32길 12, 2층 (우 03983) |
| E-mail | sanhonjinju@naver.com |
| 카 페 | cafe.naver.com/mirbookcompany |
| S N S | instagram.com/mirbooks |

- 시스테마는 마루벌의 인문·과학 브랜드입니다.
- 마루벌은 독자 여러분의 의견에 항상 귀 기울이고 있습니다.
- 파본은 책을 구입하신 서점에서 교환해 드립니다.
- 책값은 뒤표지에 있습니다.

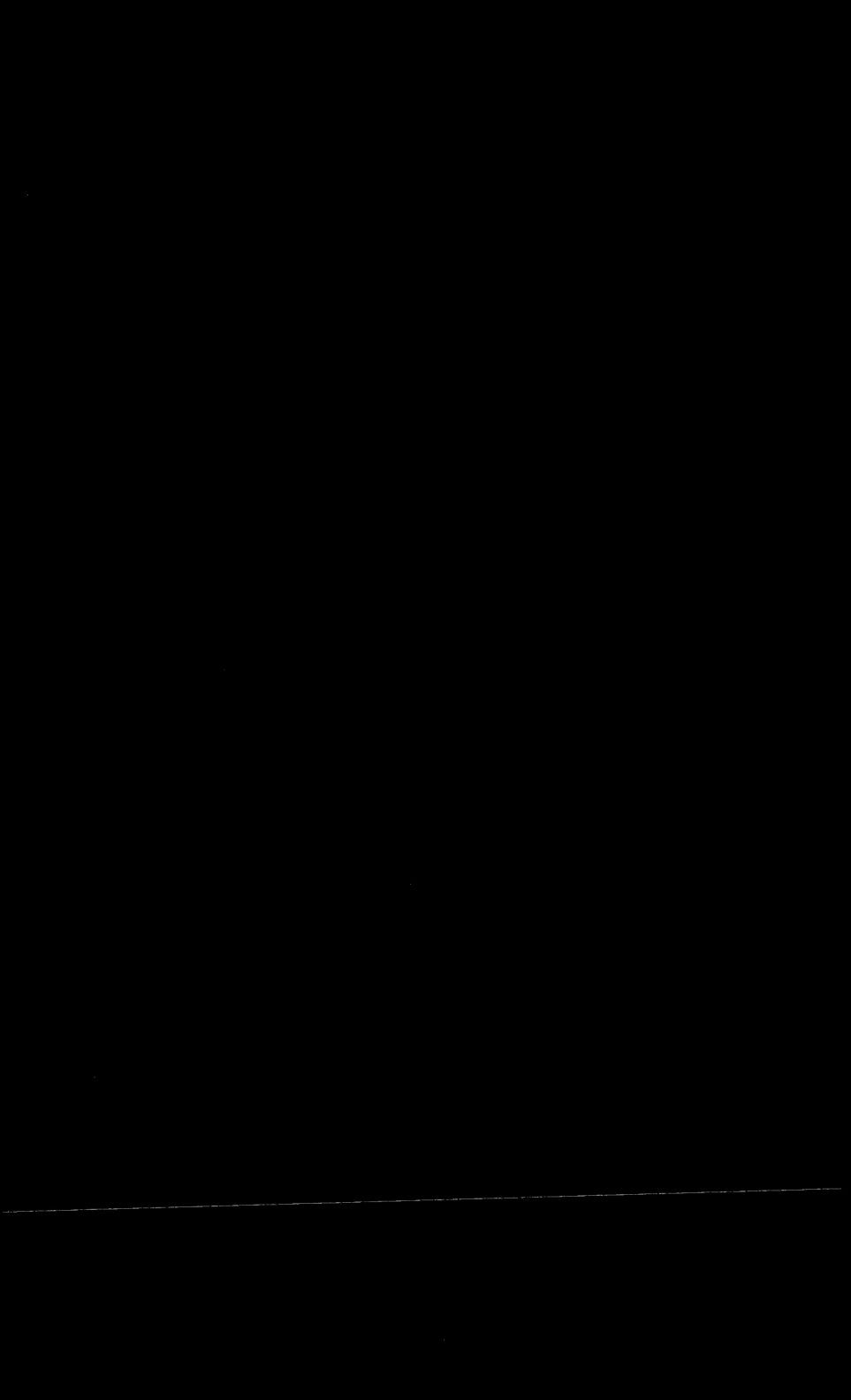